Gerald Zickert

Elektrokonstruktion

Gestaltung, Schaltpläne und Engineering mit EPLAN

6., aktualisierte Auflage

HANSER

Der Autor:

Prof. Dr.-Ing. Gerald Zickert

Westsächsische Hochschule Zwickau, Fakultät Elektrotechnik

MIX
Papier aus verantwortungsvollen Quellen
FSC
www.fsc.org
FSC® C083411

Bibliografische Information der Deutschen Nationalbibliothek:
Die Deutsche Nationalbibliothek verzeichnet diese Publikation in der Deutschen Nationalbibliografie; detaillierte bibliografische Daten sind im Internet über
http://dnb.d-nb.de abrufbar.

Internet: www.hanser-fachbuch.de

Lektorat: Frank Katzenmayer
Herstellung: Frauke Schafft
Covergestaltung: Max Kostopoulos
Coverkonzept: Marc Müller-Bremer, www.rebranding.de, München
Titelbild: © stock.adobe.com/greenbutterfly
Satz: Eberl & Kœsel Studio GmbH
Druck und Bindung: CPI books GmbH, Leck
Printed in Germany

Print-ISBN 978-3-446-47380-5
E-Book-ISBN 978-3-446-47406-2

Zickert

Elektrokonstruktion

Vorwort

Das vorliegende Buch entstand im Zusammenhang mit den Vorlesungen *Elektrokonstruktion* im Grundstudium und *Elektroprojektierung* im Hauptstudium des Studienganges Elektrotechnik. Sie werden begleitet durch weitere Lehrveranstaltungen insbesondere zu den Themen Elektroenergietechnik, Steuerungstechnik und elektrische Antriebe.

Die Elektrokonstruktion umfasst die Erarbeitung der notwendigen Unterlagen für Herstellung, Betrieb und Wartung einer elektrischen Einrichtung. Dieser Prozess bringt das Wissen mehrerer Fachgebiete in Zusammenhang und erfordert die Beachtung zahlreicher Restriktionen. Von besonderer Bedeutung sind dabei die gesetzlichen Grundlagen und Normen, weshalb in dem vorliegenden Buch zahlreiche Verweise auf aktuelle Normen enthalten sind. Die Normen sollen den Konstrukteur nicht mit Formalismen „bevormunden", sondern sie sollen als Nachschlagewerk oder als Lösungssammlung eine wichtige Informationsquelle darstellen.

Die europäische Normung ist ein sehr dynamischer Prozess, in dessen Ergebnis zahlreiche neue oder geänderte Normen entstanden sind. Oft ist dies mit der Trennung von gewohnten und viele Jahre genutzten Prinzipien verbunden, wie z. B. von dem Schriftfeld aus dem Jahr 1970.

Zu einer der wichtigsten Aufgaben des Elektrokonstrukteurs gehört es, eine Anlage so zu gestalten, dass von ihr keine Gefährdungen ausgehen und dies auch nachzuweisen. Aus diesem Grund wird ein Überblick über die Problematik von Risikobeurteilung und Risikominderung gegeben. Es ist bereits jetzt erkennbar, dass die Bedeutung dieses Nachweises weiter steigen wird.

Die Elektrokonstruktion mündet in die Anfertigung der Konstruktionsdokumentationen. Vermittelt werden hierzu Grundkenntnisse für die Erarbeitung von Plänen und Listen der Elektrotechnik, wobei großer Wert auf moderne rechnerunterstützte Konstruktionsmethoden (CAD) gelegt wird. Dabei werden sowohl energietechnische als auch steuerungstechnische und elektropneumatische Komponenten berücksichtigt.

In dieser Grundlagenvermittlung ist das Wissen dargestellt, das nötig ist, bevor man EPLAN einsetzt, und es wird anschließend die Anwendung dieses Wissens in EPLAN an Beispielen aus der Praxis erläutert.

Zum Erlernen der Arbeit mit *EPLAN Electric P8* und zur Anfertigung der Beispiele in diesem Buch wird das Programm *EPLAN Education – Version 2.9* eingesetzt.

Eine kostenlose, auf die Ausbildungszeit befristete Version *EPLAN Education* kann zur Erstellung von Labor- und Abschlussarbeiten im Bereich Elektro-, Fluid- und EMSR-Technik von Schülern, Studenten und Auszubildenden bei der Firma *EPLAN GmbH & Co. KG* über *WWW.EPLAN.DE* bezogen werden.

Ein erstes durchgängiges Beispiel zeigt einen „Weg durch EPLAN“ und ermöglicht damit, den Umgang mit diesem Elektro-Engineering-System zu erlernen. Die dabei erworbenen Fähigkeiten können danach an einem weiteren Beispiel geübt und erweitert werden. Zusätzliche Funktionen des Programmsystems können auf dieser Basis selbst erarbeitet oder in weiterführenden Lehrgängen erlernt werden.

Ich danke dem Carl Hanser Verlag und besonders Frau Christina Kubiak und Herrn Frank Katzenmayer für die Anregung zu diesem Buch und für die Betreuung dieses Projektes.

Zwickau, Januar 2022 Gerald Zickert

Für die Erläuterung der Programmbedienung wird folgende Syntax benutzt:

- Menüpunkte mit **Fettschrift**,
- Menüfenster mit <...>,
- Registerkarten mit /.../,
- Tasten (Bildschirm oder Tastatur) mit [...],
- Befehlsfolgen durch → getrennt,
- beispielhafte Einträge *kursiv*.

Inhalt

Ergänzendes Material auf *https://plus.hanser-fachbuch.de:*

- zwei Projektdateien
- Artikelbibliothek
- Kontrollfragen mit den Antworten

1 Ablauf und Methoden der Konstruktion

Die *Konstruktion* beinhaltet den Entwurf eines technischen Erzeugnisses, wobei im Mittelpunkt die Anfertigung technischer Zeichnungen zur Dokumentation des Entwurfsergebnisses steht. Ein technisches Erzeugnis kann eine Anlage, eine Maschine oder ein einzelnes Bauteil sein. Die *Elektrokonstruktion* befasst sich mit dem Entwurf eines elektrotechnischen Erzeugnisses – einer elektrischen bzw. elektronischen Anlage oder eines Gerätes.

1.1 Entwurfsprozess

Im Zentrum der Konstruktion steht der Entwurfsprozess (Bild 1.1). Dies ist ein zyklischer und sich der Lösung schrittweise nähernder (iterativer) Prozess der Bestimmung und ständigen Detaillierung einer Struktur (Synthese) bei gleichzeitiger Prüfung auf Erfüllung der geforderten Funktion (Analyse).

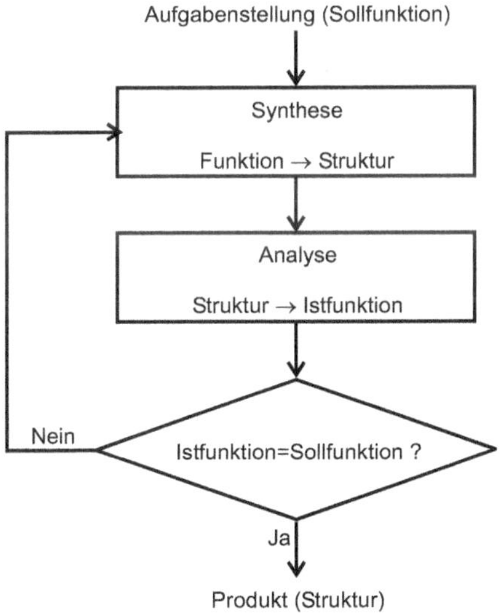

Bild 1.1 Entwurfsprozess

Das ist am Beispiel des Softwareentwurfes leicht nachvollziehbar. Basierend auf einer Aufgabenstellung (Sollfunktion) wird ein Programm (Struktur) im ersten Entwurf geschrieben. Das ist die Synthese. Danach folgt ein erster Test des Programms auf Erfüllung der geforderten Funktion. Das ist die Analyse. Meist ist das Programm in diesem Entwurfsstadium noch fehlerhaft, weshalb in der nächsten Iteration weiter an der Struktur gearbeitet wird. Dieser Zyklus wird durchlaufen, bis das Programm fehlerfrei arbeitet.

Die *Synthese* kann auch als Abbildung einer Funktion in eine Struktur verstanden werden. Diese Abbildung ist mehrdeutig, da es für eine Aufgabe meist mehrere Lösungen gibt. Der Entscheidungsspielraum wird jedoch durch Anforderungen des Auftraggebers, durch Vorschriften und Normen sowie durch weitere Randbedingungen eingeschränkt. Die *Analyse* ist die Abbildung einer Struktur in eine Funktion und ist im Allgemeinen eindeutig.

In der Norm VDI 2221 werden der Konstruktionsprozess und die Konstruktionsphasen ausführlich beschrieben. Die *Konstruktionsphasen* lassen sich zu fünf Schwerpunkten zusammenfassen:

- Klären der Aufgabenstellung und Formulieren der Soll-Gesamtfunktion,
- Auflösen der Gesamtfunktion in ein Netz von Teilfunktionen,
- Erarbeitung der Wirkprinzipien für jede Teilfunktion,
- Gestaltung unter Berücksichtigung von Randbedingungen,
- Detaillierung und Erstellung der Dokumentation.

Zu den Randbedingungen gehören neben den Vorschriften und Normen die Umgebungs- und Aufstellungsbedingungen, aber auch wirtschaftliche Gesichtspunkte.

1.2 Konstruktion in der Elektrotechnik

Der zunächst allgemein beschriebene Konstruktionsprozess lässt sich auch auf den Bereich der Elektrotechnik/Elektronik anwenden. Es handelt sich ebenfalls um einen mehrschrittigen Prozess der Lösungssuche, welcher mit der Klärung der Aufgabenstellung beginnt und dessen Ziel die detaillierte Dokumentation des konstruierten Gerätes oder der Anlage ist (Bild 1.2).

Die *Elektroprojektierung* ist ein Informationsverarbeitungsprozess, in dem Informationen über industriell hergestellte und katalogisierte Betriebsmittel zu komplexen Informationen über elektrische Anlagen verarbeitet werden. Dieses einmalige und neue Vorhaben, das Projekt, ist durch eine Aufgabenstellung, eine spezifische Ablauforganisation sowie durch zahlreiche Randbedingungen geprägt.

Die *Aufgabenstellung* wird als Ergebnis der Aufgabenklärung zwischen Auftraggeber und Auftragnehmer vereinbart. Der Auftraggeber erstellt hierzu das Lastenheft als Ausschreibungsgrundlage mit einer Zusammenstellung aller Anforderungen an das Konstruktionsergebnis. Als Grundlage für die Realisierung erarbeitet der Auftragnehmer nach Auftragserteilung das Pflichtenheft, in dem er die Umsetzung der Forderungen aus der Aufgabenstellung beschreibt. Häufig ist hierzu bereits ein Grobentwurf in Form einer Vorstudie notwendig, da grundlegende Fragen der Realisierung bereits in dieser Phase geklärt werden müssen. Das Lastenheft wird zum Bestandteil des Pflichtenheftes. Angaben zu Inhalt und Gliederung dieser Unterlagen können der VDI/VDE 3694 entnommen werden.

Eine zweckmäßige *Ablauforganisation* unter Nutzung von Methoden des Projektmanagements sichert die planmäßige Bearbeitung des komplexen Arbeitsgebietes, welches Schnittstellen zu zahlreichen Fachgebieten aufweist und vom ständigen technologischen Wandel geprägt ist. Eine besondere Bedeutung haben in diesem Zusammenhang die Terminplanung und die Kostenplanung sowie deren strikte Kontrolle.

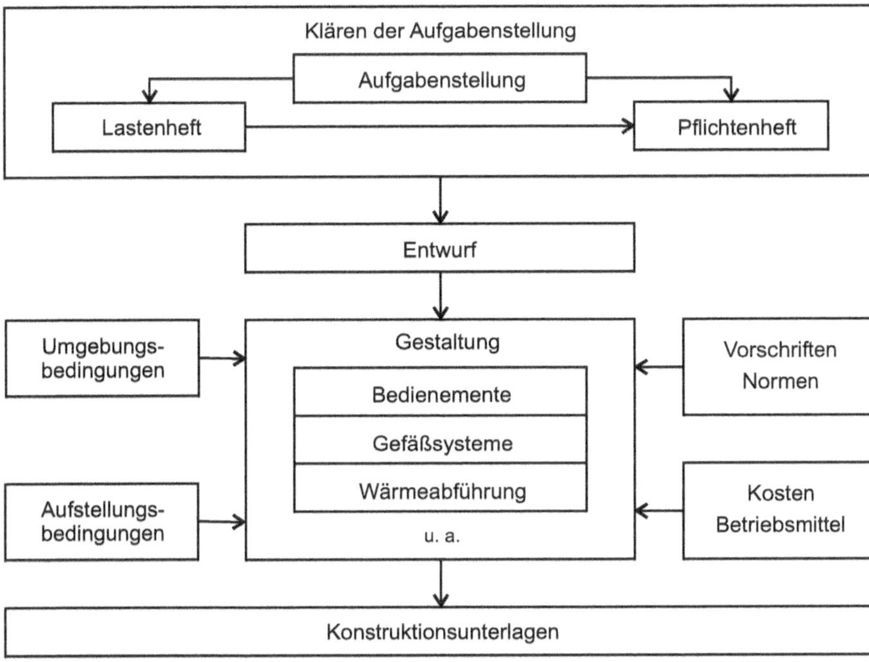

Bild 1.2 Konstruktionsprozess

Randbedingungen aus der Aufgabenstellung schränken den Entscheidungsspielraum des Projektanten bzw. des Konstrukteurs ein. Die wichtigste Forderung ist die Beachtung des anerkannten Standes der Elektrotechnik, auf den zahlreiche Gesetze verweisen. Die Einhaltung von gesetzlichen Vorschriften und von Sicherheitsnormen hilft, Unfälle und Havarien mit hohen Folgekosten zu vermeiden. In diesem Zusammenhang ist ebenfalls die Betrachtung der Zuverlässigkeit und der Qualität des konstruierten Produktes von großer Bedeutung.

Die *Umgebungs- und Aufstellungsbedingungen* beinhalten neben den Anschlussbedingungen und Platzverhältnissen auch klimatische, mechanische und elektromagnetische Einflüsse sowie die notwendige Überspannungsfestigkeit.

Wirtschaftliche Gesichtspunkte werden außer vom Preis auch durch Erfahrungen mit Herstellern und Lieferanten geprägt. So werden in diesem Fall durch den Auftraggeber mittels Freigabelisten einzelne Hersteller oder Produkte vorgeschrieben, für die bereits positive Erfahrungen vorliegen.

Die *Gestaltung* des Gerätes bzw. der Anlage umfasst ein komplexes Tätigkeitsfeld, für das Informationen aus zahlreichen Fachgebieten notwendig sind und gemäß der Aufgabenstellung in Übereinstimmung gebracht werden müssen (Bild 1.3). Die Konstruktion ist ein integratives Arbeitsgebiet, da Wissen in Zusammenhängen anzuwenden ist.

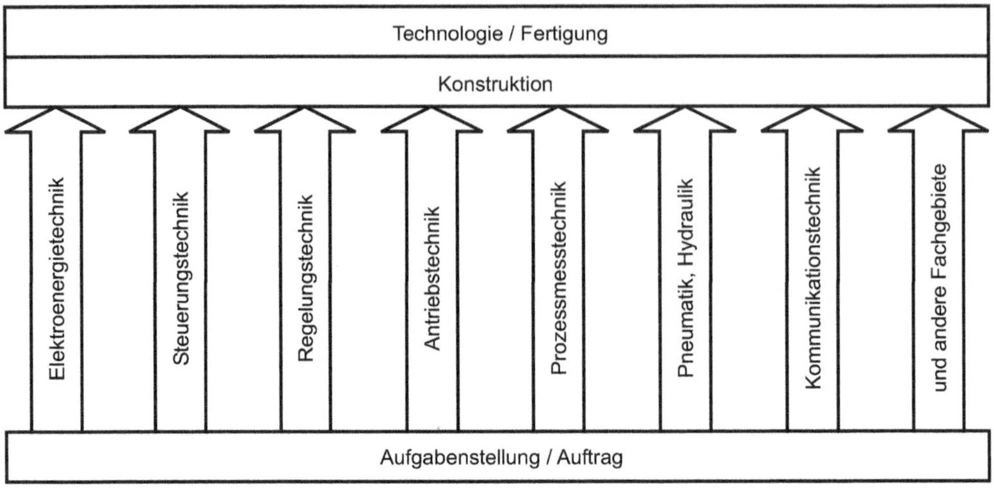

Bild 1.3 Arbeitsgebiete der Konstruktion

Zur Tätigkeit des Konstrukteurs gehört wesentlich mehr als „nur" die Anfertigung von technischen Zeichnungen. Dennoch sind Zeichnungen und Pläne ein wichtiges Verständigungsmittel in den technischen Abteilungen eines Unternehmens. Sie dokumentieren das Arbeitsergebnis des Konstrukteurs und sind Grundlage für die anschließende Fertigung des konstruierten Gerätes oder der Anlage.

Aufgabe 1.1

Nennen Sie die Hauptkomponenten des Konstruktionsprozesses. Welche Restriktionen müssen bei der Konstruktion beachtet werden?

Aufgabe 1.2

Worin besteht der Unterschied zwischen Lastenheft und Pflichtenheft? ■

2 Gesetzliche Grundlagen und Normung

Wer sich mit der Konstruktion, der Errichtung oder dem Betrieb elektrischer Anlagen oder Geräten befasst, schafft Gefahrenquellen und ist daher in jedem Einzelfall für die *Einhaltung der anerkannten Regeln der Elektrotechnik* verantwortlich. Der folgende Abschnitt soll darstellen, wie der Konstrukteur dieser Verantwortung gerecht werden kann und welche Bedeutung Normen in diesem Zusammenhang haben.

2.1 Produkthaftung

Das seit dem 1.1.1990 geltende Produkthaftungsgesetz (ProdHaftG) beinhaltet eine eigenständige verschuldungsunabhängige Gefährdungshaftung des Herstellers für fehlerhafte Produkte.

Im § 1 I S. 1 Produkthaftungsgesetz heißt es hierzu:

„Wird durch den Fehler eines Produktes jemand getötet, sein Körper oder seine Gesundheit verletzt oder eine Sache beschädigt, so ist der Hersteller des Produkts verpflichtet, dem Geschädigten den daraus entstehenden Schaden zu ersetzen."

Ein *Konstruktionsfehler* ist im Sinne des Produkthaftungsgesetzes ebenfalls ein Produktfehler, wenn schon bei der Planung des Produkts gegen anerkannte Regeln der Technik verstoßen wurde. Der Fehler liegt dann zeitlich vor der Herstellung und ist für die komplette Produktionsserie typisch. Entsteht ein Schaden, muss der Hersteller in der zivil- oder strafrechtlichen Auseinandersetzung nachweisen, dass der Fehler nach dem aktuellen Stand von Wissenschaft und Technik nicht erkannt werden konnte, also nach den anerkannten Regeln der Technik konstruiert wurde.

Für technische Arbeitsmittel und Verbraucherprodukte ist ergänzend das *Gesetz über die Bereitstellung von Produkten auf dem Markt* (Produktsicherheitsgesetz – ProdSG) zutreffend. Nach diesem Gesetz darf ein Hersteller von Produkten diese nur in den Verkehr bringen oder ausstellen, wenn sie so beschaffen sind, dass bei bestimmungsgemäßer Verwendung Sicherheit und Gesundheit von Benutzern oder Dritten nicht gefährdet werden. Bei der Beurteilung, ob ein Produkt diesen Anforderungen entspricht, können Normen und andere technische Spezifikationen als anerkannte Regeln der Technik zu Grunde gelegt werden.

Ebenfalls zu beachten sind das *Energiewirtschaftsgesetz* (EnWG), die *Unfallverhütungsvorschriften* der gewerblichen Berufsgenossenschaften und weitere Vorschriften, die ergänzend zum Produkthaftungsgesetz gültig sind.

Es gilt grundsätzlich, dass nach den allgemein anerkannten Regeln der Technik bzw. der Elektrotechnik konstruiert werden muss und sich diese Regeln aus überbetrieblichen Normen und aus technischen Vorschriften verschiedener Organisationen ergeben.

Andererseits darf (oder muss) von Normen und Regeln abgewichen werden, soweit die gleiche Sicherheit (oder eine bessere Sicherheit) nachweislich auf andere Weise gewährleistet ist. Diese Möglichkeit muss eröffnet werden, da sonst technische Weiterentwicklungen und neue Verfahren blockiert würden. Auch wenn Normen und Spezifikationen regelmäßig aktualisiert werden, könnten dennoch neue Erkenntnisse noch nicht enthalten sein. Der Konstrukteur muss deshalb auch beim Vorhandensein einschlägiger Normen oder Regelwerke prüfen, ob diese noch auf aktuellem Stand sind. Der Konstrukteur kann sich auf derartige Regelwerke auch deshalb nicht immer verlassen, weil sie nur allgemein anerkannte Standards enthalten und nicht auf alle Sonderfälle eingehen können.

Aus diesen Zusammenhängen kann die rechtliche Stellung von Normen abgeleitet werden.

Umfassende Informationen zur Produktsicherheit sind in [KREY17] enthalten.

2.2 Normung

Nationale und internationale Normen sind wichtige Informationsquellen für den Konstrukteur. Als Arbeitsgrundlage unterstützen sie den Konstruktionsprozess.

2.2.1 Begriff und Inhalt technischer Normen

Normen sind ein Mittel zur Ordnung und sind Grundlage für eine sinnvolle Zusammenarbeit, denn in einer Gesellschaft kann nicht jeder nach seinem Belieben handeln. Je größer die Gemeinschaft ist, desto detaillierter müssen die Regeln (Normen) sein, die dieses Zusammenleben ordnen [KLEIN08]. Der Begriff Normung ist in DIN 820-3 definiert:

Normung ist die „*... planmäßige, durch die interessierten Kreise gemeinschaftlich im Konsens durchgeführte Vereinheitlichung von materiellen und immateriellen Gegenständen zum Nutzen der Allgemeinheit.*“

Die *Normungsarbeit* erfolgt auf nationaler, regionaler oder internationaler Ebene. Hierzu gehören auch das Anwenden ihrer Ergebnisse und deren laufendes Anpassen an den jeweiligen Stand der Entwicklung. Eine Norm wird von einem Dokument geprägt, das im Wesentlichen im Konsens erstellt und von einer anerkannten Körperschaft angenommen worden ist. Sie legt entsprechende Regeln, Anleitungen oder Kenndaten für Tätigkeiten oder deren Ergebnisse für die allgemeine und wiederkehrende Anwendung fest [KLEIN08].

Die Normung wird ungerechterweise oft als Einschränkung der Gestaltungsfreiheit in der Konstruktion verstanden, obwohl die Anwendung von Normen neben einer größeren Rechtssicherheit weitere entscheidende Vorteile bietet:

- **Information**
  Die Normung bietet Lösungen für wiederkehrende Aufgaben wie die Ermittlung des notwendigen Leiterquerschnittes für eine bestimmte Stromstärke.
- **Rationalisierung**
  Der Einsatz von Normteilen verringert die Typenvielfalt und erlaubt die kostengünstige Herstellung in großen Stückzahlen. Gleichzeitig wird die Lagerhaltung vereinfacht und die Austauschbarkeit, z. B. von Baugruppen aus dem 19-Zoll-Aufbausystem, ermöglicht.
- **Ordnung**
  Vereinheitlichte Darstellungsmittel, z. B. durch Zeichnungsnormen, ermöglichen die Verständigung zwischen unterschiedlichen Fachgebieten. Genormte Mess- und Prüfverfahren machen die Ergebnisse vergleichbar.
- **Qualität**
  Durch genormte Qualitätsanforderungen werden Mindestvorgaben durchgesetzt und Qualitätsangaben einheitlich.
- **Sicherheit**
  Genormte Sicherheitsanforderungen, z. B. für die sicherheitsgerechte Konstruktion, schützen vor Unfällen und Havarien, bieten Lösungen für diese Anforderungen und machen Sicherheitsangaben kompatibel.

2.2.2 Rechtliche Stellung der Normen

> **!** Die Normen des deutschen Normenwerkes gelten als Empfehlungen, sie sind keine Gesetze, der Gesetzgeber verlangt keinen Erfüllungsnachweis und sie stehen jedermann zur Anwendung frei [DIN 820-1]. ■

Sie sind zwar einerseits Empfehlungen, gelten jedoch andererseits als anerkannte Regeln der Technik. In mehreren Gesetzen wird auf die Einhaltung dieser Regeln verwiesen oder es wird aus einer Rechtsvorschrift die Anwendungspflicht abgeleitet. Normen sind eine wichtige Informationsquelle für einwandfreies technisches Verhalten im Normalfall. Sie sind bei zivil- und strafrechtlichen Auseinandersetzungen geeignet, den Verantwortlichen zu entlasten, da deren Anwendung die Vermutung begründet, dass einwandfreies technisches Verhalten vorliegt [DIN 820-1].

Normen können nicht alle Sonderfälle und alle neuen Erkenntnisse sofort berücksichtigen, weshalb weitere Informationen aus anderen Quellen, z. B. Veröffentlichungen, Fachtagungen oder Messeveranstaltungen, auszuwerten sind. In Sonderfällen sind weiter gehende oder weniger umfangreiche Maßnahmen möglich, sofern die Sicherheit nachweislich erhalten bleibt. Dies erlaubt die Übernahme neuer Verfahren, die im Normenwerk noch nicht enthalten sind.

> **!** „Durch das Anwenden von Normen entzieht sich niemand der Verantwortung für eigenes Handeln“ [DIN 820-1]. ■

Aus der Verantwortung, die der Konstrukteur einer elektrischen Anlage oder eines Gerätes für die Sicherheit hat, resultiert die Forderung, diese so sicher zu machen, wie es nach dem Stand der Technik, der in Normen beschrieben wird, möglich ist. Die konstruktive Gestaltung einer elektrischen Anlage, z. B. der Elektroausrüstung einer Maschine, muss den Anforderungen des *Europäischen Normenwerkes für die Sicherheit von Maschinen* entsprechen. Diese Normensammlung ist hierarchisch aufgebaut und gliedert sich in folgende Typen:

- **Typ-A-Normen** (Sicherheitsgrundnormen)
  behandeln Grundbegriffe, Gestaltungsleitsätze und allgemeine Aspekte, die auf Maschinen angewandt werden können, z. B. in DIN EN ISO 12100.
- **Typ-B-Normen** (Sicherheitsgruppennormen)
  behandeln einen Sicherheitsaspekt oder eine Art von Schutzeinrichtungen, die für eine ganze Reihe von Maschinen verwendet werden können. Es wurde hier eine weitere Unterteilung vorgenommen in
  - **Typ-B1-Normen** für allgemeine übergeordnete Sicherheitsaspekte
    z. B. sicherheitsrelevante Teile von Steuerungen (DIN EN ISO 13849-1), elektrische Ausrüstung von Maschinen (DIN EN 60204-1) und
  - **Typ-B2-Normen** für spezielle Schutzeinrichtungen
    z. B. Zweihandschaltungen (DIN EN ISO 13851), Lichtschranken (DIN EN 61496-1), Not-Halt-Einrichtungen (DIN EN ISO 13850).
- **Typ-C-Normen** (Fach- oder Produktnormen)
  behandeln detaillierte Sicherheitsanforderungen an eine bestimmte Maschine oder Gruppe von Maschinen, z. B. Bearbeitungszentren (DIN EN ISO 16090-1).

A-Normen richten sich vorzugsweise an die Gestalter von B- und C-Normen. Auch die B-Normen richten sich primär an die Entwickler von C-Normen. Sie können jedoch auch für den Konstrukteur einer Maschine hilfreich sein, wenn keine C-Norm vorliegt.

Grundsätzlich müssen alle Normen des europäischen Normenwerkes für die Sicherheit von Maschinen in die nationale Normung übernommen werden. Für die beispielhaft genannten Normen ist dies bereits erfolgt. Produktnormen können Anforderungen enthalten, die von Grund- oder Gruppennormen abweichen. In diesem Fall hat die Produktnorm die höhere Priorität.

2.2.3 Normungsgremien

Deutsches Institut für Normung (DIN)

Träger der Normung in Deutschland ist das Deutsche Institut für Normung. Es ist ein eingetragener und als gemeinnützig anerkannter Verein mit Sitz in Berlin. Mitglied können Firmen und Verbände sowie alle an der Normung interessierten Körperschaften, Behörden oder Organisationen werden. Die Arbeitsergebnisse des DIN sind die DIN-Normen.

Deutsche Kommission Elektrotechnik Elektronik Informationstechnik (DKE)

Historisch bedingt haben sich in Deutschland zwei Organisationen entwickelt, die die Normungsarbeit einerseits auf nichtelektrischen Gebieten (DIN) und andererseits auf dem Gebiet der Elektrotechnik (VDE[1]) ausführen.

Die DKE wurde als gemeinsames Organ des DIN und des VDE gebildet, sie wird juristisch vom VDE getragen und ist gleichzeitig die „elektrotechnische Abteilung" des DIN. Die Arbeitsergebnisse der DKE sind DIN-Normen. Sie werden zusätzlich als VDE-Bestimmung gekennzeichnet, wenn sie Sicherheitsvorschriften für die Anwendung des elektrischen Stromes enthalten.

Europäisches Komitee für Normung (CEN)
Europäisches Komitee für Elektrotechnische Normung (CENELEC)

Ziel der europäischen Normung ist, bestehende nationale Normen zu harmonisieren und neue regionale Normen zu entwickeln. Die europäischen Normungsgremien sind nichtstaatliche und gemeinnützige Vereinigungen mit Sitz in Brüssel. Die Arbeitsergebnisse sind EN-Normen, die nach unveränderter Übernahme als DIN-EN-Norm geführt werden.

International Organization for Standardization (ISO)
International Electrotechnical Commission (IEC)

ISO und IEC erarbeiten internationale ISO- bzw. IEC-Normen als Empfehlungen, die von den nationalen Normungsgremien der Mitgliedsländer übernommen werden sollen. Deutschland ist Mitglied beider Organisationen. Nach unveränderter Übernahme sind dies die DIN-ISO- oder DIN-IEC-Normen.

2.3 Risikobeurteilung und Risikominderung

Aufgrund der Struktur und ihrer Funktion beinhalten Anlagen, Maschinen oder Geräte Risiken. Aufgabe des Konstrukteurs ist es, Gefährdungen durch geeignete Gestaltung und Auswahl von Konstruktionsmerkmalen zu vermeiden. Falls nicht alle Gefährdungen vermieden werden können, sind Schutzeinrichtungen gegen die verbleibenden Gefährdungen zu verwenden. Sollten Schutzeinrichtungen im Einzelfall nicht anwendbar sein, muss das Personal entsprechend unterwiesen sein. Wichtig ist die Reihenfolge der Herangehensweise:

1. Sicher gestalten (inhärent sichere Konstruktion)
2. Sicherheitseinrichtungen vorsehen
3. Personal unterweisen (Benutzerinformationen)

Sicherheitsuntersuchungen gehen davon aus, dass Fehler in sicherheitsrelevanten Anlagenteilen nicht völlig verhindert werden können. Es muss jedoch gesichert sein, dass ein solcher Fehler keine Gefahren verursacht. Deshalb wird betrachtet, ob trotz eines Fehlers

[1] Verband der Elektrotechnik Elektronik Informationstechnik

die Sicherheit noch gegeben ist, wie groß das Risiko für den Bediener oder die Anlage ist und mit welchen Sicherheitsmaßnahmen das Gefährdungsrisiko auf ein vertretbares Maß reduziert werden kann.

Um die funktionale Sicherheit der Anlage zu gewährleisten, ist es somit notwendig, dass alle sicherheitsrelevanten Teile der Schutz- und Steuereinrichtungen korrekt funktionieren und sich im Fehlerfall so verhalten, dass die Anlage in einem sicheren Zustand bleibt oder in einen sicheren Zustand gebracht wird. Dies wird als *erstfehlersicher* bezeichnet. Je nach Gefährdungsgrad müssen unterschiedlich hohe Anforderungen an die Schutzeinrichtungen, deren Überwachung und die Signalverarbeitung gestellt werden. Die Höhe des Gefährdungsgrades muss durch eine Risikobeurteilung festgestellt werden.

Dieser Abschnitt soll einen Überblick über den Gesamtprozess von Risikobeurteilung und Risikominderung geben. Ausführlichere Informationen sind in [BÖR21] und [GRÄF07] enthalten.

2.3.1 Risikobeurteilung

Die Risikobeurteilung ist eine Folge von Handlungen zur Risikoanalyse und Risikobewertung, die die systematische Untersuchung von Gefährdungen erlaubt. Die DIN EN ISO 12100 beschreibt die zu betrachtenden Risiken und gibt Hinweise zu möglichen Gefährdungen. Sie stellt außerdem den iterativen Prozess zum Erreichen der Sicherheit aus Risikobeurteilung und Risikominderung dar (Bild 2.1).

Risikoanalyse

Die Risikoanalyse umfasst, bezogen auf die Grenzen der Maschine, die Identifizierung einer möglichen Gefährdung und die Risikoeinschätzung.

Die *Grenzen der Maschine* resultieren aus räumlichen und zeitlichen (Verschleiß-)Grenzen und aus der bestimmungsgemäßen Verwendung, wobei vorhersehbares, willkürliches oder reflexartiges Fehlverhalten in Betracht gezogen werden muss.

Zur *Identifizierung einer Gefährdung* müssen alle Gefahren ermittelt und dokumentiert werden, die im Zusammenhang mit der bestimmungsgemäßen Verwendung der Maschine oder Anlage innerhalb der einzelnen Teilsysteme und an den Schnittstellen zwischen den Systemen auftreten können. Darüber hinaus müssen auch vernünftigerweise vorhersehbare Gefährdungen, Gefährdungssituationen oder Gefährdungsereignisse identifiziert werden, die nicht unmittelbar mit den Aufgaben in Zusammenhang stehen (z. B. Bersten von Hydraulikschläuchen).

Zur *Risikoeinschätzung* werden das Ausmaß des möglichen Schadens und die Wahrscheinlichkeit des Eintritts eines solchen Schadens untersucht. Diese Wahrscheinlichkeit ist abhängig von Häufigkeit und Dauer der Gefährdungsexposition, von der Eintrittswahrscheinlichkeit des Gefährdungsereignisses und von der Möglichkeit zur Schadensvermeidung.

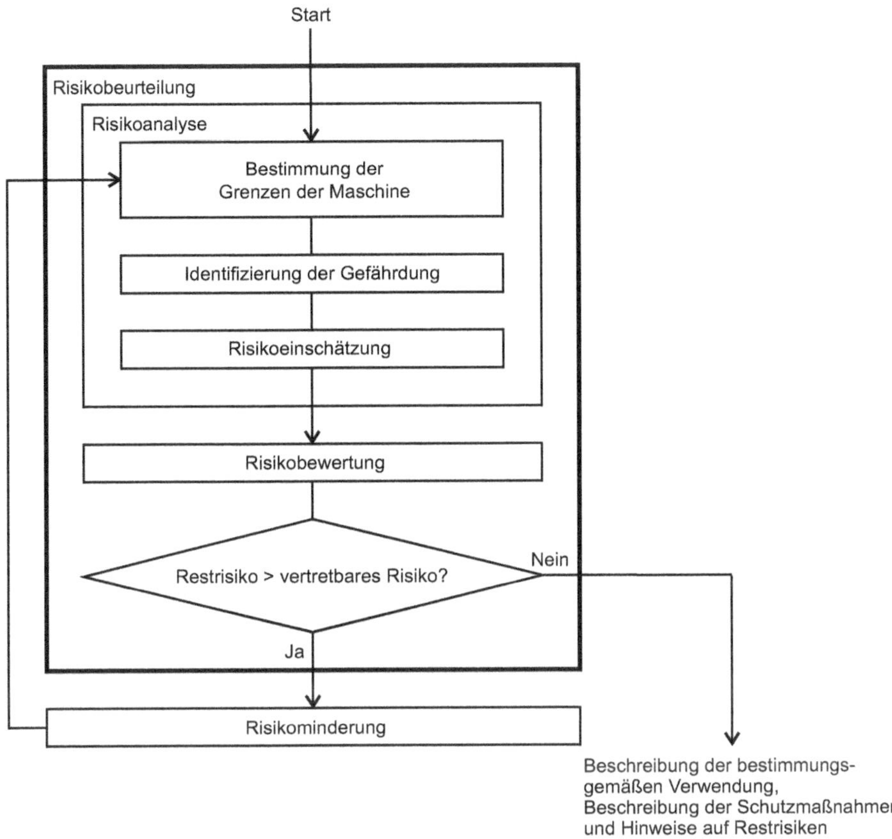

Bild 2.1 Risikobeurteilung

Risikobewertung

Ergibt sich bei der Risikobewertung, dass das verbleibende Restrisiko größer ist als das größte vertretbare Risiko (Grenzrisiko), muss das Risiko weiter gemindert werden. Gleichfalls ist zu prüfen, ob eine neue Schutzmaßnahme zu neuen Gefährdungen geführt hat.

Ein positives Ergebnis des Risikovergleiches gibt Vertrauen, dass das Risiko hinreichend vermindert wurde. Dabei ist zu berücksichtigen, dass zusätzliche Maßnahmen auch Zusatzkosten verursachen. Ein minimales Risiko, das natürliche Hintergrundrisiko, wird nicht zu vermeiden sein.

2.3.2 Risikominderung

Falls eine Risikominderung (Bild 2.2) notwendig ist, sind unter Beachtung der Hinweise in DIN EN ISO 12100 geeignete Maßnahmen auszuwählen und anzuwenden und die Risikobeurteilung ist zu wiederholen.

Die zur Minderung des Risikos geeigneten Maßnahmen müssen für alle Gefährdungen und für alle Betriebszustände in nachstehender Prioritätenfolge angewendet werden:

1. konstruktive Maßnahmen (inhärent sichere Konstruktion),
2. technische und ergänzende Schutzmaßnahmen, die das Risiko unter Berücksichtigung der bestimmungsgemäßen Verwendung und der vernünftigerweise vorhersehbaren Fehlanwendung hinreichend vermindern und für die jeweilige Anwendung geeignet sind (Sicherheitseinrichtungen),
3. Benutzerinformation, die einen Hinweis auf jegliches Restrisiko enthält.

Wird die Risikominderung mit einer *Sicherheitseinrichtung* ausgeführt und ist diese von einer Steuerung abhängig, so kann nach einer von zwei möglichen Methoden vorgegangen werden (Bild 2.2). Grundsätzlich reicht die Anwendung einer der beiden Vorgehensweisen aus.

Zahlreiche Hersteller von Betriebsmitteln stellen die Sicherheitskennwerte als Datei in einem nach VDMA 66413 genormten Format bereit. Diese Datei kann zum Beispiel in die Artikeldaten von EPLAN eingelesen werden. ■

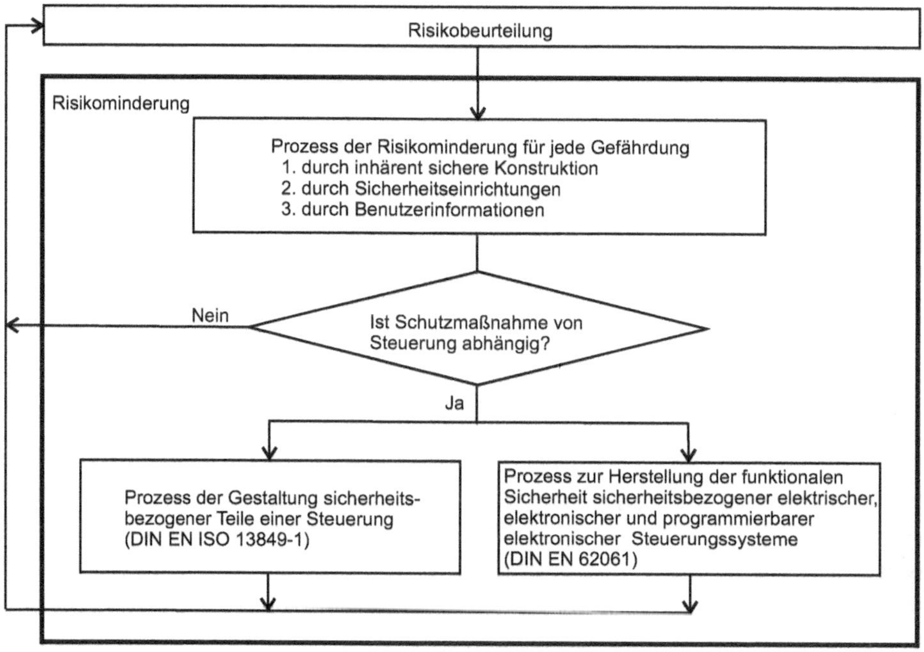

Bild 2.2 Risikominderung

Prozess der Gestaltung sicherheitsbezogener Teile einer Steuerung

Diese Methode nach DIN EN ISO 13849-1 [siehe auch BGIA08] ist anwendbar für sicherheitsbezogene Teile einer Steuerung einschließlich elektromechanischer, hydraulischer und pneumatischer Bestandteile, jedoch nur für vorgesehene Architekturen, die im Anhang der Norm angegeben sind (siehe auch Bild 2.6 bis Bild 2.10).

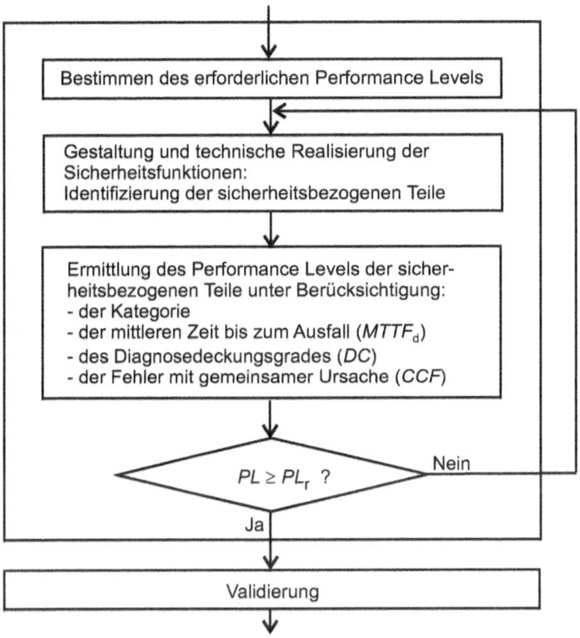

Bild 2.3 Gestaltung sicherheitsbezogener Teile einer Steuerung

Die Methode beruht auf der Ermittlung eines erforderlichen Performance Levels und dem Vergleich dieses Wertes mit dem Performance Level der Steuerung.

> **!** Performance Level der Steuerung (PL) ≥ erforderlicher Performance Level (PL_r)

Der *Performance Level* (PL) beschreibt die Fähigkeit von sicherheitsbezogenen Teilen einer Steuerung, eine Sicherheitsfunktion unter vorhersehbaren Bedingungen auszuführen und die erwartete Risikominderung zu erfüllen. Der *erforderliche Performance Level* (PL_r) ist die Anwendung des Performance Level, um die notwendige Risikominderung für eine Sicherheitsfunktion zu beschreiben.

Bestimmen des erforderlichen Performance Levels

Die quantitative Bemessung eines Risikos ist in der Regel schwierig. Ein Risikograph (Bild 2.4) nach DIN EN ISO 13849-1 soll den Entscheidungsprozess unterstützen und bei der Bestimmung des erforderlichen Performance Levels helfen.

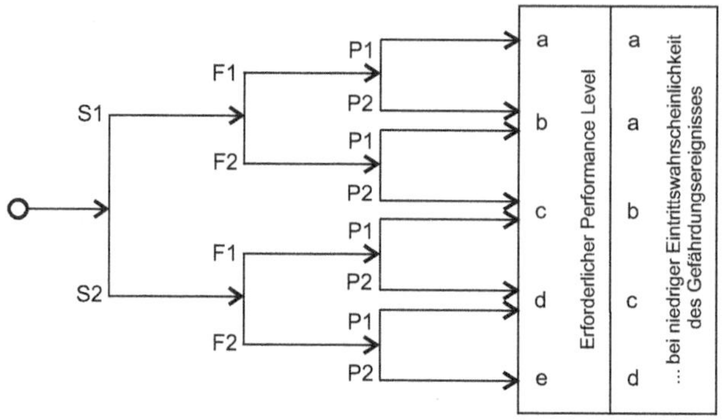

Bild 2.4 Risikograph

Das auf die betrachtete Gefährdung bezogene Risiko beruht auf den Kriterien:

- **Schwere der Verletzung (S)**

  S1 - Leichte, meist reversible Verletzung

  S2 - Schwere Verletzung (z. B. Amputation) oder Tod

- **Häufigkeit und Dauer der Gefährdungsexposition (F)**

  Das Verhältnis zwischen dem Zeitraum der Gefährdungsexposition und der Gesamtbetriebszeit der Anlage ist maßgeblich.

  F1 - Gefährdungsexposition selten bis öfter bzw. für kurze Zeit

  F2 - Gefährdungsexposition häufig bis dauernd

- **Möglichkeit der Vermeidung (P)**

  Die Entscheidung ist davon abhängig, ob die Gefahr erkennbar ist, wie schnell die Gefährdung eintritt und ob die Bedienung durch Fachpersonal erfolgt.

  P1 - Vermeidung unter bestimmten Bedingungen möglich

  P2 - Vermeidung nicht möglich

  Die Eintrittswahrscheinlichkeit eines Gefährdungsereignisses kann aus Zuverlässigkeitsdaten und aus der Unfallgeschichte vergleichbarer Maschinen abgeleitet werden.

Auf der Basis der ermittelten Anforderungen an die Fähigkeit von sicherheitsbezogenen Teilen einer Steuerung, eine Sicherheitsfunktion auszuführen, wird diese im nächsten Schritt gestaltet.

Gestaltung und technische Realisierung der Sicherheitsfunktionen

Typische Sicherheitsfunktionen sind z. B. Stoppfunktion, Verhinderung des unerwarteten Anlaufes oder Schutz vor gefährlichen Spannungen. Bei deren Bestimmung müssen unterschiedliche Betriebszustände (Automatik, Einrichten, Tippen) der Maschine und die resultierenden Anforderungen beachtet werden. Im Abschnitt 3.1 werden Hinweise für die Gestaltung von Sicherheitsfunktionen gegeben.

Ermitteln des erreichten Performance Levels

Der Performance Level sicherheitsbezogener Teile einer Steuerung lässt sich unter Anwendung der DIN EN ISO 13849-1 auf der Basis der Einstufung in eine Kategorie, der Zuverlässigkeit, des Diagnosedeckungsgrades und des Widerstandes gegen Fehler gemeinsamer Ursache bestimmen.

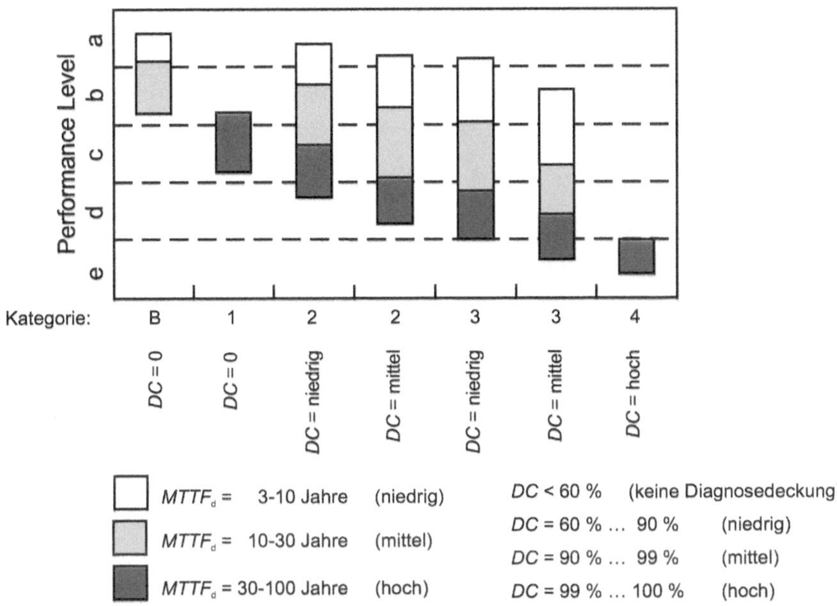

Bild 2.5 Vereinfachtes Verfahren zur Bestimmung des Performance Levels

Die *Kategorie* beschreibt die Einstufung der sicherheitsbezogenen Teile einer Steuerung bezüglich ihres Widerstandes gegen Fehler und ihres nachfolgenden Verhaltens. Dies ist abhängig von der Struktur, der Fehlererkennung und/oder der Zuverlässigkeit.

Kategorie B

Steuerungen, Schutzeinrichtungen sowie ihre Bauteile müssen in Übereinstimmung mit den zutreffenden Normen so gestaltet, gebaut, ausgewählt, zusammengebaut und kombiniert werden, dass sie den zu erwartenden Einflüssen standhalten können.

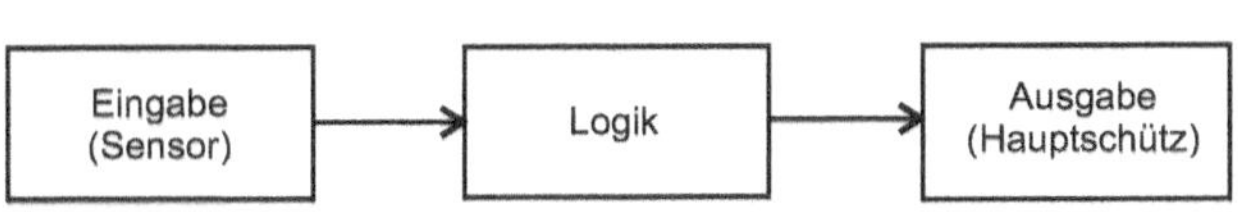

Bild 2.6 Vorgesehene Architektur für Kategorie B

Grundlegende Sicherheitsprinzipien müssen dabei angewendet werden. Das Auftreten eines Fehlers kann zum Verlust der Sicherheitsfunktion führen. Die Zuverlässigkeit ($MTTF_d$) der Komponenten kann niedrig bis mittel sein.

Kategorie 1

Die Anforderungen der Kategorie B müssen erfüllt sein. Bewährte Bauteile und bewährte Sicherheitsprinzipien müssen angewendet werden. Das Auftreten eines Fehlers kann zum Verlust der Sicherheitsfunktion führen, aber die Wahrscheinlichkeit des Auftretens ist geringer als in Kategorie B.

Die Zuverlässigkeit ($MTTF_d$) der Komponenten muss für diese Kategorie hoch sein.

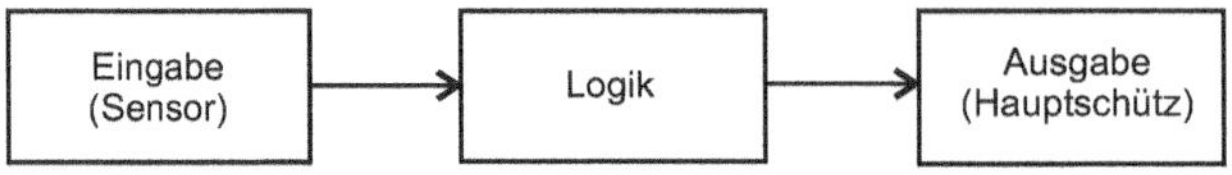

Bild 2.7 Vorgesehene Architektur für Kategorie 1

Kategorie 2

Die Anforderungen der Kategorie B einschließlich der Verwendung bewährter Sicherheitsprinzipien müssen erfüllt sein. Die Sicherheitsfunktion muss in geeigneten Zeitabständen (z. B. vor dem Anlauf) durch die Maschinensteuerung getestet werden. Das Auftreten eines Fehlers kann zum Verlust der Sicherheitsfunktion zwischen den Tests führen. Der Verlust der Sicherheitsfunktion wird durch den Test erkannt.

Die Zuverlässigkeit ($MTTF_d$) des Hauptkanals kann niedrig bis hoch sein. Eine Diagnose mit mindestens niedrigem bis mittleren Diagnosedeckungsgrad (*DC*) ist erforderlich. Es sind Maßnahmen gegen Fehler mit gemeinsamer Ursache notwendig.

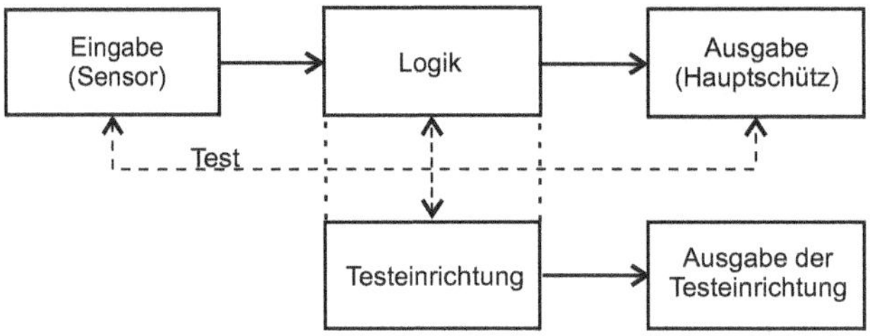

Bild 2.8 Vorgesehene Architektur für Kategorie 2

Kategorie 3

Anforderungen der Kategorie B müssen erfüllt und bewährte Sicherheitsprinzipien angewendet werden. Die sicherheitsbezogenen Teile müssen so gestaltet werden, dass ein einzelner Fehler in jedem dieser Teile nicht zum Verlust der Sicherheitsfunktion führt und, wann immer in angemessener Weise durchführbar, der einzelne Fehler erkannt wird. Wenn ein einzelner Fehler auftritt, bleibt die Sicherheitsfunktion immer erhalten. Damit werden einige, aber nicht alle Fehler erkannt. Eine Anhäufung von unerkannten Fehlern kann zum Verlust der Sicherheitsfunktion führen.

Die Zuverlässigkeit ($MTTF_d$) je Kanal kann niedrig bis hoch sein. Eine Diagnose mit mindestens niedrigem bis mittlerem Diagnosedeckungsgrad (*DC*) ist erforderlich. Es sind Maßnahmen gegen Fehler mit gemeinsamer Ursache notwendig.

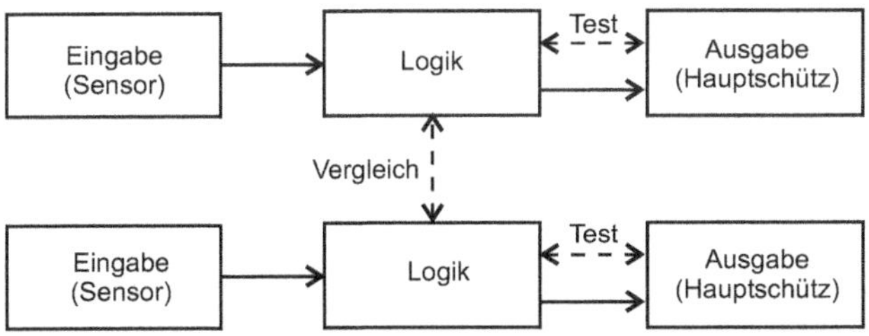

Bild 2.9 Vorgesehene Architektur für Kategorie 3

Kategorie 4

Die Anforderungen von Kategorie B müssen erfüllt und bewährte Sicherheitsprinzipien angewendet werden. Die Steuerung ist so zu gestalten, dass ein einzelner Fehler in jedem Teil nicht zum Verlust der Sicherheitsfunktion führt und der einzelne Fehler bei oder vor der nächsten Anforderung der Sicherheitsfunktion erkannt wird. Wenn diese Erkennung nicht möglich ist, darf eine Anhäufung von unerkannten Fehlern nicht zum Verlust der Sicherheitsfunktion führen. Wenn ein einzelner Fehler auftritt, bleibt die Sicherheitsfunktion immer erhalten.

Die Zuverlässigkeit ($MTTF_d$) muss hoch sein. Auch der Diagnosedeckungsgrad (*DC*) muss hoch sein. Die Erkennung auch von Fehleranhäufungen reduziert die Wahrscheinlichkeit des Verlustes der Sicherheitsfunktion.

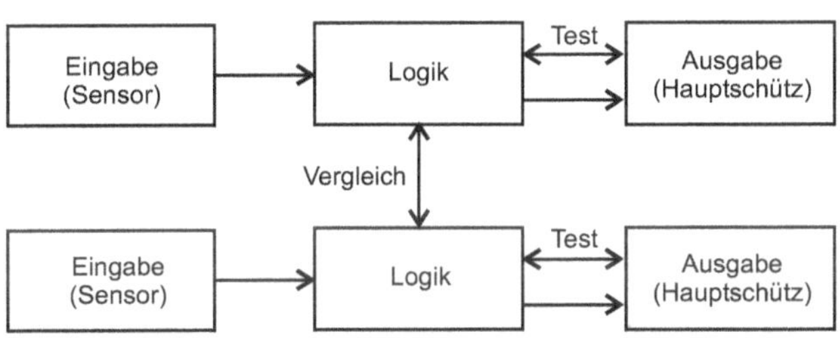

Bild 2.10 Vorgesehene Architektur für Kategorie 4

Die Kategorie ist der Basisparameter zur Bestimmung des Performance Levels und stellt unter Bezugnahme auf die vorgesehenen Architekturen bereits Anforderungen an die Zuverlässigkeit der Komponenten, die Diagnose und den Widerstand gegen Fehler mit gemeinsamer Ursache bereit.

Die *mittlere Zeit bis zu einem gefahrbringenden Ausfall* ($MTTF_d$[2]) wird als Zuverlässigkeitsangabe für Komponenten sicherheitstechnischer Einrichtungen genutzt.

Dieser Wert wird je Kanal aus den Zuverlässigkeitsangaben der Hersteller oder ersatzweise mit typischen Werten nach DIN EN ISO 13849-1, Anhang C, bestimmt. Ist beides nicht möglich, werden 10 Jahre angenommen.

[2] mean time to dangerous failure

Das Parts-Count-Verfahren nach DIN EN ISO 13849-1, Anhang D, ist eine Näherung mit Abweichung zur sicheren Seite, wobei von der Annahme ausgegangen wird, dass der Ausfall einer einzelnen Komponente zum Ausfall des Kanals führt (Seriensystem der Zuverlässigkeit).

$$\frac{1}{MTTF_{\mathrm{d}}} = \sum_{j=1}^{N} \frac{n_{\mathrm{j}}}{MTTF_{\mathrm{dj}}}$$

$MTTF_{\mathrm{d}}$ - mittlere Zeit bis zum gefahrbringenden Ausfall

$MTTF_{\mathrm{dj}}$ - $MTTF_{\mathrm{d}}$ der Bauteilart j

n_{j} - Anzahl der Bauteile j

N - Anzahl unterschiedlicher Bauteile

Ergeben sich für die Kanäle redundanter Systeme unterschiedliche Werte, müssen sie symmetrisiert werden.

Der *Diagnosedeckungsgrad* (*DC*[3]) ist ein Maß für die Wirksamkeit der Diagnose, die als das Verhältnis der Ausfallrate der bemerkten gefährlichen Ausfälle zur Ausfallrate der gesamten gefährlichen Ausfälle bestimmt werden kann. Wenn die Steuerung aus mehreren Teilen besteht, ist eine Mittelwertbildung notwendig.

Bei einer Diagnosedeckung unter 60 % kann davon ausgegangen werden, dass die Diagnose unwirksam ist. Im Anhang E der DIN EN 13849-1 sind Beispiele für die Diagnosedeckung typischer Maßnahmen angegeben.

Fehler mit gemeinsamer Ursache (*CCF*[4]) sind Ausfälle verschiedener Einheiten aufgrund eines einzelnen Ereignisses, wobei diese Ausfälle nicht auf gegenseitiger Ursache beruhen.

Dieser Wert wird mit einem Punktesystem nach DIN EN ISO 13849-1, Anhang F, bestimmt, wobei mindestens 65 von 100 Punkten erreicht werden müssen, damit die Maßnahmen gegen Fehler gemeinsamer Ursache ausreichend sind.

Validierung

Die Konformität der Gestaltung sicherheitsbezogener Teile mit den Sicherheitsanforderungen wird unter Anwendung der DIN EN ISO 13849-2 durch einen unabhängigen Prüfer bestätigt.

Prozess zur Herstellung der funktionalen Sicherheit sicherheitsbezogener elektrischer, elektronischer und programmierbarer elektronischer Steuerungssysteme

Dieser Prozess nach DIN EN 62061 betrachtet sicherheitsrelevante elektrische, elektronische und programmierbare elektronische Steuerungssysteme mit beliebiger Architektur.

---

[3] diagnostic coverage

[4] common cause failure

Der Prozess zur Herstellung der funktionalen Sicherheit (Bild 2.11) benutzt einen erforderlichen Sicherheits-Integritätslevel und prüft, ob das Steuerungssystem dieser Anforderung mindestens entspricht.

> **!** Sicherheits-Integritätslevel der Steuerung ≥ erforderlicher Sicherheits-Integritätslevel

Der *Sicherheits-Integritätslevel* (SIL) ist eine diskrete Stufe zur Festlegung der Anforderungen an die Sicherheitsintegrität der sicherheitsbezogenen Steuerungsfunktionen, die dem SRECS[5] zugeordnet wird. Die SIL-Anspruchsgrenze (SIL_{CL}[6]) ist der maximale SIL, der für ein SRECS-Teilsystem in Bezug auf strukturelle Einschränkungen und systematische Sicherheitsintegrität beansprucht werden kann.

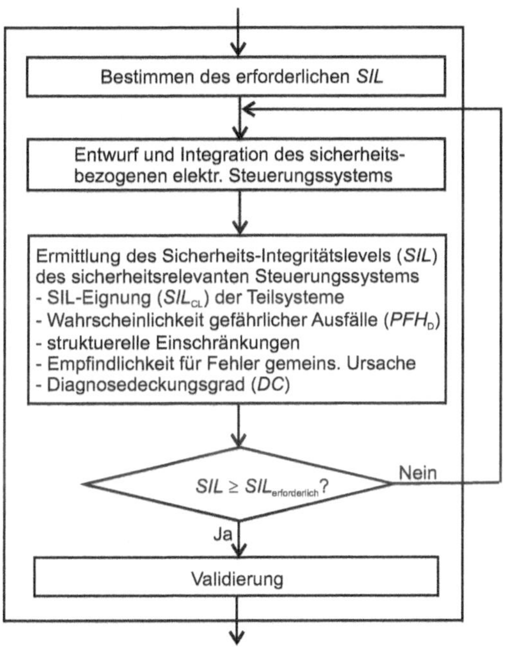

Bild 2.11 Herstellung der funktionalen Sicherheit

Bestimmen des erforderlichen Sicherheits-Integritätslevels

Der erforderliche Sicherheits-Integritätslevel beschreibt das auf die betrachtete Gefährdung bezogene Risiko auf Basis der Schwere des Schadens und der Wahrscheinlichkeit des Eintritts.

---

5) safety-related electrical control system: sicherheitsbezogenes elektrisches Steuerungssystem einer Maschine, dessen Ausfall zu einer unmittelbaren Erhöhung von Risiken führt

6) SIL-claim limit

Risiko	=	Schwere des Schadens	S	+	Häufigkeit und Dauer Eintrittswahrscheinlichkeit Möglichkeit der Vermeidung	F W P

Unter Berücksichtigung der Schwere des Schadens (S) und mit einem Punktesystem für die Wahrscheinlichkeit des Eintritts eines Schadens (F + W + P) kann der erforderliche SIL ermittelt werden (DIN EN 62061).

Tabelle 2.1 Zuordnung des erforderlichen SIL

Schwere des Schadens (S)	Klasse K = F + W + P				
	3–4	5–7	8–10	11–13	14–15
4	SIL 2	SIL 2	SIL 2	SIL 3	SIL 3
3		andere Maßnahmen	SIL 1	SIL 2	SIL 3
2			andere Maßnahmen	SIL 1	SIL 2
1				andere Maßnahmen	SIL 1

Die vier Parameter bzw. Punktezahlen beruhen auf den nachstehenden Charakterisierungen. Die Punkte von F, W und P werden addiert und ergeben die Klasse K.

- **Schwere des Schadens (S)**

  4 irreversibel: Tod, Verlust eines Auges oder Körperteiles

  3 irreversibel: Brüche, Verlust von Fingern

  2 reversibel: Behandlung durch Mediziner erforderlich

  1 reversibel: Erste Hilfe erforderlich

- **Häufigkeit und Dauer (F)** in Abhängigkeit von der Exposition (10 min) im Zeitraum

  ≤ 1 h 5 Punkte

  > 1 h bis ≤ 1 Tag 5 Punkte

  > 1 Tag bis ≤ 2 Wochen 4 Punkte

  > 2 Wochen bis ≤ 1 Jahr 3 Punkte

  > 1 Jahr 2 Punkte

- **Wahrscheinlichkeit des Auftretens (W)**

  sehr hoch 5 Punkte

  wahrscheinlich 4 Punkte

  möglich 3 Punkte

  selten 2 Punkte

  vernachlässigbar 1 Punkte

- **Möglichkeit der Vermeidung (P)**

  unmöglich 5 Punkte
  selten 3 Punkte
  wahrscheinlich 1 Punkte

Diese Sicherheits-Anforderungsstufe ist die Grundlage für den sich anschließenden Entwurf des sicherheitsbezogenen Steuerungssystems.

Entwurf und Integration des sicherheitsbezogenen elektrischen Steuerungssystems

Eine Sicherheitsfunktion kann durch mehrere Steuerungsteile realisiert sein - eine bestimmte Architektur ist nicht vorgeschrieben, muss aber ermittelt werden.

Es wird auf Basis der aus der Risikoanalyse hervorgegangenen Sicherheitsfunktionen, eine Aufteilung in Teilsicherheitsfunktionen und schließlich eine Zuordnung dieser Teilsicherheitsfunktionen auf reale Geräte (Teilsysteme und Teilsystemelemente) vorgenommen (Bild 2.12). Dabei werden sowohl Hardware als auch Software behandelt:

1. Identifizierung des vorgeschlagenen sicherheitsrelevanten Steuerungssystems für jede sicherheitsrelevante Steuerungsfunktion
2. Zerlegung in Funktionsblöcke und Erstellung eines Konzepts für die Architektur des Steuerungssystems
3. Detaillierung der Sicherheitsanforderung für jeden Funktionsblock
4. Zuordnung der Funktionsblöcke zu Teilsystemen
5. Verifikation
6. Auswahl des Gerätes für die Teilfunktion
   oder
   Entwurf und Entwicklung des Teilsystems
7. Entwurf der Diagnosefunktion

Für das sicherheitsbezogene elektrische Steuerungssystem mit der in diesem Schritt bestimmten Architektur ist nun der Sicherheits-Integritätslevel zu bestimmen, den dieses System erreicht.

Ermitteln des erreichten Sicherheits-Integritätslevels

Ein sicherheitsbezogenes elektrisches Steuerungssystem besteht aus mehreren Teilsystemen (Bild 2.12), die jeweils unterschiedliche Kennwerte besitzen. Die Kennwerte können aus den SIL-Konformitätserklärungen der Hersteller bezogen werden, wenn es sich um zertifizierte Komponenten handelt.

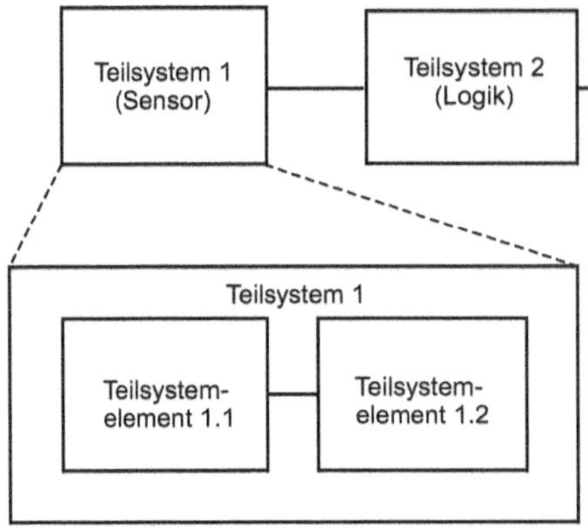

Bild 2.12 Sicherheitsbezogenes elektrisches Steuerungssystem

Die *Teilsysteme* sind durch folgende Kenngrößen sicherheitstechnisch beschrieben:

- SIL-Eignung (SIL_{CL}),
- Wahrscheinlichkeit gefährliche Ausfälle (PFH_{D}) und
- Lebensdauer (T_1).

Die Teilsysteme können wieder aus Teilsystemelementen (Geräten) bestehen. Sicherheitstechnische Kenngrößen für *Teilsystemelemente* sind:

- Ausfallrate für verschleißbehaftete Elemente (λ); oft in FIT[7] = 10^{-9} h^{-1},
- Lebensdauer (T_1).

Beim Entwurf/Konstruktion festzulegende interne Parameter für das Teilsystem, das aus Teilsystemelementen zusammengesetzt wird, sind:

- Diagnosedeckungsgrad (DC[8]),
- Diagnose-Testintervall (T_2),
- Empfindlichkeit für Fehler gemeinsamer Ursache (β).

Mehrere Anforderungen müssen für jede sicherheitsrelevante Funktion erfüllt sein und einzeln nachgewiesen werden. Der erreichte Sicherheits-Integritätslevel ergibt sich:

- aus dem niedrigsten SIL_{CL} der (nicht redundanten) Teilsysteme,
- aus der Wahrscheinlichkeit gefahrbringender zufälliger Hardwareausfälle (PFH_{D}) und
- der Sicherheitsintegrität der Hardware bezüglich struktureller Einschränkungen.

Die *Wahrscheinlichkeit gefahrbringender zufälliger Hardwareausfälle* (PFH_{D}) wird aus der Summe der Ausfallwahrscheinlichkeiten der Teilsysteme ermittelt (Tabelle 2.2).

[7] failure in time

[8] diagnostic coverage

Tabelle 2.2 Ausfallgrenzwert für die Wahrscheinlichkeit gefahrbringender Ausfälle jeder Sicherheitseinrichtung (Betriebsart mit hoher Anforderungsrate/kontinuierliche Anforderung)

	PFH_D [1/h]
SIL 4	$\geq 10^{-9}$ bis $< 10^{-8}$
SIL 3	$\geq 10^{-8}$ bis $< 10^{-7}$
SIL 2	$\geq 10^{-7}$ bis $< 10^{-6}$
SIL 1	$\geq 10^{-6}$ bis $< 10^{-5}$

PFH_D - Probability of dangerous failure per hour

Die *Sicherheitsintegrität der Hardware bezüglich struktureller Einschränkungen* begrenzt den maximal erreichbaren SIL.

Tabelle 2.3 Maximaler SIL in Abhängigkeit von der Fehlertoleranz (Typ B: Verhalten kann nicht vollständig ermittelt werden)

	Hardware-Fehlertoleranz		
SFF	0	1	2
< 60 %	nicht erlaubt	SIL 1	SIL 2
60 % bis < 90 %	SIL 1	SIL 2	SIL 3
90 % bis < 99 %	SIL 2	SIL 3	SIL 3
≥ 99 %	SIL 3	SIL 3	SIL 3

Eine Hardware-Fehlertoleranz von *N* bedeutet, dass *N+1* Fehler zum Verlust der Sicherheitsfunktion führen können.

SFF[9] ist der Anteil sicherer Ausfälle plus der erkannten Ausfälle an der Gesamtausfallrate.

$$SFF = \frac{\lambda_{safe} + \lambda_{dd}}{\lambda_{total}}$$

$$\lambda_{total} = \lambda_{safe} + \lambda_{dangerous}$$
$$\lambda_{safe} = \lambda_{su} + \lambda_{sd}$$
$$\lambda_{dangerous} = \lambda_{du} + \lambda_{dd}$$

λ_{su} - Ausfallrate für ungefährliche unentdeckte Fehler (safe, undetected)

λ_{sd} - Ausfallrate für ungefährliche erkannte Fehler (safe, detected)

λ_{du} - Ausfallrate für Gefahr bringende unentdeckte Fehler (dangerous, undetected)

λ_{dd} - Ausfallrate für Gefahr bringende erkannte Fehler (dangerous, detected)

[9] safe failure fraction

Validierung

Bei der Validierung wird auf der Grundlage eines Sicherheitsplanes und unter Anwendung der DIN EN 62061 überprüft, ob das Sicherheitssystem die in der Spezifikation der Sicherheitsfunktion beschriebenen Anforderungen erfüllt.

Iterativer Prozess aus Risikobeurteilung und Risikominderung

Wenn zur Risikominderung Änderungen an der Maschine und deren Steuerung vorgenommen wurden, ist nach der erfolgreichen Validierung der Zyklus zu wiederholen und eine erneute Beurteilung des von der (veränderten) Maschine ausgehenden Risikos vorzunehmen.

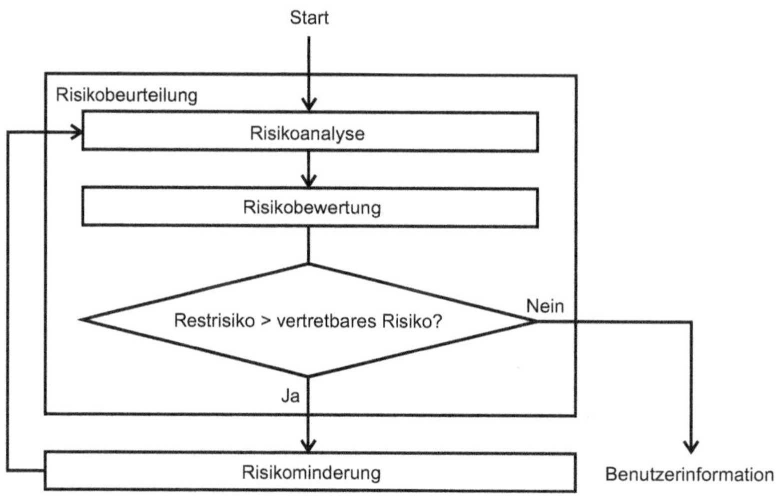

Bild 2.13 Iterativer Prozess

Ergibt sich nun bei der Risikobewertung, dass das verbleibende Restrisiko nicht größer als das vertretbare Risiko ist, kann der Zyklus verlassen werden.

Benutzerinformation

Wichtige Informationen zur sicheren Verwendung der Sicherheitseinrichtungen sind dem Benutzer als Betriebsanleitung, Montageanleitung und Typenschild zu übergeben. Die Benutzerinformation ist ein wesentlicher Bestandteil der Begutachtung im Schadensfall.

Aufgabe 2.1

Welchen rechtlichen Status haben DIN-Normen? Welcher Zusammenhang besteht zwischen technischen Normen und dem Produkthaftungsgesetz?

Aufgabe 2.2

Erläutern Sie, was unter einer Norm zu verstehen ist. Welche Vorteile ergeben sich aus der Anwendung von Normen? Darf von Normen abgewichen werden?

Aufgabe 2.3

Nach welchen Normen aus dem Europäischen Normenwerk für die Sicherheit von Maschinen muss konstruiert werden, wenn es für das zu entwerfende Produkt keine passende Produktnorm gibt.

Aufgabe 2.4

Für die Bemessung eines Risikos sind folgende Eigenschaften einer Montagevorrichtung gegeben:

- Bei einem Eingriff in sich bewegende Maschinenteile ist der Verlust von Fingern möglich.
- Der Eingriff ist einmal je Arbeitstag zu erwarten, wobei die Wahrscheinlichkeit eines Schadens in durchschnittlichem Umfang (möglich) gegeben ist.
- Aufgrund der Geschwindigkeit der Maschinenbewegungen ist ein Ausweichen nicht möglich.

Bestimmen Sie den erforderlichen Performance Level sowie den erforderlichen Sicherheits-Integritätslevel für den Bedienarbeitsplatz bei Normalbetrieb. ■

3 Gestaltung elektrischer Geräte und Anlagen

In diesem Kapitel sollen grundlegende Hinweise zur Gestaltung von Geräten und Anlagen unter dem Aspekt der sicherheitsgerichteten Konstruktion gegeben werden. Dabei spielen Bedienungsabläufe und Handlungen im Notfall eine große Rolle. Zur Gestaltung zählen aber auch der Aufbau in einem Gefäßsystem und die Wärmeabführung.

Ein elektrisches *Betriebsmittel* ist ein elektrisches Bauelement oder ein Gerät zum Erzeugen, Fortleiten, Verteilen, Messen oder Verwerten von Informationen bzw. von elektrischer Energie. Ein Betriebsmittel wird industriell hergestellt und ist katalogisiert. Es übernimmt eine Teilfunktion in einer Anlage und ist meist nicht selbstständig funktionsfähig.

Gerät ist ein Sammelbegriff für Gegenstände, die z.B. im Arbeitsprozess Verwendung finden, mit denen etwas bearbeitet oder bewirkt werden kann. Sie können selbstständig eine Funktion ausführen oder Komponente einer Anlage sein.

Eine *Anlage* ist die Gesamtheit der zu einem bestimmten Prozess (z.B. mechanische Fertigung) erforderlichen Ausrüstung. In der Technik ist das meist ein Komplex aus Betriebsmitteln oder Geräten, zum Beispiel zum Aufbau einer elektrischen Anlage.

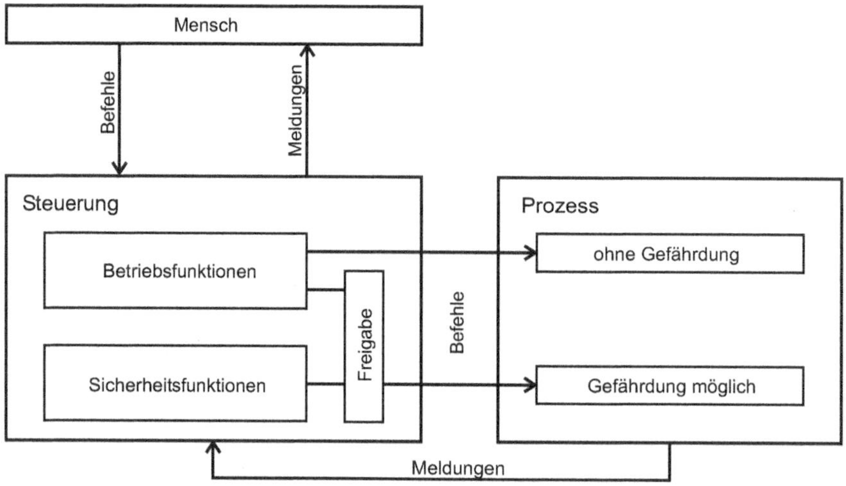

Bild 3.1 Elektrische Anlage

Eine *Maschine* ist nach der Maschinenrichtlinie eine mit einem anderen Antriebssystem als der unmittelbar eingesetzten menschlichen oder tierischen Kraft ausgestattete oder dafür vorgesehene Gesamtheit miteinander verbundener Teile oder Vorrichtungen, von denen mindestens eines bzw. eine beweglich ist und die für eine bestimmte Anwendung zusammengefügt sind. Die Kombination aus mechanischen Baugruppen und den zugehörigen elektronischen Steuerkomponenten wird als *Mechatronik* bezeichnet.

Die Maschine ist als eigenständige Einheit im Wesentlichen unabhängig von der Umgebung funktionsfähig, jedoch sind deren Einzelkomponenten nicht unabhängig von der Maschine sinnvoll.

■ 3.1 Sicherheitsgerichtete Konstruktion

„Das Verhüten von Unfällen darf nicht als Vorschrift des Gesetzes aufgefasst werden, sondern als ein Gebot menschlicher Verpflichtung und wirtschaftlicher Vernunft."

(Werner von Siemens im Jahr 1880)

Zu den sicherheitsbezogenen Funktionen in einer Anlage gehören:

- Stillsetzen, unabhängig von einer Notfallsituation,
- Handlungen im Notfall (z. B. Not-Aus),
- Positionsbegrenzungen (z. B. mit Endlagenschaltern),
- Geschwindigkeitsbegrenzungen u. a.

Diese Funktionen (insbes. Not-Aus) sollen überwiegend durch einfache elektromechanische Betriebsmittel ausgeführt werden. Für komplexe Funktionen können aber auch programmierbare elektronische Systeme eingesetzt werden, wenn diese die Anforderungen der DIN EN 61508 sowie der DIN EN 62061 oder der DIN EN ISO 13849-1 erfüllen. Durch die richtige Anwendung dieser Normen werden elektronische Systeme so funktionssicher, dass sie für sicherheitsbezogene Funktionen einschließlich Not-Handlungen eingesetzt werden können.

3.1.1 Grundsätzliche Gestaltungshinweise

> **!** Durch Fehler in der elektrischen Ausrüstung eines Gerätes oder einer Anlage darf es nicht zu gefährlichen Zuständen oder Schäden kommen. Fehler müssen durch geeignete Maßnahmen bereits in ihrer Entstehung verhindert werden oder dürfen sich nicht auf die Sicherheit auswirken. ■

Für die sicherheitsgerichtete Konstruktion der elektrischen Ausrüstung von Maschinen sind die Hinweise der DIN EN 60204-1 von besonderer Bedeutung. Im Folgenden sollen einige Aspekte erläutert werden, ohne den Anspruch der Vollständigkeit zu erheben.

Netzanschluss

Der Netzanschluss (Bild 3.2) ist die Schnittstelle der Elektroausrüstung einer Anlage zur Elektroenergieversorgung. Jede Anlage soll nur einen Netzanschluss haben, andere Spannungen müssen innerhalb der Anlage gebildet werden. Dies ist bei komplexen Anlagen schwer realisierbar. Bei solchen Anlagen ist die Abweichung von dieser Regel zu dokumentieren und an der Anlage zu kennzeichnen.

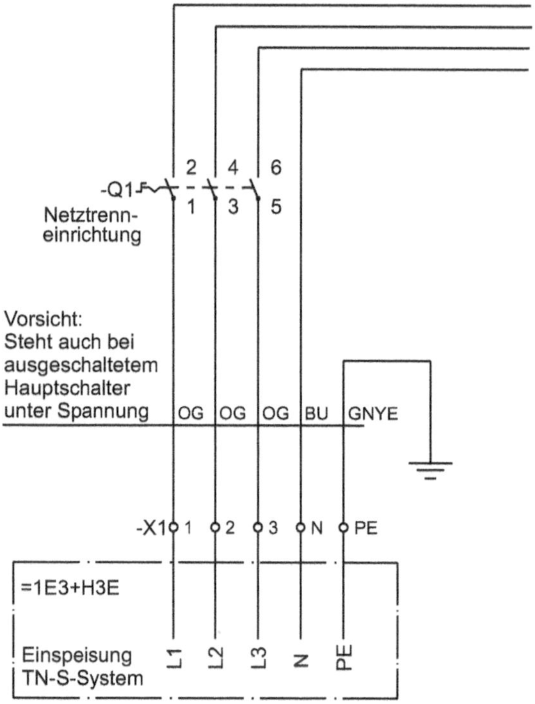

Bild 3.2 Netzanschluss

Die Zuleitung wird direkt an die Netz-Trenneinrichtung geführt. Bei der Montage auf der Tür des Schaltschrankes, was bis 63 A möglich ist, wird die Zuleitung über separate Einspeiseklemmen geführt (Bild 3.2). In jedem Fall ist eine Kennzeichnung notwendig, da die Leitung und eventuelle Klemmen auch bei ausgeschalteter Netz-Trenneinrichtung unter Spannung stehen.

Verschweißfreier Aufbau

Bei Auftreten einer Gefahr soll die Gefahrenursache ausgeschaltet, also ein Stromkreis geöffnet werden. Damit dies möglich ist, dürfen die Kontakte nicht verschweißen.

Für den *Hauptstromkreis* wird aus wirtschaftlichen Gesichtspunkten die Verschweißfreiheit nicht in jedem Fall und für die gesamte Anlage gefordert. Handelt es sich jedoch um sicherheitsrelevante Betriebsmittel, so muss die vorgeschaltete Sicherung bei Überstrom oder Kurzschluss auslösen bevor die Kontakte verschweißen. Gleichfalls ist die Forderung durch Überdimensionierung oder Redundanz mit Überwachung erfüllbar.

Für den *Steuerstromkreis* ist die Verschweißfreiheit generell gefordert. Dazu ist die Sicherung des Steuerstromkreises nach dem „empfindlichsten“ Betriebsmittel auszuwählen. Der unbeeinflusste Kurzschlussstrom darf 1000 A nicht übersteigen, wofür die Kontakte ausgelegt sind. Zur Versorgung der Steuerstromkreise ist ein Steuertrafo, der den Kurzschlussstrom auf 1000 A begrenzt, in den meisten Fällen vorgeschrieben. Ausnahmen sind einfache Maschinen mit einem Anlasser und maximal zwei Steuergeräten.

Steuerstromkreis

Besonderheiten für den Steuerstromkreis resultieren aus den üblicherweise niedrigen Spannungen (meist 24 V, 42 V oder 48 V), den kleinen Querschnitten bei langen Leitungen und den niedrigen Stromstärken.

Die *Spannungsstabilität* muss insbesondere bei dem Abgriff der Steuerspeisespannung vom Hauptstromkreis gewährleistet sein, um das unerwünschte Abschalten von Schützen bei „Spannungseinbrüchen" zu vermeiden. Im Einschaltmoment dürfen 85 % der Betriebsspannung nicht unterschritten werden. In diesem Zusammenhang ist auch der Spannungsfall, bezogen auf den Einschaltstrom, auf der Steuerleitung zu beachten. Oft sind Querschnitterhöhungen aus diesem Grund notwendig.

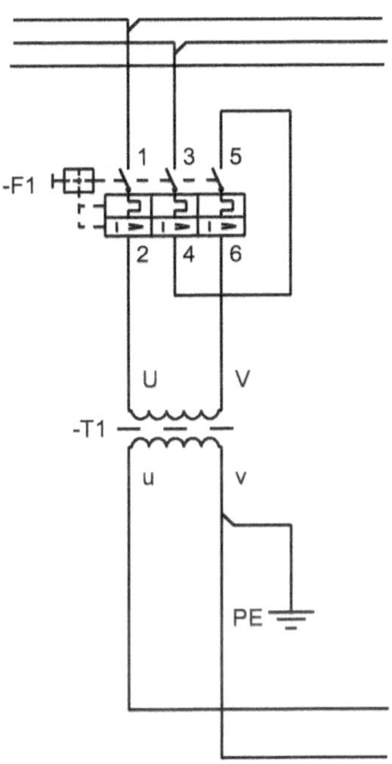

Bild 3.3 Steuertrafo mit allpoliger Abschaltung

Zweckmäßig ist der Anschluss des Steuertrafos an die Außenleiter des Dreiphasennetzes, da die Primärspannung so stabiler ist. Die Primärsicherung muss in diesem Fall die allpolige Abschaltung garantieren (Bild 3.3).

Die *Leitungskapazität* kann bei sehr langen Steuerleitungen (ab einigen hundert Metern) und Wechselstrombetätigung das Abfallen der Schütze bei geöffnetem Stromkreis verhindern (Bild 3.4). Besonders bei hohen Steuerspannungen und Schützen mit kleinem Haltestrom oder niedriger Abfallspannung ist dies kritisch. Zur Abhilfe können diese Ursachen vermieden oder die Gleichstrombetätigung genutzt werden.

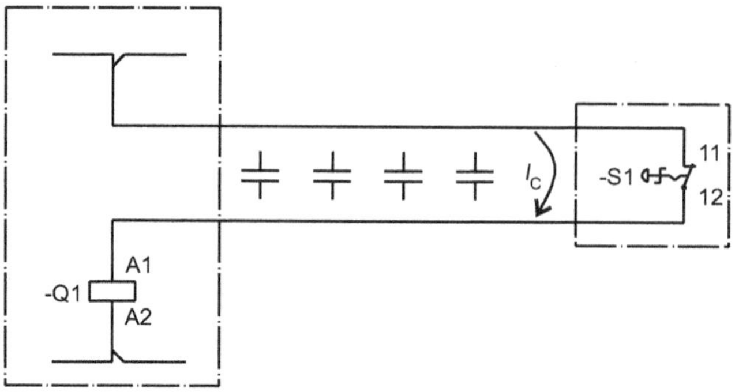

Bild 3.4 Leitungskapazität einer langen Steuerleitung

Schaltungsaufbau

Die Sicherheit einer Anlage ist sowohl von der Zuverlässigkeit der Betriebsmittel als auch von deren Verschaltung abhängig. Für den Schaltungsaufbau müssen deshalb erprobte Schaltungstechniken eingesetzt werden.

Das bedeutet im Einzelnen (Bild 3.5 und Bild 3.6):

a) Der Steuerstromkreis ist zu erden.

b) Alle Schaltfunktionen sind auf die nicht geerdete Seite zu legen. Abweichungen sind möglich, wenn zur Querschlusserkennung Betriebsmittel auf unterschiedliche Potenziale gelegt werden sollen.

c) Abgeschaltet wird durch Entregen[1], da diese Vorgehensweise sichert, dass die Anlage bei Drahtbruch in einen sicheren Zustand gelangt, also entregt oder abgeschaltet wird.

d) Für Sicherheitsstromkreise müssen zwangsöffnende Kontakte benutzt werden.

e) Soll ein Verbraucher abgeschaltet werden, so betrifft das alle aktiven Leiter (siehe auch Bild 3.3).

f) Widersprüchliche Kommandos, z. B. Rechts- und Linkslauf eines Elektroantriebes müssen auf zwei Ebenen gegenseitig verriegelt werden.

Bei allen Überlegungen sind vorhersehbarer Missbrauch durch Umgehen oder das Unwirksammachen von Schutzeinrichtungen zu berücksichtigen und entsprechende Vorkehrungen zu treffen.

---

[1] Schütz fällt in Ruhelage zurück.

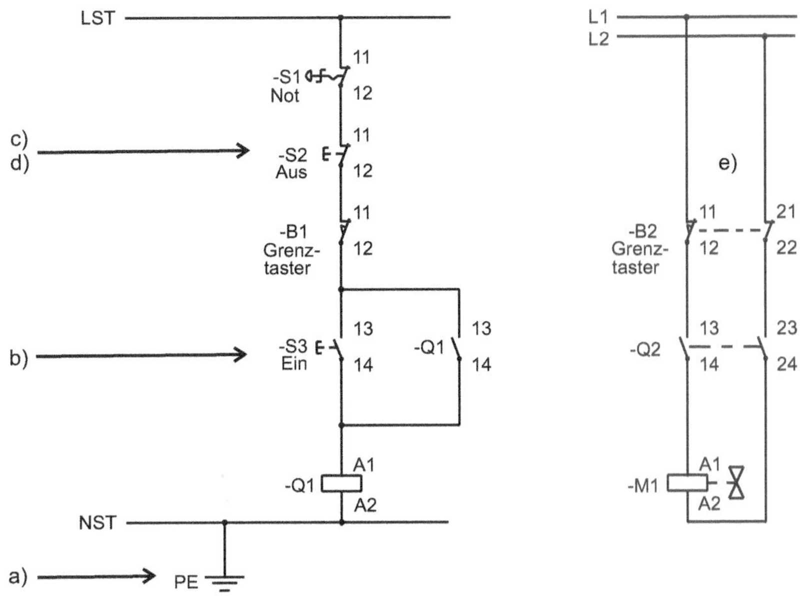

Bild 3.5 Erprobte Schaltungstechniken

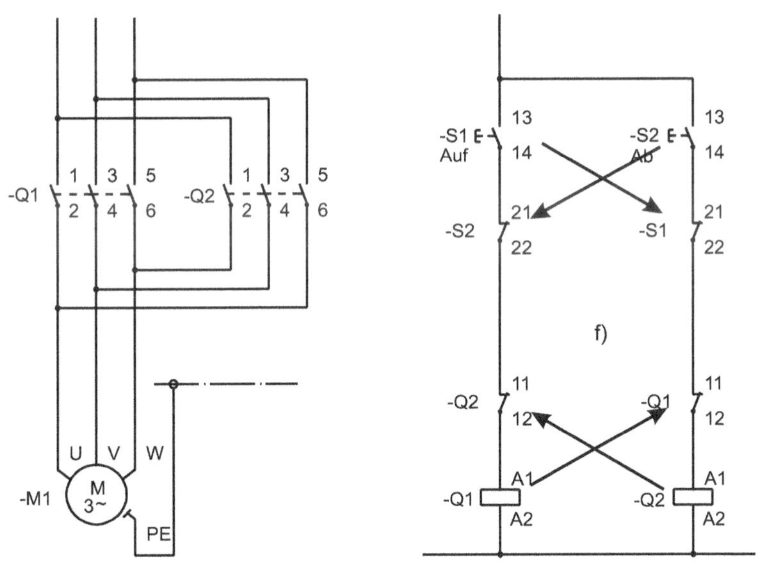

Bild 3.6 Verriegelung widersprüchlicher Kommandos

Redundanz und Diversität

Zur Erhöhung der Zuverlässigkeit können im Rahmen der Risikominderung auch Redundanz und Diversität angewendet werden (Bild 3.7).

Redundanz bedeutet das Vorhandensein von zusätzlichen Mitteln (Geräte oder Systeme), die im Fehlerfall die Funktion übernehmen und so die Zuverlässigkeit erhöhen. Redundanz muss überwacht werden, da durch Ausfall eines Elementes die Redundanz verloren geht.

Diversität ist in diesem Fall der Aufbau von Steuerstromkreisen nach verschiedenen Funktionsprinzipien oder mit unterschiedlichen Arten von Geräten. Funktionelle Diversität kann durch die Kombination von Öffner und Schließer erreicht werden. Die Gerätediversität wird durch die Verwendung unterschiedlicher Gerätearten (z. B. Schütztypen) erzielt. Das vermeidet, dass mehrere Elemente von der gleichen Fehlerursache betroffen sind.

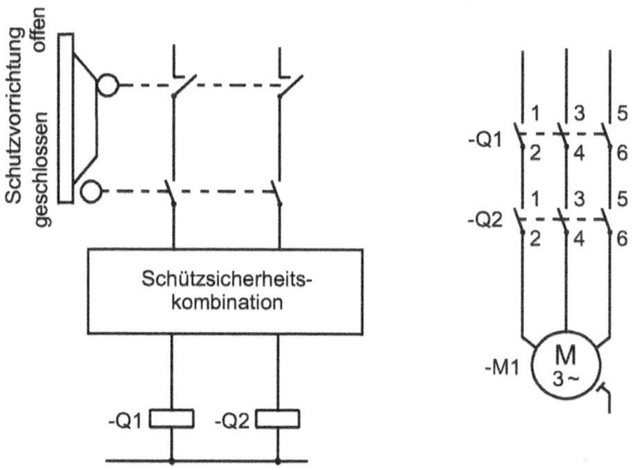

Bild 3.7 Redundanz und Diversität

Die Schaltungstechniken zur Erhöhung der Zuverlässigkeit durch Redundanz und deren Überwachung werden im Abschnitt 3.1.3 am Beispiel des Not-Halt erläutert.

3.1.2 Handlungen im Notfall

Zu den Handlungen im Notfall gehören nach DIN EN 60204-1:

- Stillsetzen im Notfall (Not-Halt),
- Ausschalten im Notfall (Not-Aus),
- Ingangsetzen im Notfall (Not-Start),
- Einschalten im Notfall (Not-Ein).

Die *Not-Befehle* werden ausschließlich durch eine einmalige bewusste menschliche Handlung bewirkt. Die Befehlsgabe sollte auch nicht eingewiesenes Personal ohne lange Überlegungen auslösen können. Von jedem Arbeitsplatz aus muss das Not-Befehlsgerät gut erkennbar und leicht erreichbar sein.

Die Handlungen Stillsetzen im Notfall und Ausschalten im Notfall sind von besonderer Bedeutung und sollen deshalb näher erläutert werden.

Stillsetzen

Der Befehl zum Stillsetzen soll zunächst unabhängig von einer Notfallsituation betrachtet werden. Der Befehl wird entweder willkürlich von Hand oder automatisch von der Maschine gegeben. Die Umsetzung des Befehls erfolgt nach einer der folgenden Stopp-Kategorien (DIN EN 60204-1):

- **Stopp-Kategorie 0**

  Ungesteuertes Stillsetzen durch sofortige Abschaltung der Energie zu den Antriebselementen.
  Es wird z. B. mit einem Leistungsschalter im Hauptstromkreis oder einer Schützanordnung unverzögert und mit der nötigen Zuverlässigkeit ausgeschaltet.

- **Stopp-Kategorie 1**

  Gesteuertes Stillsetzen, bei dem die Energiezufuhr erst unterbrochen wird, wenn der Stillstand erreicht ist.
  Diese Kategorie wird gewählt, wenn die Kategorie 0 nicht ausreichend ist und durch das ungesteuerte Stillsetzen Gefährdungen entstehen würden. Die Ausführung kann durch Gegenstrombremsen oder mittels Bremsrampe bei umrichtergesteuerten Antrieben erfolgen. Nach Stillstand wird elektromechanisch abgeschaltet.

- **Stopp-Kategorie 2**

  Gesteuertes Stillsetzen, bei dem die Energiezufuhr auch im Stillstand erhalten bleibt.
  Dies gilt z. B. für den Betriebshalt in einem automatischen Ablauf unter Beibehaltung der Energiezufuhr.

Not-Halt

Das Stillsetzen im Notfall (Not-Halt) ist dazu bestimmt, einen Prozess oder eine Bewegung anzuhalten, wenn dieser Gefahr bringend wurde. In Abhängigkeit von der Risikobeurteilung wird das Stillsetzen nach Stopp-Kategorie 0 (ungesteuert) oder 1 (gesteuert) ausgeführt. Für die Ausgestaltung sind folgende Anforderungen zu beachten:

- Die Not-Handlung hat Vorrang vor allen anderen Funktionen und Betätigungen in allen Betriebsarten der Anlage.
- Die Energiezufuhr zu Gefahr bringenden Elementen wird ohne Erzeugung neuer Gefährdungen so schnell wie möglich abgeschaltet.
- Das Rücksetzen des Befehlsgerätes darf keinen Wiederanlauf einleiten.

Not-Aus

Das Ausschalten im Notfall (Not-Aus) bewirkt das Abschalten der Energiezufuhr zu einer Anlage oder zu dem Teil einer Anlage, wenn ein Risiko, z. B. für elektrischen Schlag, besteht. Zur Ausführung wird die Stopp-Kategorie 0 angewendet. Ist diese Kategorie nicht zulässig, müssen andere Maßnahmen, z. B. Schutz gegen direktes Berühren spannungsführender Teile, ergriffen werden.

Befehlsgeräte

Sowohl für Not-Halt als auch für Not-Aus gelten die folgenden Forderungen:

- Auch bei nur kurzer Betätigung muss das Befehlsgerät zwangsweise verrasten, damit der Befehl bis zur aktiven Rückstellung bestehen bleibt.
- Die Rückstellung darf nur vor Ort durch die bewusste Handlung des Menschen möglich sein und darf keinen selbstständigen Wiederanlauf verursachen. Damit ist die Wiederinbetriebnahme von einem entfernten Befehlsstand oder von einem Leitsystem ausgeschlossen.
- Das Befehlsgerät (z. B. Not-Aus-Taster) muss mit roter Handhabe auf gelbem Grund ausgeführt sein und muss die Befehlsgabe mit zwangsöffnenden Kontakten weiterleiten.
- In Abhängigkeit von der Risikobeurteilung darf der Ausfall einer Komponente (Erstfehler) die Not-Funktion nicht beeinträchtigen. Bei entsprechender Forderung aus der Risikobeurteilung muss ein solcher Fehler erkannt werden, z. B. darf dann kein Start möglich sein.

Absteckbare oder kabellose Bedienstationen

Zunehmend werden mobile Bedienstationen genutzt, die über eine absteckbare Verbindung zur Steuerung verfügen oder mittels Funkverbindung mit der Steuerung kommunizieren. Da die Verbindung zwischen Bedienstation und Steuerung nicht zwangsläufig gegeben ist, gelten hier besondere Anforderungen. Dabei muss die Wirksamkeit des Steuerungssystems überwacht und auf deren Ausfall reagiert werden.

- In jedem Fall muss zusätzlich mindestens ein Not-Halt-Gerät fest verdrahtet an der Maschine verfügbar sein.
- Eine Verwechslung zwischen aktiven und nicht aktiven Not-Halt-Geräten muss verhindert werden. Dies kann zum Beispiel durch Veränderung der Farbe des Gerätes mittels Beleuchtung des aktiven Not-Halt-Gerätes erreicht werden.
- Es ist notwendig, sich mit einer nicht ständig verbundenen Bedienstation an der Steuerung an- bzw. abzumelden. Bei einer Verbindungsunterbrechung ohne Abmeldung muss die Maschine in einen sicheren Zustand gebracht werden.

3.1.3 Schaltungstechnische Umsetzung

Die Überlegungen zur sicherheitsgerichteten Konstruktion sollen am Beispiel des Stillsetzens im Notfall (Not-Halt) unter Anwendung der Stopp-Kategorie 0 gezeigt und diskutiert werden. Die Beispiele sind grundsätzlich auch für Not-Aus geeignet und können auf weitere Anwendungen übertragen werden.

Einfache Form

Bild 3.8 zeigt eine sehr einfache Form des Not-Halt für Maschinen ohne besondere Forderungen aus der Risikobeurteilung. Taster und Zuleitung dürfen nicht gefährdet sein, da ein Schluss im Tasterkreis[2] nicht erkannt wird. Es ist keine Redundanz vorhanden. Die Schaltung ist nicht erstfehlersicher.

---

2) fehlerhafte Überbrückung der Öffnerkontakte oder blockierte Kontakte

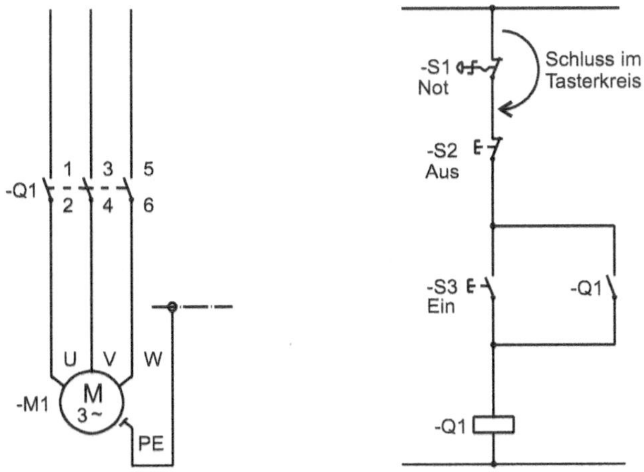

Bild 3.8 Einfache Form des Not-Halt

Zweischützschaltung (veraltet)

Die normale Funktion dieser Anordnung erfordert, wie sich in Bild 3.9 leicht nachvollziehen lässt, die Nutzung von vor- und/oder nacheilenden Kontakten (überschneidende Kontaktgabe). Nur so ist sicher, dass sich nach Betätigung von -S3 die Schließerkontakte von -K1 und -K2 etwas eher schließen, als sich die zugehörigen Öffnerkontakte öffnen und die Befehlsgabe unwirksam machen.

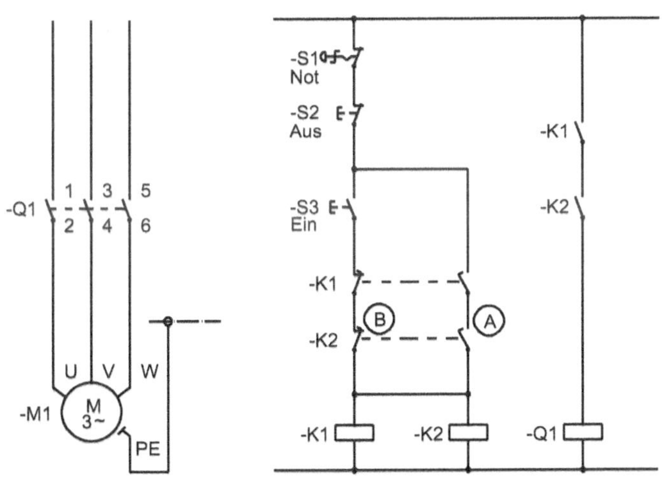

Bild 3.9 Zweischützschaltung (veraltet)

Diese Schaltung ist noch vereinzelt in Anwendung, obwohl sie wegen einiger Nachteile als unsicher und veraltet gilt.

An folgendem beispielhaften Ablauf soll die Funktion der Zweischützschaltung gezeigt werden:

- -S1 (Not-Halt) wird betätigt.
- -K1 und -K2 sind spannungsfrei und fallen ab, aber Kontakt A von -K2 öffnet nicht, da er „verklebt“ ist.

- Der redundante Kontakt von -K1 öffnet und über -Q1 wird der Motor abgeschaltet. Die Schaltung ist erstfehlersicher.
- Da A nicht geöffnet hat, darf B über eine Zwangsführung nicht geschlossen sein.
- Damit ist ein Neustart nicht möglich und der Erstfehler wird erkannt. Anderenfalls wäre die Redundanz nach einem Erstfehler wirkungslos.

Voraussetzung für den Funktionsablauf ist die Zwangsführung[3] der vor- und/oder nacheilenden Kontakte in der Schützkombination. Dies ist jedoch konstruktiv nicht möglich, da Hilfsschütze mit dieser überschneidenden Kontaktgabe nicht die Bedingungen der Zwangsführung erfüllen. Aus diesem Grund gilt diese Schaltung als unsicher und wird nicht mehr eingesetzt.

Ein möglicher Schluss im Tasterkreis wird ebenfalls nicht erkannt.

Dreischützschaltung

Diese Schaltung gilt als „Stand der Technik" für aus Einzelschützen aufgebaute Sicherheitsschaltungen.

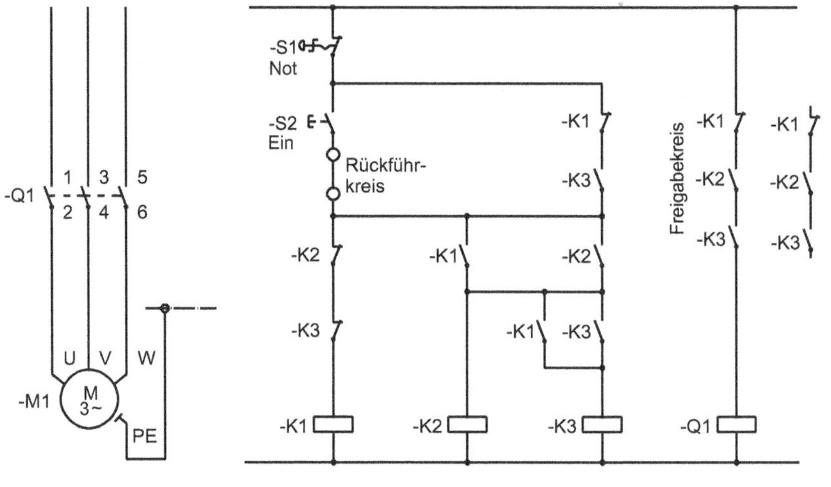

Bild 3.10 Dreischützschaltung

Zunächst soll die „normale" Funktion der Schaltung erläutert werden.

- Mit Betätigung von -S2 wird eingeschaltet.
- -K1 zieht an und lässt über seine Schließerkontakte auch -K2 und -K3 anziehen. Diese halten sich mit ihren Schließern -K2 und -K3 selbst.
- Die Öffnerkontakte von -K2 und -K3 lassen -K1 wieder abfallen. -K2 und -K3 bleiben wegen der Selbsthaltung angezogen.

[3] Öffner und Schließer sind so miteinander verbunden, dass sie nicht gleichzeitig geschlossen sein können.

- Über den Freigabekreis wird -Q1 betätigt, wenn -K1 abgefallen und -K2, -K3 angezogen sind. Der Motor läuft.
- Nach Betätigung von -S1 (Not-Halt) fallen alle Schütze ab. Der Motor ist spannungsfrei.

Die Schaltung ist erstfehlersicher bei Nutzung zwangsgeführter Kontakte.

- Fällt -K1 nicht ab, weil die Kontakte verschweißt sind, wird der Freigabekreis nicht geschlossen. Die Anlage bleibt in einem sicheren Zustand, der Motor kann nicht starten.
- Versagt -K2 oder -K3, wird über die redundanten Kontakte dennoch abgeschaltet. Ein Erstfehler wirkt sich nicht aus. Das erneute Einschalten ist nicht möglich, da die zwangsgeführten Öffnerkontakte die Ansteuerung von -K1 verhindern. Der Erstfehler wird erkannt.

Mit der Dreischützschaltung kann nach dem heutigen Stand der Technik davon ausgegangen werden, dass Fehlfunktionen zu keinem gefährlichen Zustand der Maschine führen.

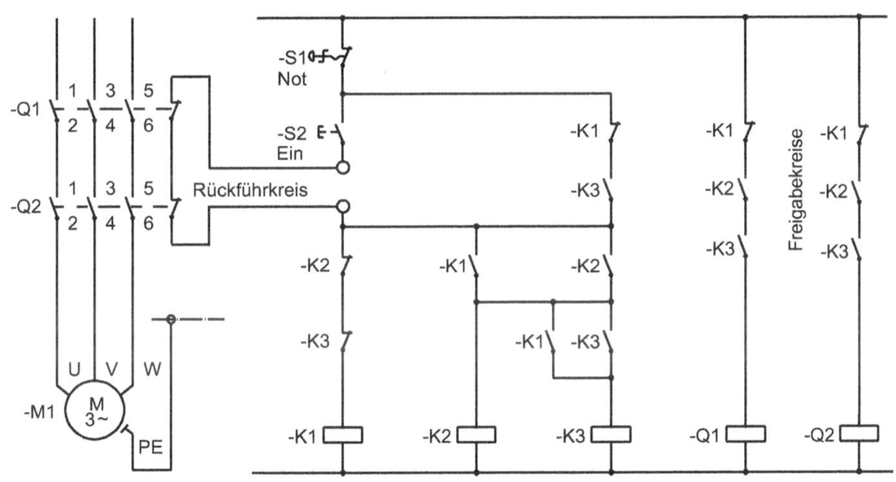

Bild 3.11 Redundanz der Motorschütze und Überwachung im Rückführkreis

Für besonders hohe Anforderungen ist es möglich, die Hauptschütze redundant auszuführen und die Redundanz im Rückführkreis zu überwachen (Bild 3.11). Sollte ein Hauptkontakt verschweißen, schließt der zwangsgeführte Öffner im Rückführkreis nicht, wodurch sich die Maschine nicht mehr starten lässt und der Erstfehler erkannt wird.

3.2 Bedien- und Anzeigeelemente

Zur Bedienung einer Anlage sind Schalter, Taster und Leuchtmelder erforderlich. Die durchgängig einheitliche und eindeutige Kennzeichnung dieser Bedienelemente erfolgt durch Beschriftung oder Symbole und durch farbliche Kennzeichnung. Dadurch wird die intuitive Bedienung erleichtert und werden Fehlbedienungen vermieden.

Zunehmend werden für Bedienhandlungen auch LCD-Anzeigen, Bildschirme, Touch-Panels und andere programmierbare Geräte eingesetzt. Die folgenden Hinweise sollten neben der DIN EN 61310 auch für diese Geräte im Rahmen der technischen Möglichkeiten beachtet werden.

Drucktaster

Drucktaster dienen dem Steuern einer Anlage durch willentliche und von Hand gegebene Befehle des Menschen. Sie müssen dafür leicht erreichbar und eindeutig gekennzeichnet sein. Die farbliche Kennzeichnung nach Tabelle 3.1 unterstützt das.

Leuchtmelder

Leuchtmelder gehören zu den optischen Meldegeräten. Sie zeigen Betriebszustände an und warnen vor anormalen oder gefährlichen Zuständen. Auch hier ist das eindeutige Erkennen einer solchen Warnung von großer Bedeutung (Tabelle 3.2). Zur Hervorhebung sind auch Blinksignale möglich.

LED-Anzeigen an Steuerungen, die nicht für die Bedienung sondern für Wartung und Inbetriebnahme relevant sind, werden von nachfolgenden Zuordnungen nicht berührt.

Tabelle 3.1 Farben für Drucktaster (DIN EN 60204-1)

Farbe	Bedeutung	Erklärung
ROT	Notfall	Bei gefährlichem Zustand oder im Notfall betätigen, z. B. Not-Aus
GELB	Anormal	Bei anormalem Zustand betätigen, um diesen zu unterdrücken oder um einen unterbrochenen automatischen Ablauf wieder zu starten
GRÜN	Sicher	Bei sicherer Bedienung betätigen oder um normalen Zustand vorzubereiten, z. B. Start oder Ein
BLAU	Zwingend	Bei Zustand betätigen, der zwingende Handlung erfordert, z. B. eine Rückstellfunktion
WEISS	Keine spezielle Bedeutung zugeordnet	Für allgemeine Einleitung von Funktionen außer Not-Aus, bevorzugt für Start oder Ein
GRAU	Keine spezielle Bedeutung zugeordnet	Für allgemeine Einleitung von Funktionen außer Not-Aus
SCHWARZ	Keine spezielle Bedeutung zugeordnet	Für allgemeine Einleitung von Funktionen außer Not-Aus, bevorzugt für Stopp oder Aus

Tabelle 3.2 Farben für Leuchtmelder (DIN EN 60204-1)

Farbe	Bedeutung	Erklärung
ROT	Notfall	Gefährlicher Zustand wird angezeigt, z. B. der Ausfall des Schmiersystems oder Druck außerhalb des Grenzwertes
GELB	Anormal	Anormaler Zustand oder bevorstehender kritischer Zustand, z. B. der Druck weicht (noch ungefährlich) vom Sollwert ab
GRÜN	Sicher	Normaler Zustand, z. B. Automatik läuft, keine Fehler, alle Parameter innerhalb der vorgeschriebenen Grenzen
BLAU	Zwingend	Zustand, der eine Handlung erfordert, z. B. die Maschine befindet sich in der Einrichtbetriebsart
WEISS	Neutral	Andere Zustände, die nicht zugeordnet werden können, weil bezüglich der Farben ROT, GELB oder GRÜN Zweifel bestehen

Leuchtdrucktaster

Leuchtdrucktaster sind eine Kombination aus Drucktaster und Leuchtmelder, wodurch die Funktionen Steuern und Melden in einem Gerät zusammengefasst werden.

Für Leuchtdrucktaster müssen die Hinweise aus beiden Zuordnungen in Übereinstimmung gebracht werden. Ist das nicht möglich, wird WEISS benutzt. Wird die Drucktasterfunktion nur zum Lampentest benutzt, gelten nur die Regelungen für Leuchtmelder.

Anordnung von Drucktastern und Leuchtmeldern

Taster und Leuchtmelder sind ein wesentliches Verbindungsglied an der Schnittstelle zwischen Mensch und Maschine. Die intuitive und fehlerfreie Bedienung einer Maschine ist deshalb auch von der folgerichtigen und sinnvollen Anordnung der Bedienelemente abhängig. Die für den technologischen Ablauf zusammengehörigen Bedienelemente sollten zweckmäßig in Gruppen angeordnet werden (Bild 3.12), um die Übersichtlichkeit zu verbessern.

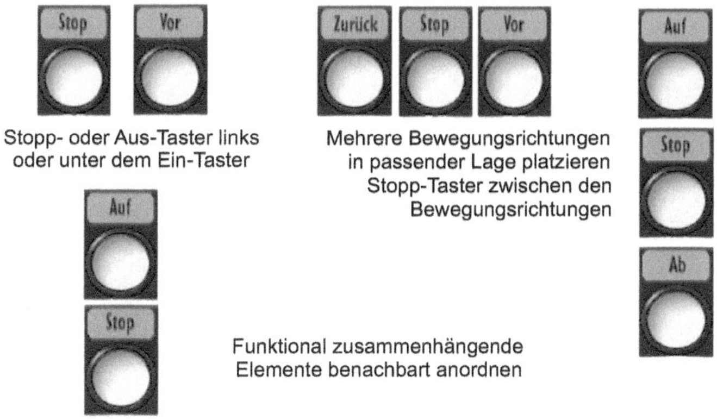

Bild 3.12 Anordnung von Bedienelementen

Netz-Trenneinrichtung[4]

Jede Maschine muss eine Netz-Trenneinrichtung aufweisen, die bei Betätigung alle aktiven Leiter unterbricht. Sie ist in der Zuleitung direkt hinter dem Netzanschluss angeordnet und erlaubt, für Wartungs- und Reinigungsarbeiten oder bei längerem Stillstand die Maschine vom Elektro-Versorgungsnetz zu trennen.

Für diese Aufgabe, elektrische oder mechanische Gefährdungen zu verhindern, muss die Einrichtung folgende Eigenschaften aufweisen:

- Die von außen zugängliche Handbetätigung muss zwei Schaltstellungen AUS und EIN mit zwangsläufiger Anzeige der Schaltstellungen (0 und 1) haben.
- Die Herstellung der vorgeschriebenen Trennstrecken muss gesichert sein.
- Die Einrichtung muss in Aus-Stellung verschließbar sein.
- Die Anschlussstellen müssen gegen zufälliges Berühren abgedeckt sein.
- Das Ferneinschalten darf in der Aus-Stellung nicht möglich sein.
- Das Ausschaltvermögen muss größer sein als der Strom des größten Motors im blockierten Zustand zuzüglich der Stromaufnahme sonstiger Verbraucher.

Die Netz-Trenneinrichtung kann gleichzeitig eine Not-Funktion erfüllen, muss dann aber mit roter Handhabe auf gelbem Grund ausgeführt sein.

3.3 Gefäßsysteme und mechanischer Aufbau

Die Betriebsmittel einer Anlage müssen zu einem Ganzen nicht nur elektrisch, sondern mechanisch zusammengefasst werden. Die äußere Bauform dieser Zusammenfassung kann sehr vielgestaltig sein. Gemeinsam sind für die unterschiedlichen Gefäßkonzepte die Anforderungen, die an sie gestellt werden. Die wichtigsten Forderungen an ein Gefäßsystem sind:

- einheitliches Raster zur Bestimmung der Abmessungen,
- flächen- und raumsparende Bauweise,
- erweiterungsfähig und austauschbar,
- wirtschaftliche Fertigung der Komponenten,
- hoher Standardisierungsgrad und
- Funktionserfüllung.

Die zu Unrecht zuletzt genannte Forderung nach Funktionserfüllung betrifft:

- Aufnahme elektrischer Betriebsmittel und Zusatzkomponenten,
- Herstellung der elektrischen und mechanischen Verbindungen,
- Schutz der eingebauten Betriebsmittel vor äußeren Einflüssen,

[4] oft noch als Hauptschalter bezeichnet

- Schutz von Personen vor Gefährdungen und
- Wärmeabführung.

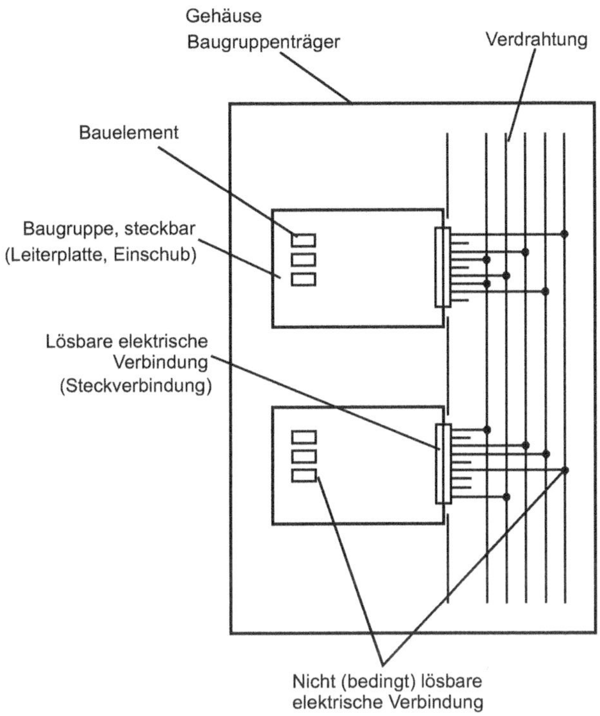

Bild 3.13 Baugruppen im Gehäuse

Je nach Anwendungsbereich haben sich unterschiedliche Gefäßsysteme durchgesetzt. Die beiden wichtigsten Gruppen sind:

a) *Schaltschränke/Gehäuse* unterschiedlicher Größe, z. B. aus dem 19-Zoll-Aufbausystem oder aus dem metrischen System und

b) *gekapselte Verteilersysteme* verschiedenster Bauformen, z. B. Isolierstoffverteiler oder Installationsverteiler.

3.3.1 Schränke und Gehäuse aus dem 19-Zoll-Aufbausystem

Das 19-Zoll-Aufbausystem wird viel häufiger als das Metrische System eingesetzt und soll deshalb an dieser Stelle näher erläutert werden.

Das *19-Zoll-Aufbausystem* (DIN 41494 und DIN EN 60297) stellt die Summe von mechanischen und elektromechanischen miteinander kombinierbaren Bauteilen dar, mit denen elektrische Geräte und Anlagen in modularer Bauweise zusammengesetzt werden können.

Die Bezeichnung „19-Zoll-Aufbausystem" wurde von der Breite der Gerätefrontplatte aus der weltweit angewandten amerikanischen Norm ASA C 83.9 abgeleitet. Als erstes genormtes Maß des Aufbausystems hat es ihm auch seinen Namen verliehen. In der (metrischen) DIN-Norm wird dieses System jedoch mit *482,6-mm-Bauweise* bezeichnet.

Modularität und Komponenten

Die Modularität des Systems bei einem hohen Standardisierungsgrad erlaubt die Erweiterung einer Anlage und den Austausch von Baugruppen zur Wartung oder Aufrüstung. Die Normenreihen beschreiben die Komponenten des Systems in vier Ebenen und legen wichtige Maße für die Passfähigkeit fest.

Tabelle 3.3 Modulebenen im 19-Zoll-Aufbausystem

Ebene	Komponenten	Genormte Elemente
4	Gehäuse, Gestelle, Schränke	Einbaumaße, Gehäusestapelung, Schrankabmessungen
3	Baugruppenträger	Höhenteilungsmaße, Befestigungsmaße, Einbaumaße, Maße für Frontplatten
2	Baugruppen	Maße für Steckplatten und Kassetten
1	Bauteile, Bauelemente	Leiterplatten, Bauelemente an Frontplatten, Steckverbinder, Verbindungselemente

Hinsichtlich des Gefäßsystems können 19-Zoll-Komponenten unterschiedlicher Hersteller kombiniert oder gegenseitig ausgetauscht werden.

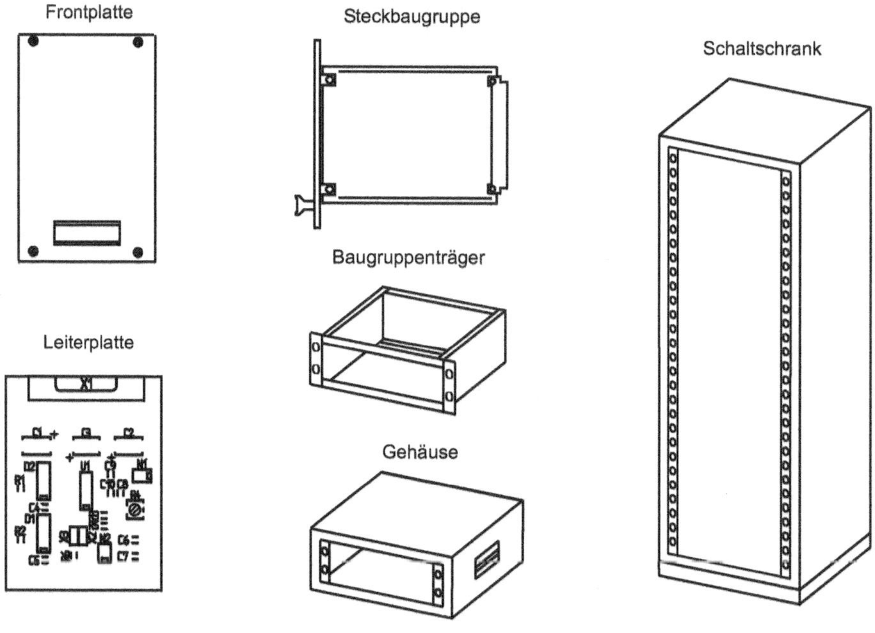

Bild 3.14 Komponenten im 19"-System

Schränke und Gehäuse (Ebene 4)

Schränke nehmen Baugruppenträger auf und dienen der mechanischen Zusammenfassung sowie der elektrischen Verbindung zwischen den Baugruppenträgern und nach außen. Zusätzlich übernehmen sie den Schutz vor klimatischen und elektromagnetischen Einflüssen, schützen den Bediener und tragen zur Wärmeabführung bei. Für umfangreiche Anlagen können mehrere Schränke kombiniert oder Gestellreihen montiert werden.

Gehäuse sind die kleineren Gefäße der Ebene 4 und nehmen meist nur einen Baugruppenträger auf (Bild 3.14) oder verzichten auf dieses Element der Ebene 3. In diesem Fall werden die Baugruppen (Ebene 2) direkt in das Gehäuse montiert.

Baugruppenträger (Ebene 3)

Baugruppenträger fassen mehrere Baugruppen mechanisch und elektrisch zusammen. Sie bestehen aus Rahmenkonstruktionen, in der die Baugruppen und die Verdrahtung zwischen den Baugruppen befestigt werden.

Baugruppen (Ebene 2)

Baugruppen werden aus den Elementen der Ebene 1 gebildet und als Steckplatte oder Kassette eingesetzt.

Eine Steckplatte besteht aus der Leiterplatte, einer Frontplatte, die auch der Aufnahme von Bedien- und Anzeigeelementen dient, und einem Steckverbinder für den elektrischen Anschluss der Baugruppe. Kassetten sind durch ihre Umhüllung mechanisch stabiler und bieten bereits auf dieser Ebene den Schutz vor äußeren Einflüssen und gewähren den Berührungsschutz.

Leiterplatten, Steckverbinder und Frontplatten (Ebene 1)

Dies ist die unterste Ebene des 19-Zoll-Aufbausystems. Leiterplatten beinhalten die elektrische oder elektronische Funktion, Steckverbinder ermöglichen die elektrische Verbindung und Frontplatten bilden den frontseitigen Abschluss. Für Bedienung und Anzeige können Frontplattenelemente eingesetzt werden, die ebenfalls in dem Aufbausystem genormt sind.

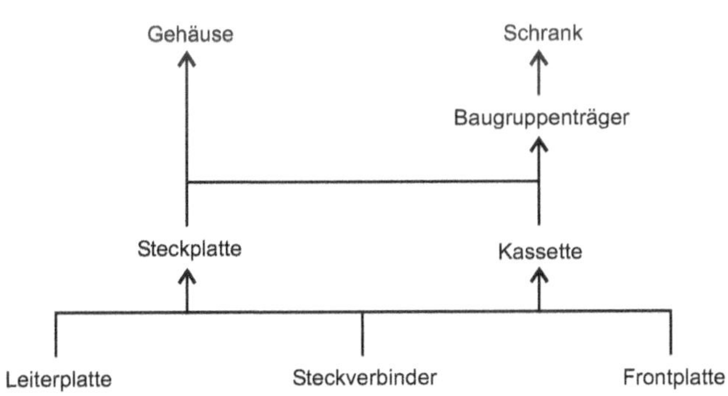

Bild 3.15 Kombination der Modulebenen

Maße im 19-Zoll-Aufbausystem

Die Abmessungen im 19-Zoll-Aufbausystem beruhen sowohl auf der Basis des Zolls als auch auf metrischen Maßen, wobei die Passfähigkeit zwischen diesen Maßsystemen gewährleistet wird. Sie sind in DIN und IEC in mm, in ANSI/IEEE zusätzlich auch in Zoll angegeben.

Aus dem Maß 19“ = 482,6 mm für die Breite von Frontplatten und Baugruppenträgern wurden keine weiteren Maße für das Aufbausystem abgeleitet.

Für Breite und Höhe von Frontplatten, Baugruppenträgern und Gehäusen haben sich zwei spezielle Maßeinheiten durchgesetzt, die gleichzeitig als Größenraster genutzt werden. Beide beruhen auf dem zolligen Maßsystem.

Breite: 1 TE[5]= 0,2“ = 5,08 mm und Höhe: 1 HE[6]= 1,75“ = 44,45 mm

Auch für das Raster und für Maßangaben auf Leiterplatten wird eine vergleichbare Maßeinheit benutzt.

1 mil = 1/1000“ = 0,0254 mm

Die Angabe von Teilungseinheiten oder Höheneinheiten beschreibt nicht das äußere Maß, sondern den nutzbaren Einbauraum. Gleichzeitig bilden die Teilungseinheiten ein Raster, in dem Baugruppen innerhalb eines Baugruppenträgers oder Gehäuses angeordnet werden können.

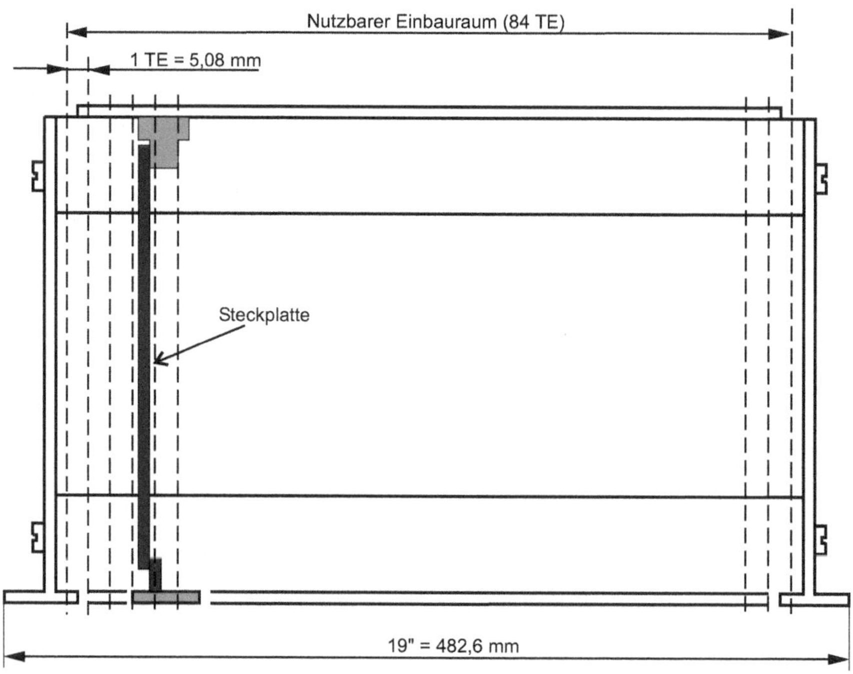

Bild 3.16 Baugruppenträger 19“/48 TE

[5] Teilungseinheit

[6] Höheneinheit

Für die *Breite von Frontplatten, Baugruppenträgern und Gehäusen* in Abhängigkeit vom Einbauraum ergeben sich folgende Zusammenhänge:

Tabelle 3.4 Breite und nutzbarer Einbauraum

Breite	Nutzbarer Einbauraum
19“	84 TE
3/4 19”	63 TE
1/2 19“	42 TE
1/4 19”	21 TE

Die *Höhe* beträgt, den üblichen Leiterplattenabmessungen folgend, häufig 3 HE oder auch 6 HE.

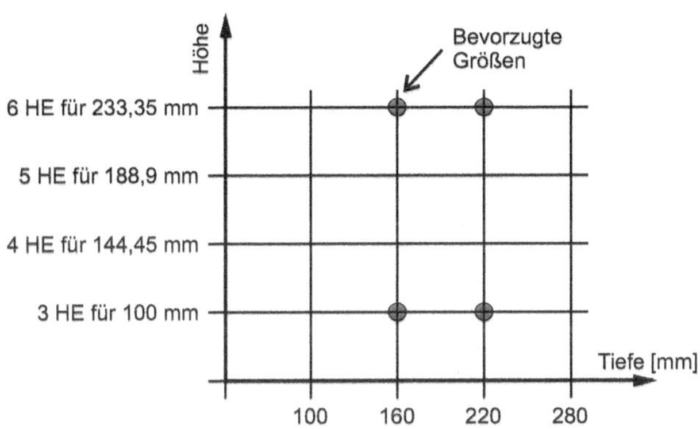

Bild 3.17 Frontplattenhöhe und Leiterplattengröße

Es ist also möglich, zur Gestaltung einer Baugruppe eine Leiterplatte 100 mm × 160 mm, häufig als „Europakarte“ bezeichnet, hochkant hinter einer Frontplatte der Höhe 3 HE anzuordnen. In gleicher Weise würde eine „Doppel-Europakarte“ (233,35 mm × 160 mm) zu einer Frontplatte mit einer Höhe von 6 HE passen.

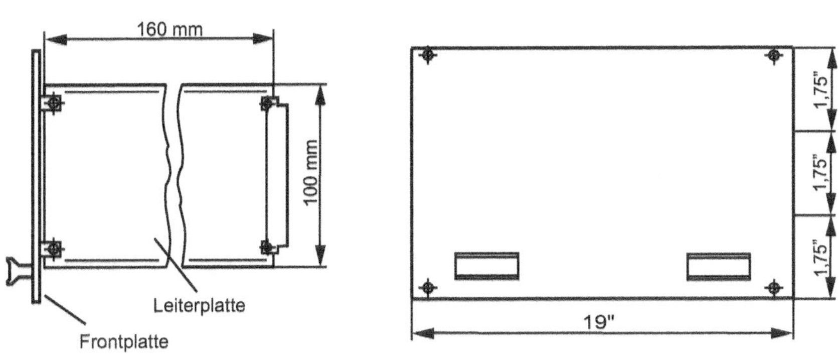

Bild 3.18 Frontplatte 19“ x 3 HE mit Leiterplatte 100 mm x 160 mm

Für die *Baugruppentiefe* werden 160 mm oder 220 mm genutzt.

Das Raster für die *Größenstaffelung von 19-Zoll-Schränken* ist metrisch in 100-mm- und 200-mm-Schritten gestaltet. In der Anwendung dominieren folgende Schaltschrankgrößen (jeweils Breite × Höhe × Tiefe in mm):

- 600 × 1600 × 600
- 800 × 1800 × 500
- 600 × 2000 × 500
- 800 × 2200 × 600

Der Schrank bietet Raum für mehrere übereinander angeordnete Baugruppenträger, wobei sich für die Einbauhöhe folgendes ergibt:

Tabelle 3.5 Schrankhöhe und nutzbarer Einbauraum in HE

Höhe	Nutzbarer Einbauraum
1600 mm	31 HE
1800 mm	36 HE
2000 mm	40 HE
2200 mm	45 HE

Die *Außenmaße für Gehäuse* können unter Berücksichtigung der einzubauenden Baugruppen oder Baugruppenträger frei gewählt werden. Je nach Aufgabenbereich werden die Gehäuse in Tisch-, Pult- oder Wandanbauform genutzt.

Weiterführende Informationen zum 19-Zoll-Aufbausystem können auch [HESSE98] und zahlreichen Herstellerkatalogen entnommen werden.

3.3.2 Mechanischer Aufbau

Die äußere Bauform einer elektrischen Anlage richtet sich nach den verwendeten Betriebsmitteln, den Aufstellungsbedingungen und den Anforderungen des Nutzers. Die Anlagen werden bei der Erzeugung, Übertragung, Verteilung und Umformung elektrischer Energie sowie zur Steuerung und Überwachung technischer Anlagen eingesetzt. Den jeweiligen Verhältnissen folgend kann als Bauform genutzt werden:

- offene Bauform,
- Tafelbauform,
- Pultbauform,
- Schrankbauform,
- Kastenbauform oder
- Schienenverteiler.

Zusätzlich müssen die äußere Bauform und der mechanische Aufbau im Inneren den Vorschriften für Niederspannungs-Schaltgerätekombinationen (DIN EN 61439) genügen.

Eine *Niederspannungs-Schaltgerätekombination* ist die Zusammenfassung eines oder mehrerer Niederspannungs-Schaltgeräte mit zugehörenden Betriebsmitteln zum Steuern, Messen, Melden und Regeln, mit allen inneren elektrischen und mechanischen Verbindungen und Konstruktionsteilen.

Die *Energie-Schaltgerätekombination* wird verwendet, elektrische Energie für alle Arten von Lasten zu verteilen und zu steuern. Sie ist hauptsächlich für industrielle und kommerzielle Anwendungen vorgesehen, bei denen Zugang und Bedienung üblicherweise auf Elektrofachkräfte oder elektrotechnisch unterwiesene Personen beschränkt sind.

Der *Bauartnachweis* (alt: Typprüfung) ist der Nachweis an Mustern einer Schaltgerätekombination - oder an Teilen davon - um zu zeigen, dass die Bauart die Anforderungen erfüllt. Der Bauartnachweis kann durch eines der folgenden gleichwertigen und alternativen Verfahren erfolgen: Prüfungen, Berechnungen oder die Kontrolle von Konstruktionsregeln.

Der *Stücknachweis* (alt: Stückprüfung) ist ein Nachweis, dem jede Schaltgerätekombination während und/oder nach ihrer Herstellung unterworfen wird, um sicherzustellen, dass sie den Anforderungen entspricht.

Schrankbauform

Einige exemplarische Anforderungen an den mechanischen Aufbau und an die Anordnung von Betriebsmitteln werden im Folgenden erläutert, wobei für eine vollständige Aussage auf DIN EN 60204-1 verwiesen wird.

- Alle Schaltgerätekombinationen, die nicht klar erkennen lassen, dass sie elektrische Betriebsmittel enthalten, müssen mit schwarzem Blitzpfeil auf gelbem Grund im schwarzen Dreieck gekennzeichnet sein. Zusätzlich müssen alle Schaltgerätekombinationen mit Aufschriften der wichtigsten Kenndaten versehen sein.
- Die Außenflächen müssen den Aufstellbedingungen entsprechen und so beschaffen sein, dass der Schutz gegen direktes Berühren mindestens der Schutzart IP2x nach DIN EN 60529 entspricht.
- Alle Betriebsmittel und Anschlüsse an Betriebsmitteln müssen in Übereinstimmung mit den Dokumentationen, insbesondere mit den Schaltungsunterlagen, gekennzeichnet sein.

Für die Anordnung der Betriebsmittel im Schaltschrank sind folgende Hinweise zu beachten:

- Mit Netzspannung betriebene Betriebsmittel sollten getrennt von Betriebsmitteln, die mit Steuerspannung betrieben werden, angeordnet werden.
- Schwere Baugruppen werden im unteren Bereich des Schrankes platziert.
- Betriebsmittel sind so anzuordnen, dass ihre Funktion nicht durch Wärme, Magnetfelder oder elektromagnetische Einflüsse beeinträchtigt wird. Dies kann durch ausreichenden Abstand, Abtrennung oder Abschirmung erreicht werden.
- Alle Anschlüsse müssen dauerhaft gegen Lockerung gesichert sein. Alle Leitungen und Kabel, die von außen in den Schaltschrank geführt werden, müssen zugentlastet sein.

- Auf Türen dürfen außer handbetätigte Steuerschalter, Melde- und Messeinrichtungen keine Geräte montiert werden.
- Stromkreise und zugehörige Kurzschluss-Schutzeinrichtungen müssen klar unterscheidbar sein.
- Für Erweiterungen sollte 10 % Platz vorgesehen werden.

Für die Einbauhöhen elektrischer Betriebsmittel bzw. Betätigungselemente sind Minimal- und Maximalwerte wie im Bild 3.19 zu beachten.

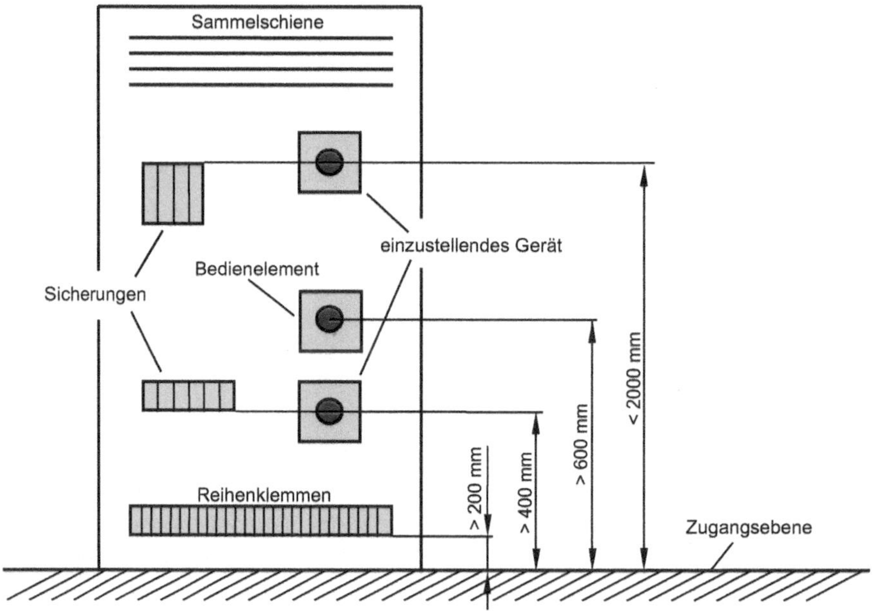

Bild 3.19 Einbauhöhen in Schaltschränken

Die Montage der Betriebsmittel kann direkt auf der Montageplatte oder auf Tragschienen[7] erfolgen.

Kastenbauform

Der Elektroenergieverteiler stellt das Bindeglied zwischen der Energiebereitstellung (Erzeugung und Transport) und der Energieanwendung beim Verbraucher dar. Als Bauform ist neben der Schrankbauform u. a. die Kastenbauform aus Stahlblech oder aus faserverstärktem Kunststoff weit verbreitet.

[7] nach der Form ihres Querschnittes oft als Hutschiene bezeichnet

Die Kastenbauform hat in der Ausführung Isolierstoffverteiler zahlreiche Vorteile. Dazu gehören:

- geringes Gewicht bei hoher Stabilität,
- Korrosionsbeständigkeit,
- Möglichkeit der Plexiglasabdeckung für die Kontrolle,
- Schutzmaßnahme Schutzisolierung und
- Schutzart IP55 bzw. IP65.

Die Konstruktion soll am Beispiel einer kleinen Energieverteilung erläutert werden. Die Einspeisung (-X1) wird über einen Leistungsschalter geführt. Für die Abgänge ist ein Lasttrenner zur zuverlässigen und allpoligen Herstellung einer Trennstelle vorgesehen. Zwei mal sechs Abgänge (-X2 und -X3) werden über Leitungsschutzschalter und weitere sechs Abgänge (-X4) über Schmelzsicherungen betrieben.

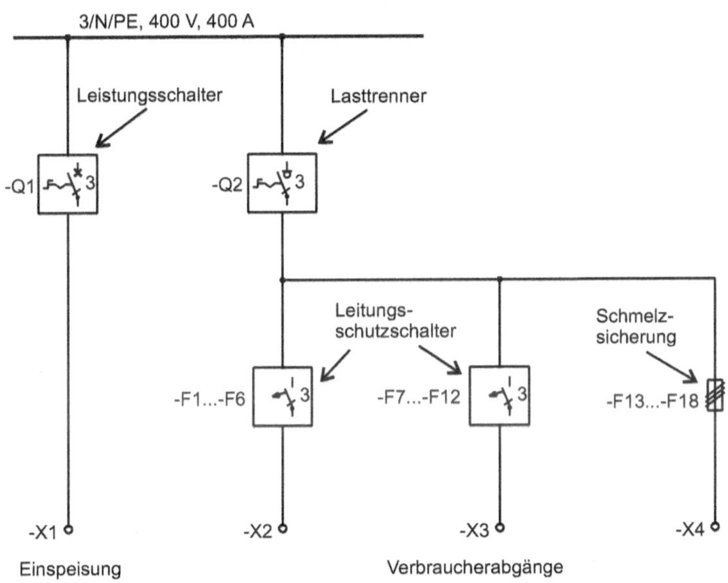

Bild 3.20 Übersichtsschaltplan für Verteiler

Nach dem Ordnen und Zusammenfassen der Abgänge entsteht der in Bild 3.20 dargestellte Übersichtsschaltplan. Dieser muss oft noch so überarbeitet werden, dass in ihm bereits die räumliche Anordnung der Verteilerkästen berücksichtigt wird.

Auf seiner Grundlage werden aus dem Herstellerkatalog passende Verteilerkästen ausgewählt und im Geräteanordnungsplan (Bild 3.21) kombiniert. Zur Unterstützung dieser Arbeit kann der Konstrukteur auf zahlreiche Hilfsmittel wie Schablonen oder Klebebilder sowie auf Projektierungssoftware der Hersteller zurückgreifen.

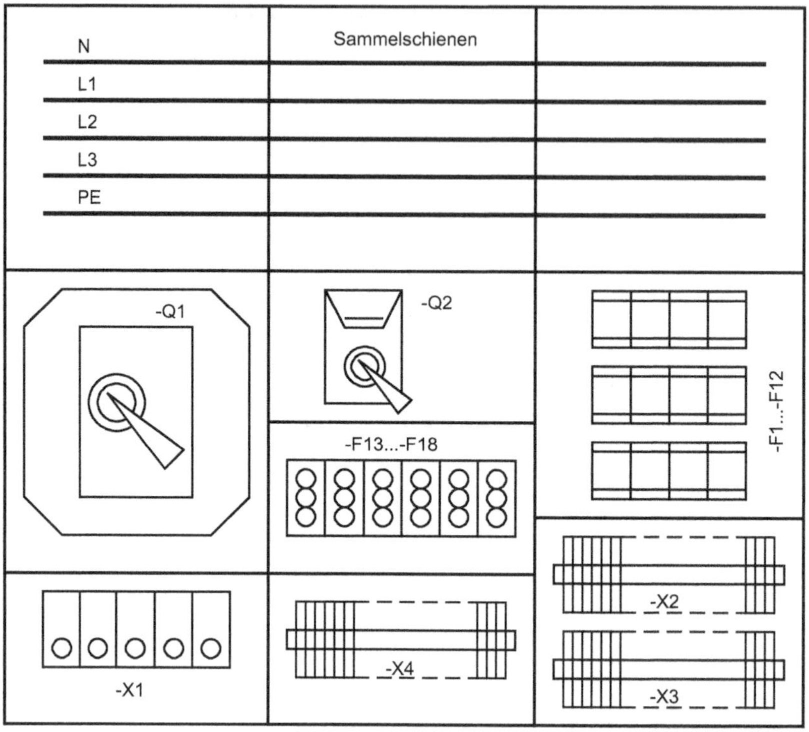

Bild 3.21 Verteileraufbau (vereinfacht)

Nachdem der Verteileraufbau detailliert und durch weiteres Zubehör vervollständigt wurde, kann die Stückliste als Bestellunterlage angefertigt werden.

Dezentralisierung der Steuerung

Betriebsmittel für die Steuerung von Anlagen werden immer leistungsfähiger und können ohne zusätzliche Zentralgeräte über ein Bussystem Daten miteinander austauschen. Dies erlaubt die Dezentralisierung des Steuerungsaufbaus.

In einer dezentralen Steuerung werden die Steuerungskomponenten nicht mehr in einem zentralen Schaltschrank, sondern direkt an der Maschine platziert. Hierdurch können die Steuerschränke kleiner geplant werden und enthalten neben wenigen zentralen Steuer- und Regeleinrichtungen nur noch die Energieverteilung. Im Extremfall entfällt sogar ein zentraler Steuerschrank vollständig und es verlaufen stattdessen eine Energieleitung zur Spannungsversorgung und eine Busleitung für den Datenaustausch in der Anlage.

Diese Vorgehensweise benötigt jedoch Betriebsmittel, die den Umweltbedingungen in der Anlage entsprechen (IP-Schutzgrad) und damit teurer sind. Alternativ können mehrere kleine Gehäuse für den Schutz der Betriebsmittel eingesetzt werden.

3.4 Wärmeabführung

Wenn Energie angewendet bzw. von einer Energieform in eine andere Form gewandelt wird, ist dies nicht ohne Verluste möglich. Diese Verluste treten meist als Wärmeenergie auf, was eine Temperaturerhöhung an den Betriebsmitteln und im Inneren der Gefäßsysteme zur Folge hat. Da diese Temperaturerhöhung zur Verminderung der Zuverlässigkeit oder zum Ausfall der Anlage führen kann, ist die Ableitung der Verlustwärme notwendig und muss im Rahmen der Elektrokonstruktion dimensioniert werden.

Dieser Abschnitt vermittelt Kenntnisse zu den Wärmeaustauschverhältnissen und zur Beurteilung der Bestandteile des Wärmestromes. Auf dieser Basis ist es möglich, einfache Dimensionierungsaufgaben der Schaltschrankklimatisierung auszuführen.

Die Erläuterung der Wärmestrombestandteile wird jeweils an einem einfachen Beispiel gezeigt. Ergänzende Informationen können aus DIN 1341 und [WUTZ91] bezogen werden.

3.4.1 Physikalische Grundlagen

An einem einfachen Modell, bei dem sich eine verlustbehaftete Baugruppe im Inneren eines Gehäuses befindet, sollen die Wärmeabführung und deren Bestandteile dargestellt werden (Bild 3.22). Vernachlässigbare Anteile wie die Wärmeleitung in Luft sind nicht enthalten.

Die Verlustleistung der Baugruppe führt zur Temperaturerhöhung an deren Oberfläche, wodurch ein Temperaturgefälle zur Umgebung entsteht. Damit bildet sich ein Wärmestrom von der Oberfläche der Baugruppe zur Umgebung aus.

Die Temperatur der Baugruppe wird steigen, bis das Gleichgewicht zwischen der Verlustleistung P_V und dem Wärmestrom Φ erreicht ist, also die gesamte Verlustleistung durch den Wärmestrom abgeführt wird. Im Weiteren wird dieser *stationäre Zustand* mit $P_V = \Phi$ betrachtet.

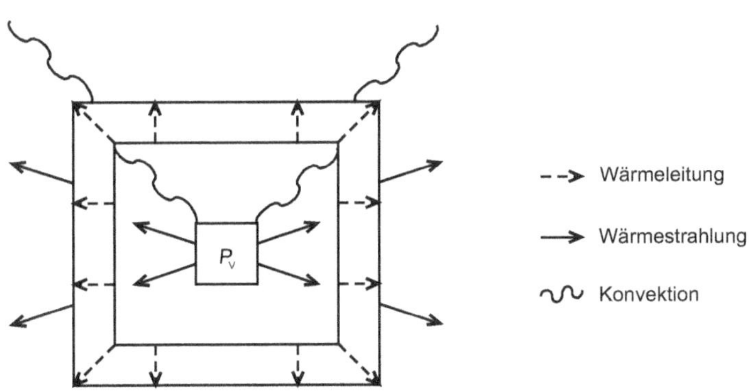

Bild 3.22 Bestandteile des Wärmestromes

Wärmestrom

Der Wärmestrom Φ ist die in einer bestimmten Zeit Δt strömende Wärmemenge ΔQ.

$$\Phi = \frac{\Delta Q}{\Delta t}$$

Der Wärmestrom setzt sich aus folgenden Anteilen zusammen:

- **Wärmeleitung**
  Die Wärmeübertragung findet zwischen unmittelbar benachbarten stofflichen Teilchen statt.
- **Konvektion**
  Durch die Lageveränderung stofflicher Teilchen wird deren Wärmeinhalt transportiert.
- **Wärmestrahlung**
  Die Übertragung erfolgt durch elektromagnetische Wellen ohne Beteiligung eines stofflichen Mediums.

Thermischer Widerstand

Der Widerstand, der dem Wärmestrom entgegengesetzt ist, wird als thermischer Widerstand R_{th} bezeichnet. Mit dem *Ersatzschaltbild* in Bild 3.23 kann seine Wirkung gezeigt werden.

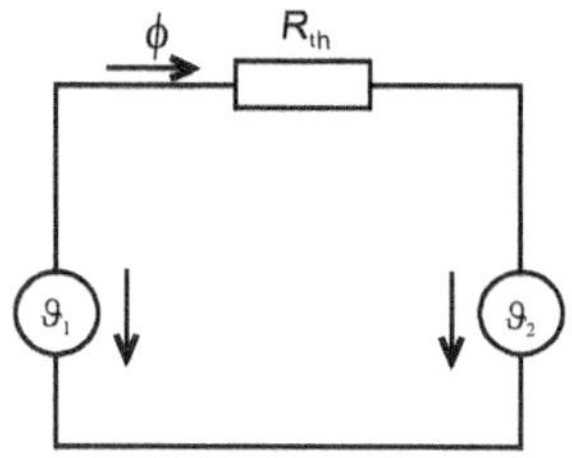

Bild 3.23 Thermischer Widerstand

Für die Darstellung gilt

$$\vartheta_1 - \vartheta_2 - \Phi \cdot R_{th} = 0.$$

ϑ_1 - Temperatur an der Oberfläche der Baugruppe

ϑ_2 - Temperatur der Umgebung

Φ - Wärmestrom

R_{th} - thermischer Widerstand

Umgestellt ergibt sich für den thermischen Widerstand

$$R_{th} = \frac{\vartheta_1 - \vartheta_2}{\Phi}.$$

Erkennbar sind die Ähnlichkeit des Ersatzschaltbildes mit dem Grundstromkreis der Elektrotechnik und die Analogie der Gleichung für R_{th} zum ohmschen Gesetz.

Wärmeleitung

Diese Komponente des Wärmestromes wird am Beispiel der *eindimensionalen Wärmeleitung durch eine ebene Wand* (Bild 3.24) erläutert.

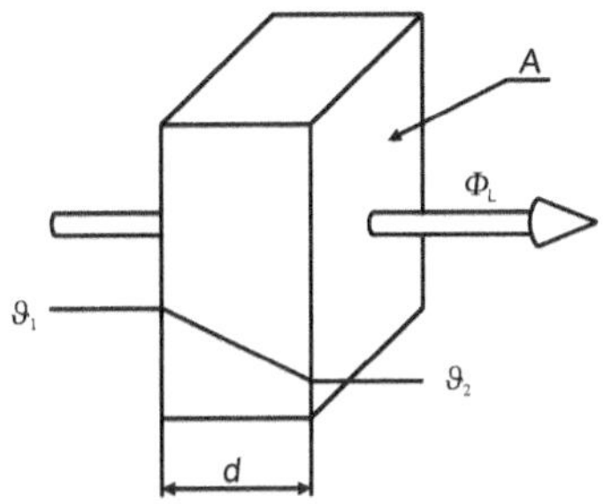

Bild 3.24 Wärmeleitung

Der Wärmestrom im stationären Zustand lässt sich mit

$$\Phi_L = \lambda \cdot \frac{A}{d} \cdot (\vartheta_1 - \vartheta_2)$$

beschreiben. Für den thermischen Widerstand bei Wärmeleitung gilt

$$R_{th\,L} = \frac{d}{\lambda \cdot A}.$$

Φ_L - Wärmestrom bei Wärmeleitung
λ - Wärmeleitfähigkeit
A - Oberfläche der Wand
d - Dicke der Wand
ϑ_1 - Temperatur 1
ϑ_2 - Temperatur 2
R_{thL} - thermischer Widerstand für Wärmeleitung

Konvektion

Betrachtet wird die *freie Konvektion mit laminarer Grenzschicht an einer senkrechten Wand* (Bild 3.25).

Aufgrund der höheren Wandtemperatur erhöht sich die Temperatur der unmittelbar anliegenden Luftschicht. Die erhöhte Temperatur führt zur Verringerung der Dichte dieser Luft und die entstehenden Auftriebskräfte verursachen deren Strömung (Eigenkonvektion).

Mit zunehmender Entfernung von der Wand x sinkt die Temperatur der Luft und nimmt die Strömungsgeschwindigkeit v ab. Damit vollzieht sich die Konvektion nur innerhalb der Grenzschicht, wobei infolge Reibung die Luftströmung erst mit der Entfernung ε einsetzt.

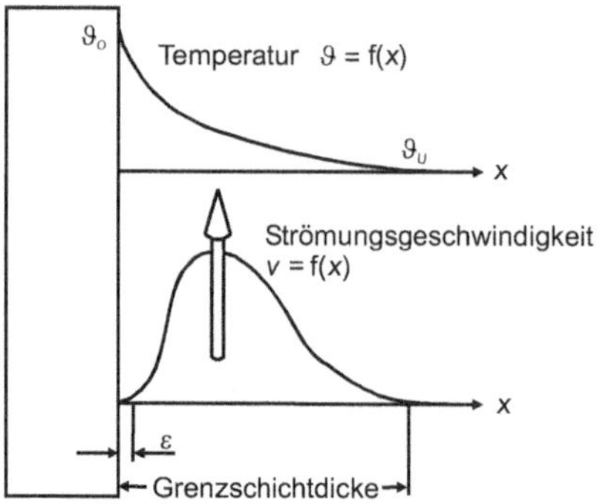

Bild 3.25 Konvektion

Der Wärmestrom für Konvektion ergibt sich aus

$$\Phi_K = a_K \cdot A \cdot (\vartheta_0 - \vartheta_U).$$

Der thermische Widerstand bei Konvektion beträgt

$$R_{th\,K} = \frac{1}{a_K \cdot A}.$$

Φ_K - Wärmestrom bei Konvektion
a_K - Wärmeübergangskoeffizient für Konvektion
A - Oberfläche der Wand
ϑ_O - Temperatur der Wandoberfläche
ϑ_U - Temperatur der umgebenden Luft (mittlere Temperatur auf dem Strömungsweg)
R_{thK} - thermischer Widerstand für Konvektion

Der *Wärmeübergangskoeffizient* ist abhängig von Form, Lage und Höhe der Wand, von der Art des umgebenden Mediums und von weiteren Parametern.

Berechnungsvorschriften für die unterschiedlichen Fälle sind in [WUTZ91] angegeben. Beispielsweise gilt für eine senkrechte Wand

$$a_K = 1{,}3 \cdot \sqrt[4]{\frac{\Delta\vartheta / [\mathrm{K}]}{h / [\mathrm{m}]}} \cdot \left[\frac{\mathrm{W}}{\mathrm{m}^2 \cdot \mathrm{K}}\right].$$

$\Delta\vartheta$ - Temperaturdifferenz zwischen Wand und umgebender Luft
h - Höhe der senkrechten Wand

Wärmestrahlung

Wird ein Körper erwärmt, emittiert er Wärmestrahlung, die beim Auftreffen auf Materie ganz oder teilweise absorbiert und wieder in Wärme umgesetzt wird.

Zur Erläuterung des Wärmestromes bei Wärmestrahlung werden *zwei gleich große, parallele und in geringem Abstand zueinander stehende Flächen* (Bild 3.26) angenommen.

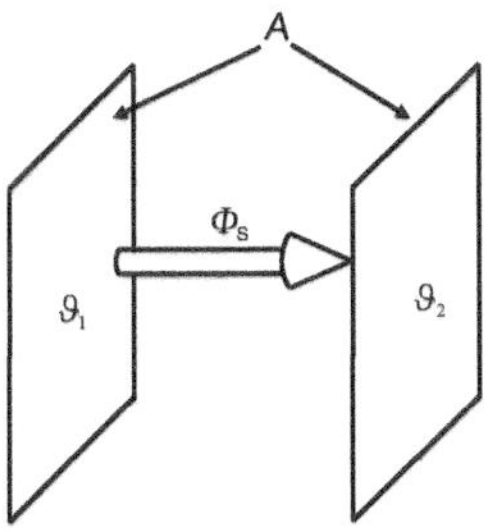

Bild 3.26 Wärmestrahlung

Der Wärmestrom zwischen den beiden Flächen beträgt

$$\Phi_S = a_S \cdot A \cdot (\vartheta_1 - \vartheta_2).$$

Der thermische Widerstand kann bestimmt werden mit

$$R_{\text{th S}} = \frac{1}{a_S \cdot A}.$$

Φ_S - Wärmestrom bei Wärmestrahlung
a_S - Wärmeübergangskoeffizient für Wärmestrahlung
A - Oberfläche der Wände
ϑ_1 - Temperatur der emittierenden Wand
ϑ_2 - Temperatur der absorbierenden Wand
R_{thS} - thermischer Widerstand für Wärmestrahlung

Der *Wärmeübergangskoeffizient* für die Anordnung in Bild 3.26 ergibt sich aus

$$a_S = C \cdot \frac{\left(\frac{\vartheta_1}{100}\right)^4 - \left(\frac{\vartheta_2}{100}\right)^4}{\vartheta_1 - \vartheta_2},$$

und die *Strahlungsaustauschkonstante C* beträgt unter Verwendung der Stefan-Boltzmann-Konstante

$$C = \frac{5{,}67 \cdot \text{W} \cdot \text{m}^{-2} \cdot \text{K}^{-4}}{\frac{1}{\epsilon_1} + \frac{1}{\epsilon_2} - 1}$$

C - Strahlungsaustauschkonstante
ε - halbräumliche Emissionsgrade der Flächen

Beispiel für die Dimensionierung eines Kühlkörpers

Für einfache Anordnungen, wie einem Leistungstransistor auf einem Kühlkörper ist es möglich, mit den gezeigten Grundlagen die Wärmeaustauschverhältnisse zu bestimmen und die Ergebnisse zur Auswahl eines Kühlkörpers zu verwenden.

Das Beispiel zeigt zugleich die grundlegenden Handlungsschritte bei Dimensionierungsaufgaben der Wärmeabführung.

1. Aufstellen des thermischen Ersatzschaltbildes:

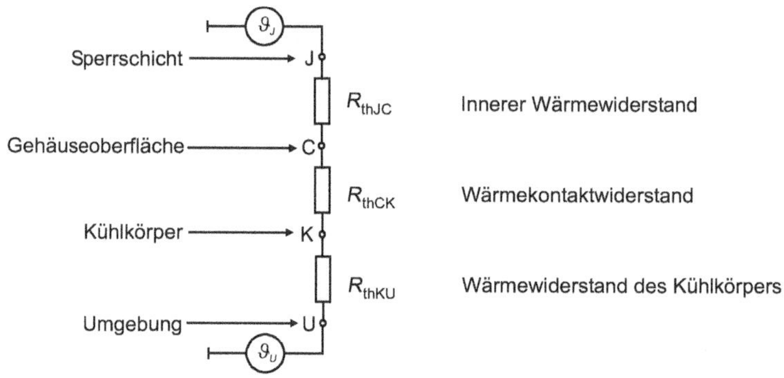

Bild 3.27 Thermisches Ersatzschaltbild

2. Aufstellen der Bestimmungsgleichung:
   In Analogie zum ohmschen Gesetz der Elektrotechnik ergibt sich im stationären Zustand

$$\Phi = P_v = \frac{\vartheta_J - \vartheta_U}{R_{thJC} + R_{thCK} + R_{thKU}}$$

3. Gegebene Größen:
   P_V = 30 W
   ϑ_U = 40 °C
   R_{thCK} = 0,17 K/W
   Aus dem Datenblatt des Transistorherstellers:
   ϑ_J = 150 °C
   R_{thJC} = 1 K/W

4. Gesucht ist der maximale thermische Widerstand des einzusetzenden Kühlkörpers. Hierzu wird die Bestimmungsgleichung umgestellt und die gegebenen Werte werden eingesetzt.

$$R_{thKU} = \frac{\vartheta_J - \vartheta_U}{P_v} - \left(R_{thJC} + R_{thCK}\right) = \frac{150°C - 40°C}{30\ W} - \left(1\frac{K}{W} + 0{,}17\frac{K}{W}\right) = 2{,}5\frac{K}{W}$$

5. Aus dem Katalog eines Kühlkörperanbieters muss nun ein passendes Produkt mit einem thermischen Widerstand von kleiner oder gleich 2,5 K/W ausgewählt werden.

3.4.2 Schaltschrankklimatisierung

Der am Beispiel eines Transistors mit Kühlkörper gezeigte Dimensionierungsablauf ist für einfache Anwendungen gut geeignet. Für Schaltschränke mit ihren vielfältigen und komplexen Anordnungen ist diese Arbeitsweise jedoch zu aufwändig.

Hier werden deshalb Überschlagsrechnungen unter Verwendung von Erfahrungswerten eingesetzt.

Ziel der Schaltschrankklimatisierung ist die Einhaltung der optimalen Innentemperatur von 35 °C.

Eigenkonvektion

Ein Teil der im Schaltschrank anfallenden Wärme wird bereits über dessen Oberfläche durch Eigenkonvektion abgegeben. Voraussetzung dafür ist, dass die Umgebungstemperatur niedriger als die Schrankinnentemperatur ist. Der sich aufgrund des Temperaturgefälles ausbildende Wärmestrom zwischen zwei strömenden Medien, die durch eine Wand voneinander getrennt sind, beträgt

$$\Phi_S = k \cdot A_{\text{eff}} \cdot \Delta\vartheta,$$

bei einem thermischen Widerstand von

$$R_{\text{thS}} = \frac{1}{k \cdot A_{\text{eff}}}.$$

Φ_S - Wärmestrom über Gefäßoberfläche bei Eigenkonvektion (oft als Strahlungsleistung bezeichnet)

k - Wärmedurchgangskoeffizient

A_{eff} - wirksame Schaltschrankoberfläche

$\Delta\vartheta$ - Temperaturdifferenz Innentemperatur minus Umgebungstemperatur (ϑ_i-ϑ_u)

Der *Wärmedurchgangskoeffizient* lässt sich aus der „Reihenschaltung" des Wärmeüberganges durch Konvektion an der Innenwand und an der Außenwand sowie der Wärmeleitung durch die Wand bestimmen:

$$k = \frac{1}{\frac{1}{\alpha_{\text{Ki}}} + \frac{1}{\alpha_{\text{Ka}}} + \frac{1}{\lambda}}$$

α_{Ki} - Wärmeübergangskoeffizient an der Innenwand

α_{Ka} - Wärmeübergangskoeffizient an der Außenwand

λ - Wärmeleitfähigkeit des Wandmaterials

Beispiele für k-Werte bei üblichen Wandstärken für Schaltschränke und Gehäuse:

- 5,0 bis 5,5 W/($m^2 \cdot$ K) für Stahlblech,
- 3,5 W/($m^2 \cdot$ K) für Kunststoff,
- 9,75 W/($m^2 \cdot$ K) für gelochtes Stahlblech mit einem Belüftungsfaktor von 0,5 %.

Für die Bestimmung der wirksamen Schaltschrankoberfläche (Tabelle 3.6) muss berücksichtigt werden, dass in Abhängigkeit von der Aufstellung des Schrankes nicht alle Seiten in gleicher Weise zum Wärmeaustausch beitragen.

Tabelle 3.6 Wirksame Schaltschrankoberfläche nach DIN VDE 0660-507

Aufstellungsart	Formel zur Berechnung der Oberfläche
Einzelgehäuse allseitig freistehend	$A = 1{,}8 \times H \times (B + T) + 1{,}4 \times B \times T$
Einzelgehäuse für Wandanbau	$A = 1{,}4 \times B \times (H + T) + 1{,}8 \times T \times H$
Anfangs-/Endgehäuse freistehend	$A = 1{,}4 \times T \times (H + B) + 1{,}8 \times B \times H$
Anfangs-/Endgehäuse für Wandanbau	$A = 1{,}4 \times H \times (B + T) + 1{,}4 \times B \times T$
Mittelgehäuse freistehend	$A = 1{,}8 \times B \times H + 1{,}4 \times B \times T + T \times H$
Mittelgehäuse für Wandanbau	$A = 1{,}4 \times B \times (H + T) + T \times H$
Mittelgehäuse, Wandanbau, abgedeckte Flächen	$A = 1{,}4 \times B \times H + 0{,}7 \times B \times T + T \times H$

B - Schaltschrankbreite in m
H - Schaltschrankhöhe in m
T - Schaltschranktiefe in m

Für übliche Größen ergeben sich die in der Tabelle 3.7 enthaltenen wirksamen Oberflächen.

Tabelle 3.7 Wirksame Schaltschrankoberfläche in m^2

$B \times H \times T$ [mm]	600 × 1600 × 600	800 × 1800 × 500	600 × 2000 × 500	800 × 2200 × 600
Einzelgehäuse allseitig freistehend	4,0	4,8	4,4	6,2
Einzelgehäuse für Wandanbau	3,6	4,2	3,9	5,5
Anfangs-/Endgehäuse freistehend	3,6	4,4	4,0	5,7
Anfangs-/Endgehäuse für Wandanbau	3,2	3,8	3,5	5,0
Mittelgehäuse freistehend	3,2	4,1	3,6	5,2
Mittelgehäuse für Wandanbau	2,8	3,5	3,1	4,5
Mittelgehäuse, Wandanbau, abgedeckte Flächen	2,6	3,2	2,9	4,1

Beispiel für Eigenkonvektion

- Gegebene Werte
  Stahlblechschaltschrank (k = 5,5 W/(m²·K)) der Größe 800 mm x 1800 mm x 500 mm,
  Einzelgehäuse für Wandanbau,
  Temperaturdifferenz 15 K
- Wirksame Schaltschrankoberfläche A = 4,2 m²
- Wärmestrom über die Schrankoberfläche

$$\Phi_S = 5{,}5 \frac{W}{m^2 \cdot K} \cdot 4{,}2 m^2 \cdot 15\ K \approx 350\ W$$

- Es können 350 W der Verlustleistung über die Schrankoberfläche abgeführt werden.

Filterlüfter

In vielen Fällen ist die Eigenkonvektion zur Abführung der Wärme nicht ausreichend und es muss ein Filterlüfter eingesetzt werden. Der Schaltschrank ist damit nicht mehr luftdicht abgeschlossen.

Ein blasender Lüfter wird im unteren Bereich des Schrankes, ein saugender Lüfter im oberen Bereich platziert. Der saugende Lüfter hat den Nachteil, dass wegen des Unterdruckes Verschmutzungen eindringen können.

Die Auswahl des Filterlüfters wird nach dem erforderlichen *Luftvolumenstrom* vorgenommen.

$$\dot{V} = f \cdot \frac{P_V}{\Delta\vartheta}$$

$\dot{V}$ - Luftvolumenstrom
f - Luftkonstante
P_V - Verlustleistung
$\Delta\vartheta$ - Temperaturdifferenz

Die Luftkonstante kann aus der spezifischen Wärmekapazität und der Dichte der Luft bestimmt werden.

$$f = \frac{1}{c_p \cdot \rho}$$

c_p - spezifische Wärmekapazität der Luft (1003 W · s/(kg·K))
ρ - Luftdichte

In Abhängigkeit von der Höhe über dem Meeresspiegel liegt die Luftkonstante zwischen 3,0 und 4,0 m³ · K/(W·h).

Beispiel zur Lüfterdimensionierung

- Gegebene Werte
  Luftkonstante $f = 3{,}5\,\mathrm{m^3 \cdot K/(W \cdot h)}$,
  Temperaturdifferenz 15 K,
  Verlustleistung 600 W
- Erforderlicher Luftvolumenstrom

$$\dot{V} = 3{,}5\frac{\mathrm{m^3 \cdot K}}{\mathrm{W \cdot h}} \cdot \frac{600\ \mathrm{W}}{15\ \mathrm{K}} = 140\frac{\mathrm{m^3}}{\mathrm{h}}$$

- Es wird ein Filterlüfter benötigt, der einen Luftvolumenstrom von mindestens $140\,\mathrm{m^3/h}$ erreicht.

Wegen der Verschmutzung des Filters empfiehlt es sich, den Lüfter ausreichend überzudimensionieren. Aus diesem Grund wird in der Praxis häufig die Eigenkonvektion über die Schrankoberfläche nicht mit einbezogen.

Luft-Luft-Wärmetauscher

Wenn große Wärmemengen abzuführen sind und der luftdichte Abschluss des Gefäßes erhalten bleiben soll, ist ein Luft-Luft-Wärmetauscher einsetzbar.

Zur Dimensionierung von Wärmetauschern muss zunächst die erforderliche Kühlleistung als Differenz aus Verlustleistung und Eigenkonvektion über die Schrankoberfläche bestimmt werden.

$$P_{\mathrm{E}} = P_{\mathrm{V}} - \Phi_{\mathrm{S}}$$

Für die Auswahl aus dem Herstellerkatalog wird daraus die notwendige *spezifische Wärmeleistung* ermittelt.

$$P_{\mathrm{W}} = \frac{P_{\mathrm{E}}}{\Delta\vartheta}$$

P_{E} - erforderliche Kühlleistung des Wärmetauschers
P_{V} - Verlustleistung
Φ_{S} - Eigenkonvektion
p_{W} - spezifische Wärmeleistung
$\Delta\vartheta$ - Temperaturdifferenz

Die spezifische Wärmeleistung beschreibt, welche Wärmeleistung der Wärmetauscher pro 1 K Temperaturdifferenz abführen kann.

Beispiel zur Dimensionierung eines Luft-Luft-Wärmetauschers

- Gegebene Werte
Stahlblechschaltschrank (k = 5,5 W/(m^2 · K)) der Größe 800 mm x 1800 mm x 500 mm,
Einzelgehäuse für Wandanbau,
Temperaturdifferenz 15 K,
Verlustleistung 1000 W.
- Wirksame Schaltschrankoberfläche A = 4,2 m^2
- Wärmestrom über die Schrankoberfläche (siehe Beispiel für Eigenkonvektion)

$$\Phi_S \approx 350 \text{ W}$$

- Erforderliche Kühlleistung

$$P_E = 1000 \text{ W} - 350 \text{ W} = 650 \text{ W}$$

- Notwendige spezifische Wärmeleistung

$$p_E = \frac{650 \text{ W}}{15 \text{ K}} \approx 45 \frac{\text{W}}{\text{K}}$$

- Aus dem Herstellerkatalog ist ein Wärmetauscher mit einer spezifischen Wärmeleistung von mindestens 45 W/K auszuwählen.

Luft-Wasser-Wärmetauscher

Der Luft-Wasser-Wärmetauscher erlaubt, große Wärmemengen aus hermetisch dichten Gefäßen abzuführen. Dabei ist es möglich, in Abhängigkeit von der Wassertemperatur niedrigere Innentemperaturen als die Umgebungstemperatur zu erreichen. Nachteilig ist die Notwendigkeit eines externen Wasserkreislaufes mit Kühleinrichtung.

Dimensionierungsgröße ist die *Nutzkühlleistung* des Wärmetauschers, die größer sein muss als die erforderliche Kühlleistung. Die Nutzkühlleistung kann aus den Kennlinienfeldern der Hersteller bestimmt werden und ist abhängig von der Differenz zwischen Schrankinnentemperatur und Wassertemperatur sowie vom vorhandenen Wasservolumenstrom.

Beispiel zur Dimensionierung eines Luft-Wasser-Wärmetauschers

- Es soll statt eines Luft-Luft- ein Luft-Wasser-Wärmetauscher eingesetzt werden.
- Erforderliche Kühlleistung P_E = 650 W (siehe vorheriges Beispiel)
- Aus dem Herstellerkatalog (Kennlinienfeld) ist unter Berücksichtigung von Wassertemperatur und Volumenstrom ein Wärmetauscher mit einer Nutzkühlleistung von mindestens 650 W auszuwählen.

Kühlgerät

Ein Kühlgerät ist ebenfalls für den Transport großer Wärmemengen bei geschlossenem Schaltschrank geeignet. Es hat darüber hinaus die Vorteile, dass kein Wasseranschluss notwendig ist und dass die Schrankinnenluft durch die Abkühlung entfeuchtet wird.

Dimensionierungsgröße für Kühlgeräte ist die *Nutzkühlleistung*. Sie muss größer sein als die erforderliche Kühlleistung.

Beispiel zur Dimensionierung eines Kühlgerätes

- Gegebene Werte
  Stahlblechschaltschrank (k = 5,5 W/(m^2 · K)) der Größe 800 mm x 1800 mm x 500 mm,
  Einzelgehäuse für Wandanbau,
  Die Innentemperatur soll 15 K unter der Umgebungstemperatur liegen
  → Temperaturdifferenz -15 K,
  Verlustleistung 1000 W
- Wirksame Schaltschrankoberfläche A = 4,2 m^2
- Wärmestrom über die Schrankoberfläche (Vorzeichen beachten!)

$$\Phi_S \approx -350\ \text{W}$$

- Erforderliche Kühlleistung

$$P_E = 1000\ \text{W} - (-350\ \text{W}) = 1350\ \text{W}$$

- Aus dem Herstellerkatalog ist ein Kühlgerät mit einer Nutzkühlleistung von mindestens 1350 W auszuwählen.

Aufgabe 3.1

Darf für die sicherheitsbezogenen Funktionen eine speicherprogrammierbare Steuerung (SPS) eingesetzt werden?

Aufgabe 3.2

Durch welche Maßnahmen kann die Verschweißfreiheit im Steuerstromkreis sichergestellt werden?

Aufgabe 3.3

Beim Zeichnen des Stromlaufplanes (Schaltungstechnik) sollen die Kontakte (Schaltfunktionen) auf die nicht geerdete Seite gelegt werden. Darf von dieser Forderung abgewichen werden?

Aufgabe 3.4

Worin besteht der Unterschied zwischen Not-Halt und Not-Aus? Welche Stopp-Kategorien sind jeweils zutreffend?

Aufgabe 3.5

Beurteilen Sie nachstehende Darstellung (Bild 3.28) mit redundanten Schützen hinsichtlich ihrer Anwendbarkeit in Sicherheitsstromkreisen.

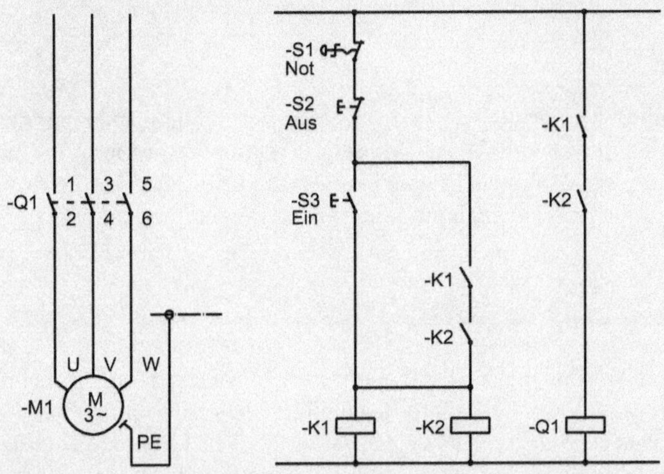

Bild 3.28 Einfache Redundanz

Aufgabe 3.6

Bei der Wahl der Farbe für einen Leuchtdrucktaster sollen die Farbzuordnungen für Leuchtmelder und für Drucktaster beachtet werden. Welche Farbe ist zu wählen wenn sich beide Zuordnungen widersprechen?

Aufgabe 3.7

Nennen Sie wichtige Funktionen, die ein Gehäuse übernehmen muss.

Aufgabe 3.8

Erläutern Sie den Inhalt der vier Einteilungsebenen des 19-Zoll-Aufbausystems in Form eines Beispiels.

Aufgabe 3.9

Stellen Sie für die Anordnung in Bild 3.22 das thermische Ersatzschaltbild auf.

Aufgabe 3.10

Bestimmen Sie die Art des notwendigen Klimatisierungsgerätes und dessen erforderliche Kühlleistung, um eine optimale Schrankinnentemperatur zu erlangen. Am Aufstellungsort ist kein Wasseranschluss vorhanden.

Der Schaltschrank besteht aus Stahlblech mit einer wirksamen Oberfläche von 4 m². Die Umgebungstemperatur beträgt 55 °C. Es ist eine Verlustleistung von 900 W abzuführen.

■

4 Konstruktionsunterlagen

In diesem Kapitel sollen der Überblick über die Unterlagen der Elektrokonstruktion gegeben und grundlegende Hinweise für diese Unterlagen erläutert werden. Im Mittelpunkt steht dabei der Stromlaufplan als die wichtigste planerische Unterlage der Elektrotechnik, jedoch sind die Gestaltungshinweise auch auf andere Unterlagen übertragbar.

4.1 Technische Zeichnungen

Technische Zeichnungen werden bereits seit mehreren Jahrhunderten für Erläuterung und Ausführung technischer Vorhaben genutzt. Populäre Beispiele dafür sind die Konstruktionszeichnungen von *Leonardo da Vinci* [CIAN88]. Da Vincis Bekanntheitsgrad basiert jedoch nicht nur auf seinen bemerkenswerten Konstruktionen, sondern auch auf seinen zeichnerischen Fähigkeiten als Künstler. Er war, anders als viele andere Konstrukteure seiner Zeit, fähig, seine Entwürfe zu zeichnen - technische Zeichnungen anzufertigen. Auch aus diesem Grund sind seine Ideen bis in unsere Zeit erhalten geblieben.

Heutige technische Zeichnungen beruhen auf standardisierten und z. T. international einheitlichen Zeichenregeln. Das ermöglicht, auf viele realitätsgetreue Darstellungen zu verzichten (z. B. Gewinde, Zahnräder) und stattdessen vereinfachte oder symbolische Darstellungen anzuwenden.

> **!** Eine technische Zeichnung ist die bildliche Darstellung eines technischen Erzeugnisses einschließlich ergänzender textlicher Angaben in der für technische Zwecke erforderlichen Art und Vollständigkeit.

Die erforderliche Art beinhaltet das Einhalten von Darstellungsregeln. Zur erforderlichen Vollständigkeit gehören gegebenenfalls Maßeintragungen, technische Hinweise, Tabellen und Ähnliches [DIN 199-1].

Eine Zeichnung kann als *Originalzeichnung* einer dauerhaft gespeicherten Zeichnung, deren Informationsinhalt als verbindlich erklärt wurde, oder als *Skizze* einer im Regelfall freihändig erstellten, nicht unbedingt maßstäblichen Zeichnung ausgeführt sein (DIN EN ISO 10209-1).

Eine besondere Form technischer Zeichnungen sind *Pläne*. Sie zeigen Objekte und deren relative Positionen zueinander. Sie sind üblicherweise maßstabsgerecht ausgeführt [DIN EN 61082-1].

Die technische Zeichnung ist ein *Informationsträger* und damit ein wichtiges Verständigungsmittel zwischen den technischen Abteilungen eines Unternehmens. Die Zeichnung entsteht in der Konstruktion auf der Basis einer „technischen Idee“. In der Technologie-Abteilung wird nach dieser Zeichnung die Fertigung vorbereitet und ein Arbeitsplan erstellt. Dieser Arbeitsplan wird mit der Zeichnung an die Fertigung übergeben.

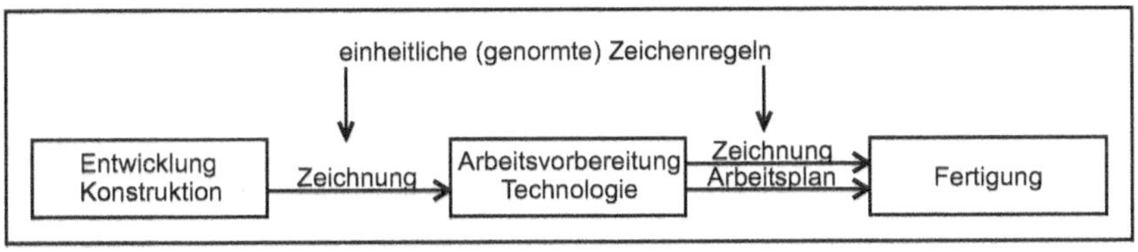

Bild 4.1 Technische Zeichnung im Unternehmen

Selbst bei diesem stark vereinfachten Ablauf (Bild 4.1) müssen bereits mehrere Fachgebiete mit der technischen Zeichnung arbeiten und dabei Vereinfachungen und symbolische Darstellungen richtig interpretieren.

Ohne gegenseitige Vereinbarungen - den *Zeichenregeln* - wäre eine Verständigung nicht möglich. Die genormten Zeichenregeln bilden die Zeichnungsnormen, die als Informationsquelle für die Anfertigung eindeutiger, vollständiger und verständlicher Zeichnungen in der für technische Zwecke erforderlichen Art und Vollständigkeit genutzt werden können.

4.2 Technische Unterlagen in der Elektrotechnik

> **!** Technische Unterlagen der Elektrotechnik dienen der Erläuterung der *Funktion elektrischer Schaltungen* oder deren *Leitungsverbindungen*. Sie vermitteln ebenfalls Angaben für das Fertigen, Errichten und Erhalten elektrischer Einrichtungen.

Sie beinhalten die zeichnerische Darstellung elektrischer Betriebsmittel, meist durch Schaltzeichen (Symbole), und zeigen die Art, in der diese elektrischen Betriebsmittel zueinander in Beziehung stehen und wie sie miteinander elektrisch, aber auch mechanisch oder thermisch verbunden sind.

Unterlagen der Elektrotechnik können als *Plan* oder als *Liste* ausgeführt sein. Sie sind in Abhängigkeit vom Teilgebiet der Elektrotechnik sehr vielgestaltig, weshalb mehrere Möglichkeiten zu ihrer Einteilung gegeben sind.

Einteilung nach dem Zweck

Den Aufgaben der Schaltungsunterlagen folgend, können zwei grundlegende Gruppen unterschieden werden.

Die erste Gruppe (Bild 4.2) beschreibt die *Arbeitsweise* einer elektrischen Einrichtung.

Schaltungsunterlagen zur Erläuterung der Arbeitsweise

- Erläuternde Schaltpläne (zeigen Objekte und deren Zusammenhänge)
  - Übersichtsschaltplan (Schaltplan mit niedrigem Detaillierungsgrad)
  - Stromlaufplan (ausführlicher Schaltplan)
- Erläuternde Tabellen und Diagramme (erleichtern das Verständnis und vermitteln zusätzliche Angaben
  - Ablaufdiagramm, Schaltfolgediagramm (zeigt Vorgänge in festgelegter Reihenfolge)

Bild 4.2 Schaltungsunterlagen zur Erläuterung der Arbeitsweise (Auswahl)

Die möglichst übersichtliche Darstellung dieser Schaltungsfunktion hat dabei Vorrang vor mechanischen oder geometrischen Zusammenhängen. Nach diesen Unterlagen ist es möglich, funktionale Zusammenhänge zu verstehen, der Aufbau der Schaltung nach diesen Unterlagen ist jedoch nur bedingt möglich.

Der *Aufbau* einer elektrischen Einrichtung wird von einer zweiten Gruppe (Bild 4.3) beschrieben.

Schaltungsunterlagen zur Erläuterung der Verbindungen und der räumlichen Lage (dienen dem Errichten und Erhalten elektrischer Einrichtungen)

- Verbindungsschaltpläne, Anschlusstabellen (zeigen leitende Verbindungen zwischen elektrischen Betriebsmitteln)
  - Geräteverdrahtungsplan
  - Verbindungsplan
  - Anschlussplan
  - Kabelplan
- Anordnungsplan (enthält Angaben über die räumliche Lage der Betriebsmittel)

Bild 4.3 Schaltungsunterlagen für den Aufbau elektrischer Einrichtungen (Auswahl)

Diese Unterlagen zeigen die Verbindungen und die räumliche Lage der Betriebsmittel. Sie sind so gestaltet, dass eine Anlage nach diesen Unterlagen errichtet oder gewartet werden kann. Die Funktion der Einrichtung kann jedoch kaum aus diesen Unterlagen ermittelt werden.

Einteilung nach der Art der Darstellung

Diese Einteilung beschreibt die Anzahl der Verbindungen oder Betriebsmittel, die durch ein einzelnes Symbol dargestellt werden (Bild 4.4).

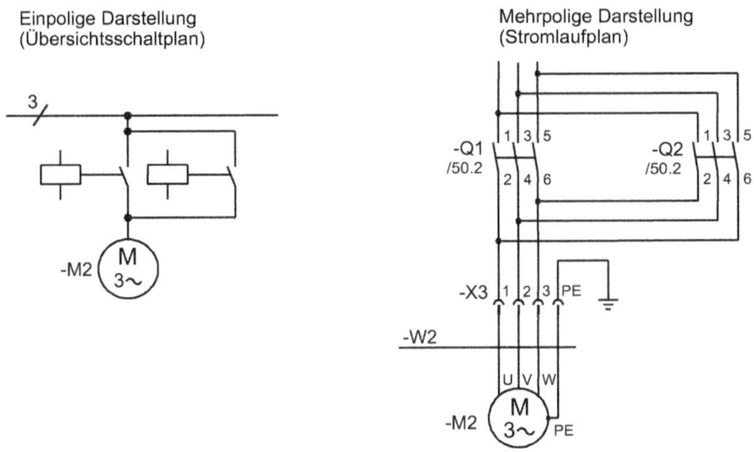

Bild 4.4 Einteilung nach der Art der Darstellung

In einer *einpoligen Darstellung* werden zwei oder mehr Leiter durch eine Linie bzw. mehrere Betriebsmittel durch ein Symbol dargestellt. Diese Darstellungsform wird in Übersichtsschaltplänen bevorzugt.

Im Fall einer *mehrpoligen Darstellung* wird jeder Leiter und jedes Betriebsmittel separat dargestellt. In Stromlaufplänen wird die mehrpolige Darstellung bevorzugt.

Einteilung nach der Anordnung der Symbole

Diese Einteilung bezieht sich auf Betriebsmittel (z. B. Schütze), die mit mehreren Symbolen (Spule und Kontakte) im Stromlaufplan dargestellt werden und zwischen denen eine Wirkverbindung vorhanden ist (Bild 4.5).

In der *zusammenhängenden Darstellung* werden die Teile eines aus mehreren Symbolen bestehenden Betriebsmittels nach ihrem mechanischen Aufbau benachbart dargestellt.

Die *halbzusammenhängende Darstellung* enthält Symbole mit einer Wirkverbindung. Diese werden voneinander getrennt angeordnet, wobei jedoch der mechanische Zusammenhang über die Wirkverbindung erhalten bleibt.

In der *verteilten Darstellung* werden die Teile eines aus mehreren Symbolen bestehenden Betriebsmittels ohne Rücksicht auf mechanische Zusammenhänge so platziert, dass eine klare und übersichtliche Anordnung der Stromkreise erreicht werden kann.

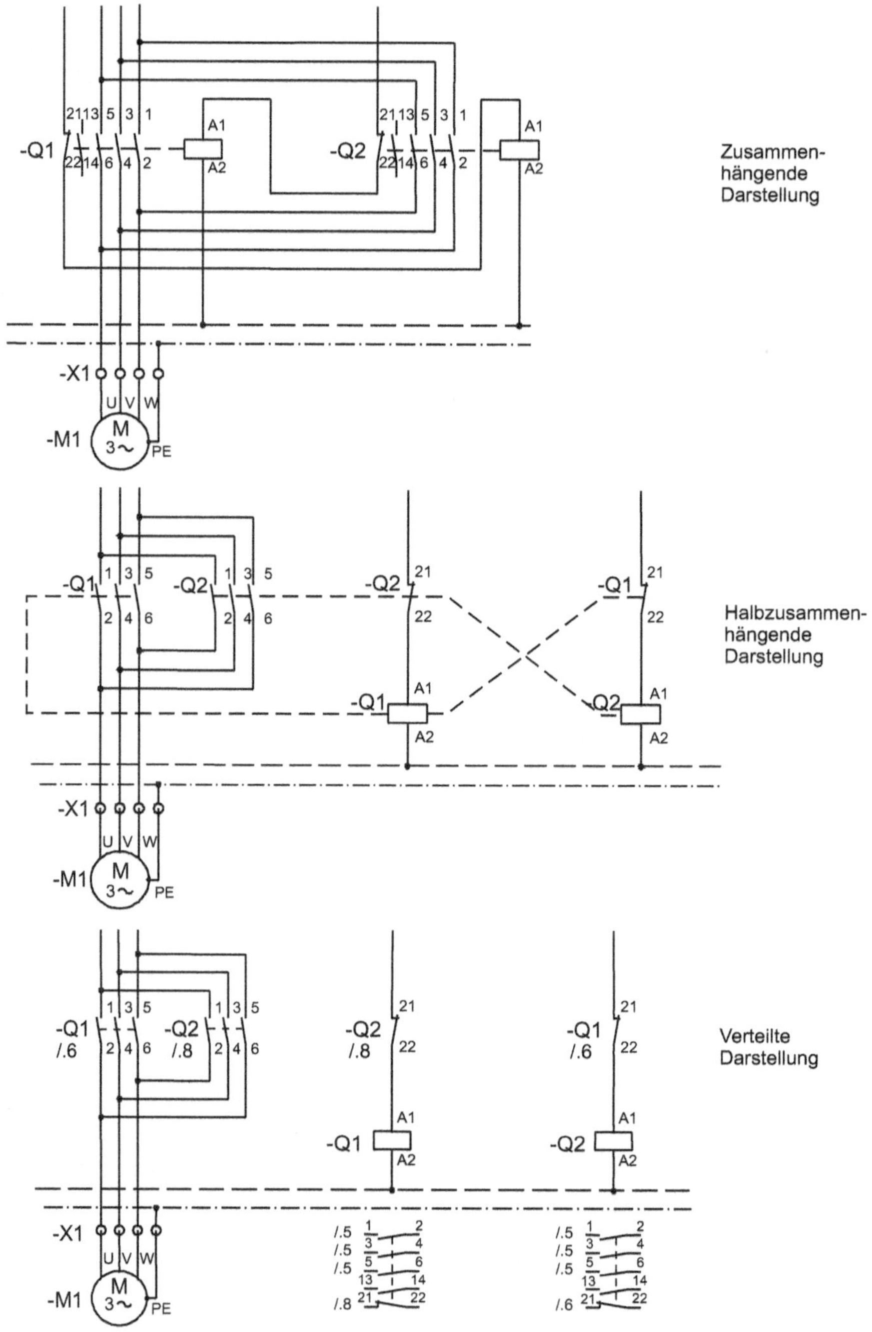

Bild 4.5 Einteilung nach der Anordnung der Schaltzeichen

Die verteilte Darstellung wird für Stromlaufpläne bevorzugt benutzt, da sie übersichtlicher ist und die Funktion besser erkennen lässt.

4.3 Grundlegende Gestaltungshinweise

4.3.1 Format und Faltung

Formatsystem (DIN EN ISO 216)

Die Blattgrößen werden nach einfachen Regeln, den *Grundsätzen des Formatsystems* gebildet:

- Die Fläche des Ausgangsformates (A0) beträgt 1 m^2.
- Die Ableitung weiterer Formate erfolgt durch Halbieren.
- Die Formate sind geometrisch ähnlich, sie haben das gleiche Seitenverhältnis.
- Das Seitenverhältnis beträgt eins zu Wurzel aus zwei.

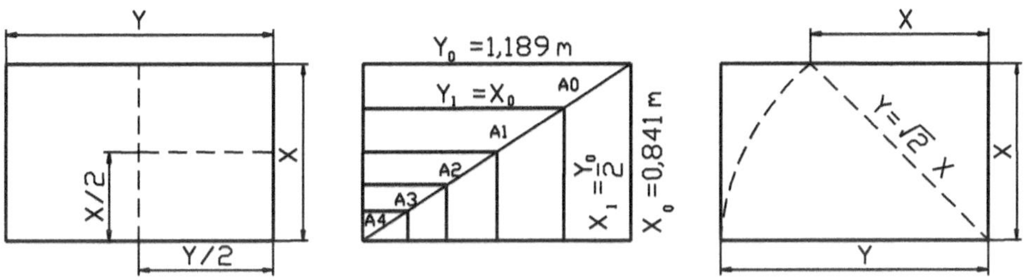

Bild 4.6 Grundsätze des Formatsystems

Daraus ergeben sich folgende Abmessungen für das beschnittene Blatt (Fertigblatt). Zusätzlich angegeben sind die Maße der Zeichenfläche (ohne Zeichnungsrand) und die Abmessungen des unbeschnittenen Blattes [DIN EN ISO 5457].

Tabelle 4.1 Papier-Endformate der A-Reihe

Blattgrößen Reihe A	Beschnittenes Blatt (Maße in mm)	Zeichenfläche (Maße in mm)	Unbeschnittenes Blatt (Maße in mm)
A 0	841 × 1189	821 × 1159	880 × 1230
A 1	594 × 841	574 × 811	625 × 880
A 2	420 × 594	400 × 564	450 × 625
A 3	297 × 420	277 × 390	330 × 450
A 4	210 × 297	180 × 277	240 × 330

Anwendung in der Elektrotechnik

Das Format ist so auszuwählen, dass die Schaltung in ihrem Umfang unter Berücksichtigung von Verständlichkeit und Lesbarkeit auf dem Blatt platziert werden kann. Hierbei hat sich jedoch zunehmend die Aufteilung umfangreicher Schaltungen auf mehrere Seiten durchgesetzt. Diese Seiten können in gleicher Wertigkeit „nebeneinander“ liegen oder Bestandteil einer Projekthierarchie sein.

Damit werden in der Elektrokonstruktion das Format A3 (oft auf A4 verkleinert gedruckt) und das Format A4 am häufigsten genutzt.

Faltung auf Ablageformat (DIN 824)

Je nach Art der Zeichnungsablage stehen drei *Faltungssysteme* nach Bild 4.7 zur Verfügung:

- Form A mit herausgefaltetem Heftrand,
- Form B mit angeklebtem Heftrand,
- Form C ohne Heftrand für die Aufbewahrung, z. B. in Klarsichthüllen.

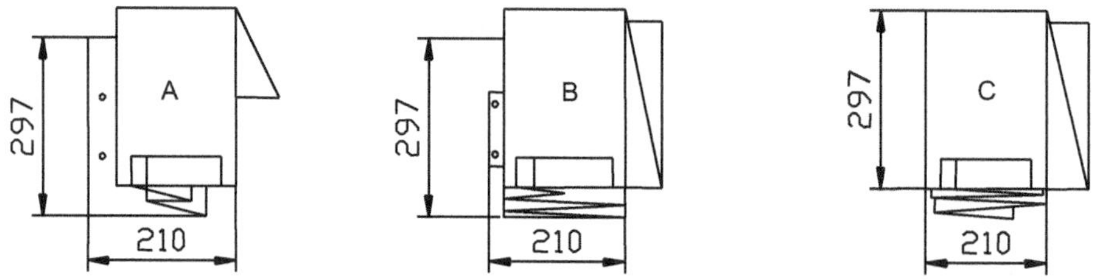

Bild 4.7 Faltung auf Ablageformat

Die *Faltungsregeln* ergeben sich aus einfachen und sinnvollen Grundsätzen:

- Das Schriftfeld ist ohne Entfalten sichtbar (liegt oben).
- Das Entfalten ist ohne Ausheften möglich (Formen A und B).
- Es wird auf das Format A4 gefaltet, evtl. mit Heftrand.
- Die Faltung wird erst längs, dann quer ausgeführt.

In der Elektrotechnik wird neben dem Format A4 vorzugsweise das Format A3 mit der Faltung nach Bild 4.8 angewendet.

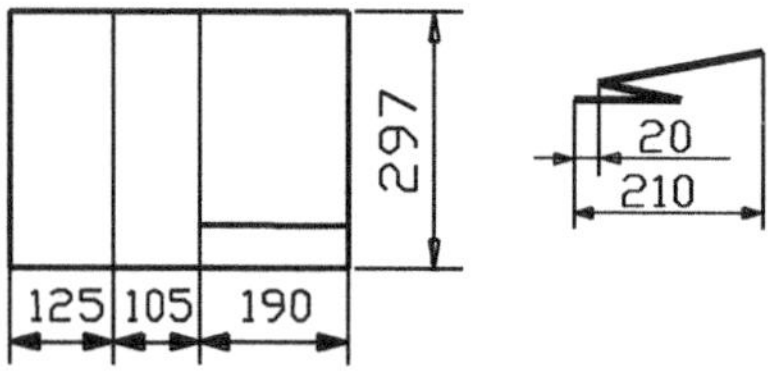

Bild 4.8 Faltung für A3 nach Form A

4.3.2 Schriftfeld

Standardschriftfeld

In DIN EN ISO 7200 werden beispielhaft zwei Schriftfeldvarianten zur Anwendung in allen Arten von Dokumenten auf allen Gebieten der Ingenieurwissenschaften angegeben. Neben diesen Beispielen werden nur wenige Vorgaben gemacht, was einen großen Gestaltungsspielraum ermöglicht.

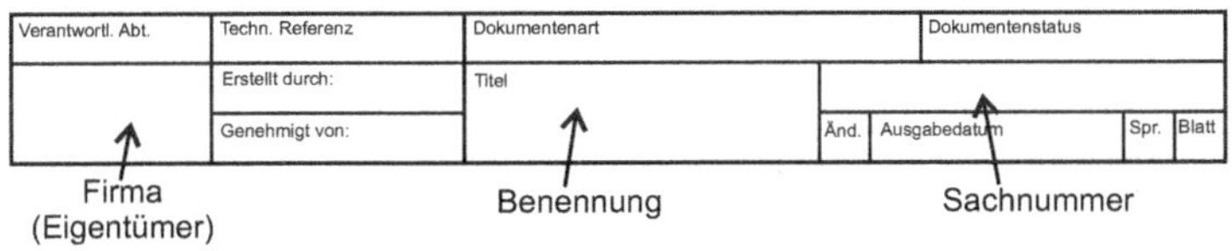

Bild 4.9 Schriftfeld nach DIN EN ISO 7200 in Kompaktform

Das Standardschriftfeld nach Bild 4.9 ist auch für den Bereich der Elektrokonstruktion anwendbar, berücksichtigt jedoch nicht dessen spezifische Anforderungen. Hierzu zählt, dass die Elektrokonstruktion häufig eine Dienstleistung darstellt, womit zwei Unternehmen (Auftraggeber und Auftragnehmer) im Schriftfeld mit Firmennamen und unterschiedlichen Zeichnungsnummern eingetragen werden. Der vorhandene Spielraum ermöglicht aber passende Schriftfelder zu gestalten.

Schriftfeld für A3-Formate der Elektrokonstruktion

Für die Anwendung in der Elektrokonstruktion lässt sich ein Schriftfeld gestalten (Bild 4.10), welches neben der Berücksichtigung von zwei Unternehmen auch in separaten Feldern die Angabe der Referenzkennzeichen für den Funktions- und Ortsaspekt[1] erlaubt. Dieses Schriftfeld liegt in vielen CAD-Systemen als Normblatt vor.

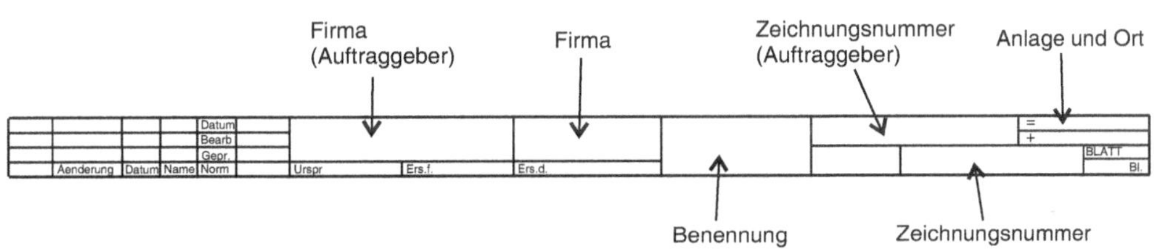

Bild 4.10 Schriftfeld für die Elektrokonstruktion

Wird eine Seite mit diesem Schriftfeld auf A4 verkleinert ausgedruckt, muss die Lesbarkeit erhalten bleiben. Darüber hinaus wird es Probleme mit der Lage des Heftrandes und der Leserichtung geben.

4.3.3 Linienarten

Grundsätzlich werden die Pläne der Elektrotechnik in *schwarzer Farbe* auf weißem Hintergrund und mit überwiegend *einheitlicher Linienbreite* angefertigt. Davon abweichend können Stromkreise mit besonderer Bedeutung (Hauptstromkreise, Sammelschienen) mit größeren Linienbreiten gezeichnet werden. Die Linienbreite ist in Abhängigkeit von Größe und Inhalt der Zeichnung aus der Reihe (... /0,25/0,35/0,5/0,7/1,0/1,4/2,0/ ...) auszuwählen, wobei schmale, breite und sehr breite Linien zueinander im Breitenverhältnis 1 : 2 : 4 liegen sollen. Zusätzlich wird zwischen Volllinie, Strichlinie und Strich-Punkt-Linie unterschieden (Bild 4.11 und Bild 4.12).

[1] auch als Anlage und (Einbau-)Ort bezeichnet

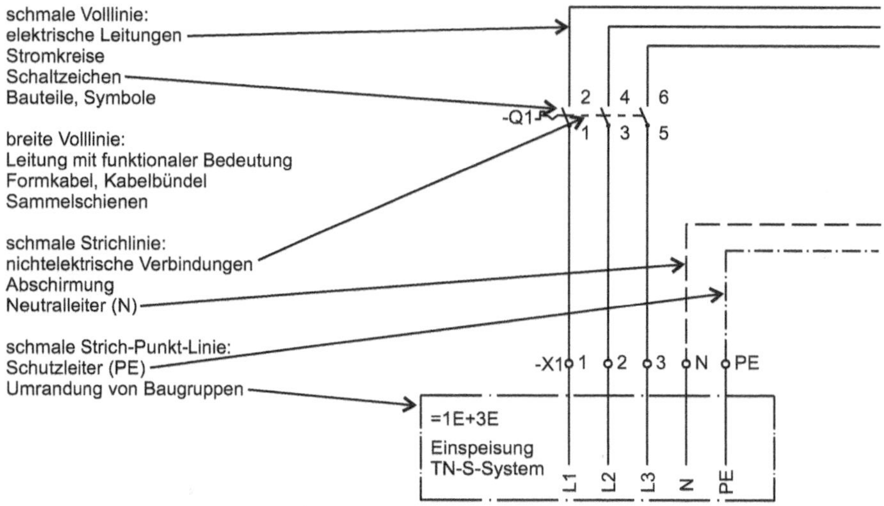

Bild 4.11 Anwendung der Linienarten (Beispiel 1)

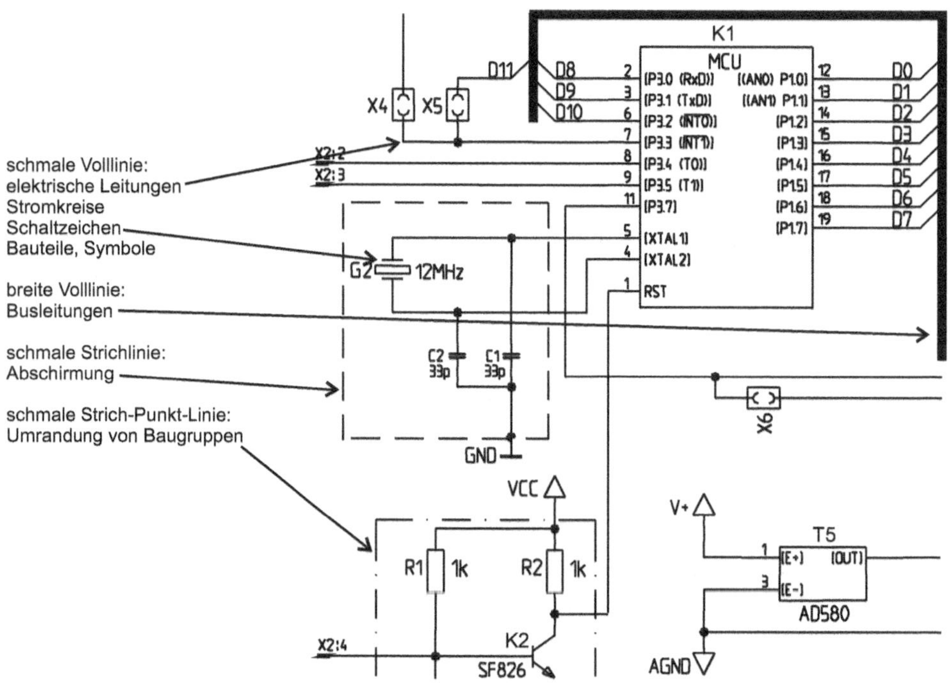

Bild 4.12 Anwendung der Linienarten (Beispiel 2)

4.4 Schaltzeichen

> Schaltzeichen sind Symbole, Grafiken o. Ä. zur Darstellung elektrischer oder elektronischer Bauelemente und Einrichtungen.

Die Symbolik stellt dabei die elektrische Eigenschaft ohne Berücksichtigung der Geometrie oder des mechanischen Aufbaus dar (Bild 4.13). Die wichtigsten Symbole sind in DIN EN 60617 enthalten. Zusätzlich ist es möglich, mit Elementen der genormten Symbole neue Schaltzeichen zu bilden.

Sind für eine *Anwendung* mehrere Symbole angegeben, werden bei der Auswahl nachstehende Regeln beachtet:

- Es wird die einfachste Form gewählt, die für die beabsichtigte Aufgabe ausreichend ist.
- Soweit angegeben, wird die bevorzugte Form genutzt.
- Die Symbolverwendung muss im gesamten Zeichnungssatz einheitlich sein.

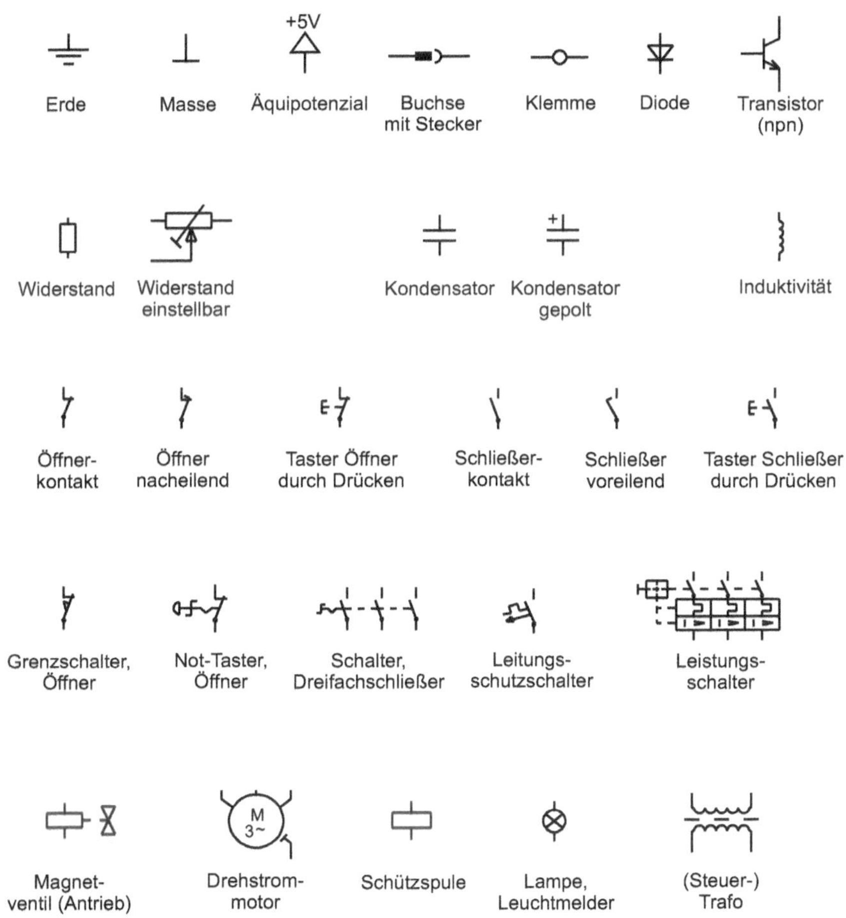

Bild 4.13 Beispiele für Symbole

Hinsichtlich der *Ausführung* ist das Folgende zu beachten:

- Die Darstellung erfolgt im ausgeschalteten bzw. stromlosen Zustand.
- Die Symbole werden im gesamten Zeichnungssatz in gleicher Größe dargestellt. Hiervon abweichend, ist es möglich, durch Vergrößerung auf besonders wichtige Symbole hinzuweisen oder durch Verkleinerung das Symbol als nachrangig darzustellen.
- Symbole werden vorzugsweise senkrecht oder waagerecht angeordnet. Für Brückenschaltungen ist auch die Drehung in 45°-Schritten möglich. Jedes Symbol kann gespiegelt werden.
- Die Linien, Texte und Flächen werden schwarz dargestellt. Die Linien haben überwiegend die gleiche Linienbreite.

Binäre Elemente

Durch die Anwendung einfacher Bildungsregeln nach DIN EN 60617-12 ist es möglich, binäre Elemente selbst zu gestalten bzw. vorgegebene Darstellungen korrekt zu interpretieren.

Die *grundlegende Form* des Symbols für ein binäres Element ist ein Rechteck (Bild 4.14). Im Rechteck wird die logische Funktion angegeben, links sind die Eingänge, rechts sind die Ausgänge.

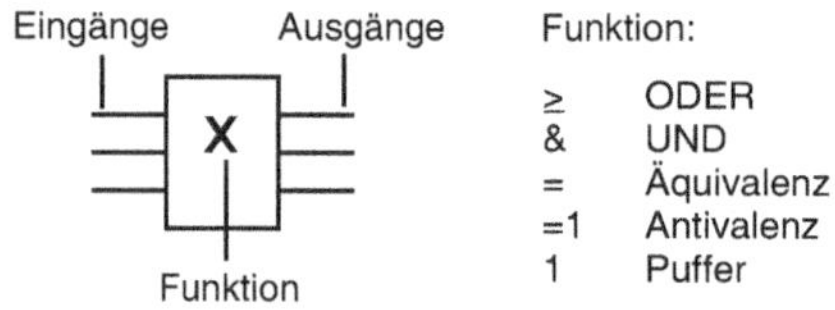

Bild 4.14 Grundform

Zusätzlich werden *Anschlusskennzeichnungen* verwendet, wenn es eine Signalwandlung zwischen externem und internem Pegel gibt.

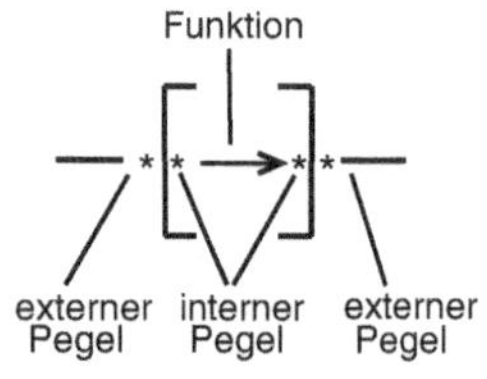

Bild 4.15 Externer und interner Pegel

Für die Anschlusskennzeichnung stehen mehrere Möglichkeiten zur Verfügung.

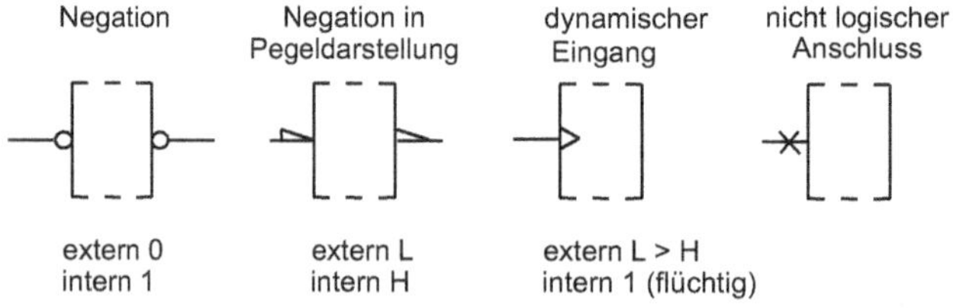

Bild 4.16 Beispiele für grafische Anschlusskennzeichnungen

Zusätzlich zu dieser grafischen Anschlusskennzeichnung wird die Funktion des jeweiligen Anschlusses durch eine Buchstabenkennzeichnung, das *Funktionsanschlusskennzeichen*, angegeben.

Tabelle 4.2 Beispiele für Funktionsanschlusskennzeichnungen

Buchstabenkennzeichnung	Beschreibung	Buchstabenkennzeichnung	Beschreibung
R, S	Rücksetz-, Setzeingang	EN	Freigabe-Eingang (Enable)
J, K	Eingänge am J-K-Trigger	→, ←	Schiebeeingang (re., li.)
D	Eingang am D-Trigger	+, -	Zähleingang (vor, zurück)

Unter bestimmten Bedingungen können zur Platzersparnis oder zur besseren Übersichtlichkeit die Darstellungen binärer Elemente miteinander und ineinander kombiniert werden. Diese Kombination ist jedoch nicht für alle binären Schaltungen, sondern nur für komplexe und in dieser Kombination handelsübliche Schaltkreise möglich.

Wenn zwischen den Elementen *keine Logikverbindung* besteht und sie nebeneinander im Signalfluss liegen, können sie „vertikal" aneinandergesetzt werden. Haben die Elemente die gleiche Funktion, muss diese nur im ersten Element angegeben werden.

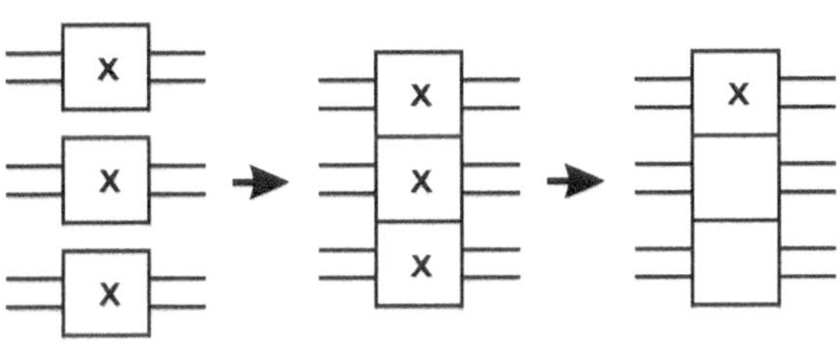

Bild 4.17 Kombination von Elementen (vertikal)

Wenn zwischen den Elementen *mindestens eine Logikverbindung* besteht und sie damit im Signalfluss hintereinander liegen, können sie „horizontal" aneinandergesetzt werden und so einen gemeinsamen Block bilden.

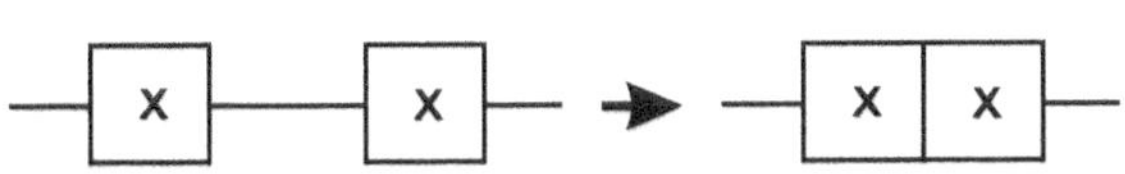

Bild 4.18 Kombination von Elementen (horizontal)

Haben die miteinander kombinierten Elemente ein *gemeinsames Steuersignal*, so wird dieses an einen zusätzlichen Steuerblock gelegt, der vorzugsweise am oberen Ende der Kombination platziert wird. Das Element, das dem Steuerblock am nächsten liegt, ist das niederwertigste Element[2] der Anordnung.

[2] im binären Zahlensystem $2^0 = 1$

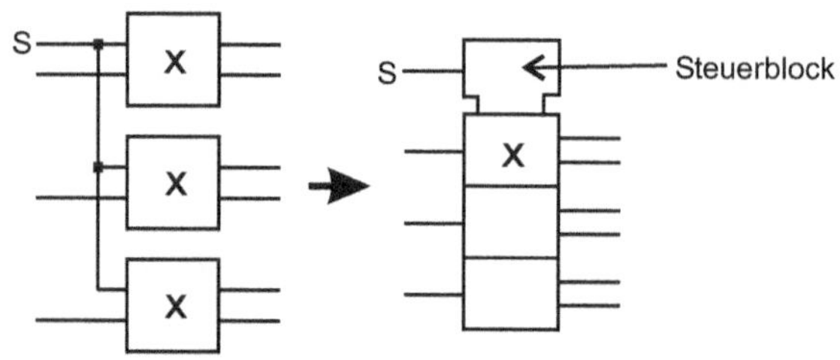

Bild 4.19 Steuerblock

Ist ein gemeinsamer, von allen Elementen der Kombination abhängiger Ausgang vorhanden, wird dieser am *Ausgangsblock* dargestellt. Der Ausgangsblock wird am Ende der Anordnung, gegenüber dem evtl. vorhandenen Steuerblock, angeordnet. Alternativ kann er auch im Steuerblock platziert werden.

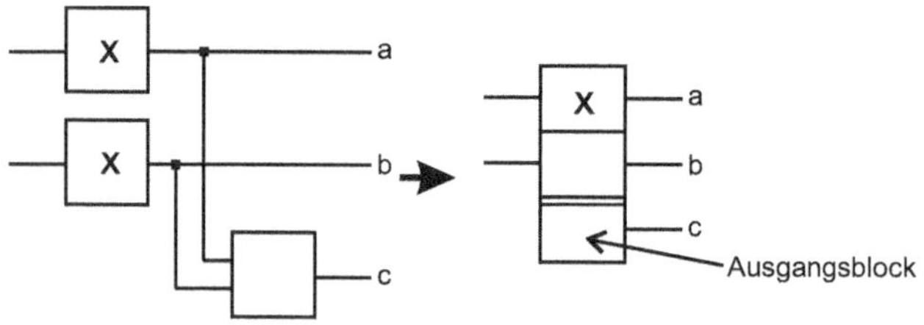

Bild 4.20 Ausgangsblock

Unter Anwendung der genannten Vorgehensweisen ergeben sich die in Bild 4.21 dargestellten Beispiele.

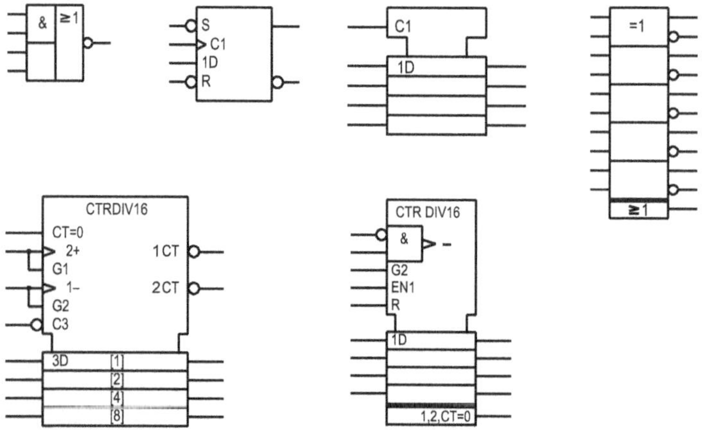

Bild 4.21 Beispiele komplexer binärer Schaltkreise

Weitere Informationen zur Darstellung binärer Elemente sind in [ZICK18] enthalten.

Analoge Elemente

Die *grundlegende Form* des Symbols für ein analoges Element ist nach DIN EN 60617-13 ein Rechteck (Bild 4.22). Im Rechteck wird die analoge Funktion angegeben, links sind die Eingänge, rechts sind die Ausgänge.

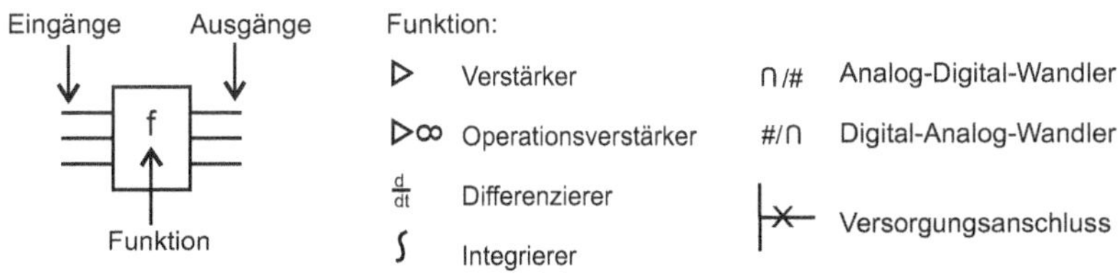

Bild 4.22 Grundform

Analoge Elemente sind wegen ihrer unterschiedlichen Funktionalität sehr vielgestaltig, weshalb in Bild 4.23 einige Beispiele angegeben werden.

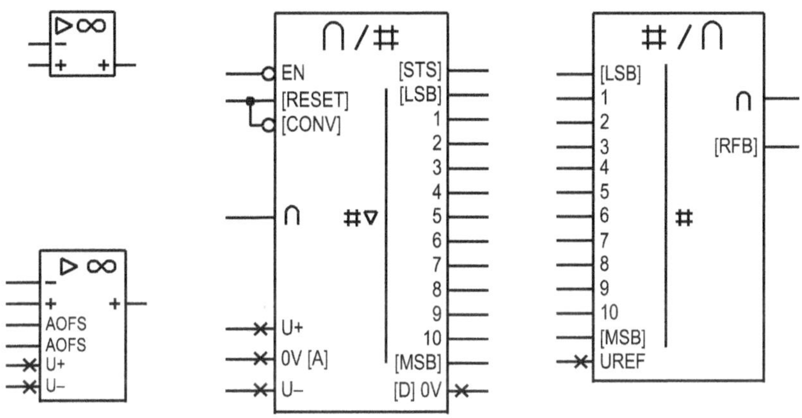

Bild 4.23 Beispiele analoger Schaltkreise

4.5 Beschriftungen

Eine technische Zeichnung ist neben der Ausführung in der für technische Zwecke erforderlichen Art auch durch die notwendige Vollständigkeit geprägt. Dies gilt ebenso für die Pläne der Elektrotechnik, wobei die Vollständigkeit durch Referenzkennzeichnung, Verweis auf den Darstellungsort und Signalkennzeichnungen erreicht wird.

4.5.1 Referenzkennzeichnung[3]

Für Planung, Bau, Installation, Betrieb und Instandhaltung wird ein für alle Fachgebiete einheitliches Kennzeichnungssystem benötigt. Dieses System soll die funktionsbezogene, produktbezogene und ortsbezogene Strukturierung von Geräten und Anlagen ermöglichen. Durch die Einordnung in ein oder mehrere Strukturierungskriterien (Aspekte) können Anlagen, technische Einrichtungen und Betriebsmittel sowie deren Darstellung in Dokumenten eindeutig identifiziert werden.

[3] früher: Betriebsmittelkennzeichnung

Die Anwendung der Referenzkennzeichnung nach DIN EN 81346 ermöglicht:

- Kennzeichnungen von Betriebsmitteln, Geräten und Anlagen,
- Strukturierungen nach unterschiedlichen Aspekten und
- Beziehungen zwischen Betriebsmitteln in der Anlage und in den Dokumenten.

Im Rahmen der Elektrokonstruktion ist die Kennzeichnung von Betriebsmitteln von besonderer Bedeutung, da mit deren Hilfe die Beziehung zwischen den Betriebsmitteln in der Anlage und den Schaltungsunterlagen hergestellt werden kann (Bild 4.24).

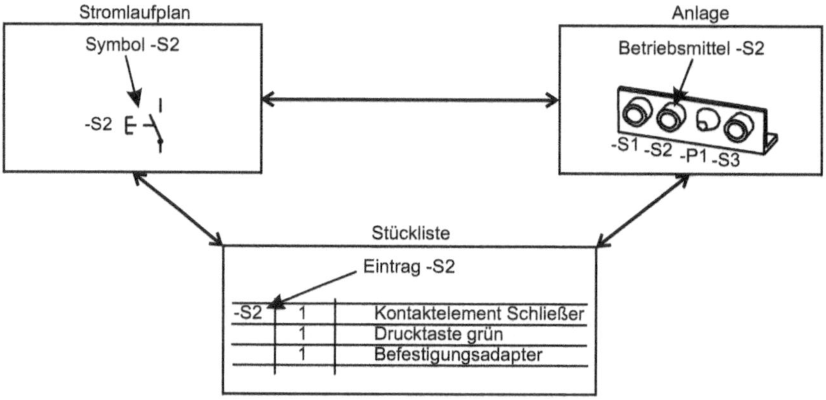

Bild 4.24 Bezugnahmen zwischen Anlage und Schaltungsunterlagen

Die Referenzkennzeichnung erlaubt mehrere Sichtweisen oder *Aspekte* von Objekten einer Anlage:

- Funktionsaspekt (Was macht das Objekt?)
- Produktaspekt (Wie ist das Objekt zusammengesetzt?)
- Ortsaspekt (Wo befindet sich das Objekt?)

Zusätzlich ist die Anschlusskennzeichnung nach DIN EN 61666 möglich.

Die Referenzkennzeichnung, ergänzt durch die Anschlusskennzeichnung, erfolgt demnach mit mehreren aspektbezogenen Teilen, wobei jeder Teil aus einem Vorzeichen und Datenstellen besteht (Bild 4.25).

Der volle Umfang der Möglichkeiten, den die Referenzkennzeichnung bietet, wird im Rahmen dieser Grundlagendarstellung nicht benötigt, kann aber in DIN EN 81346 nachgelesen werden.

Bei Eindeutigkeit des Aspektes kann auf das Vorzeichen verzichtet werden. Dies ist besonders in den Unterlagen der Elektronik üblich, da hier nur mit dem Produktaspekt gearbeitet wird. Mehrere Referenzkennzeichen können für die eindeutige Bezeichnung zu einer *Referenzkennzeichengruppe* zusammengefügt werden.

Der Taster mit dem Produktaspekt -S2 ist ebenfalls dem Funktionsaspekt =A1 und dem Ortsaspekt +P1 zugeordnet. Zusätzlich hat er die Anschlüsse 13 und 14. Für eine eindeutige Bezeichnung werden in den Konstruktionsdokumenten, z. B. im Stromlaufplan, alle Aspekte als Kennzeichengruppe angegeben.

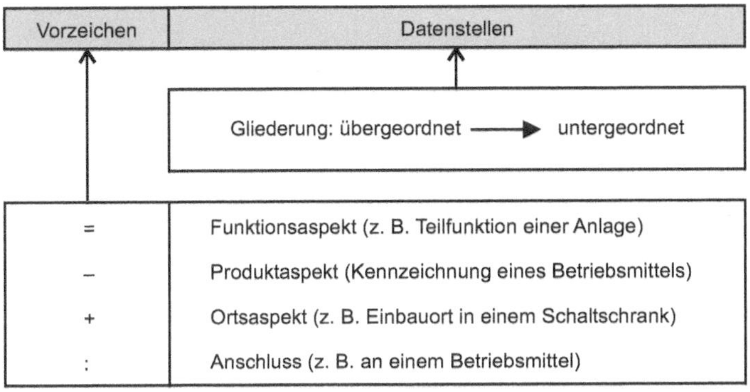

Bild 4.25 Vorzeichen für Referenzkennzeichnung und Anschlusskennzeichnung

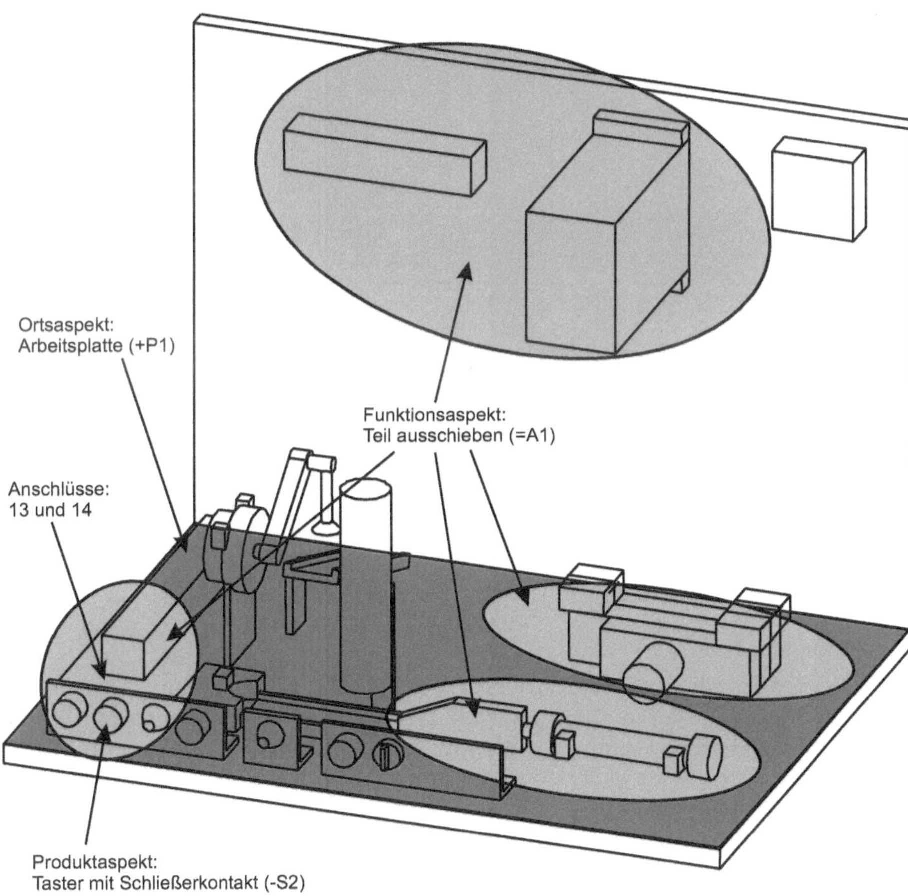

Bild 4.26 Beispiel für Referenzkennzeichnungen

Anwendung

Unter der Voraussetzung, dass die Eindeutigkeit und die Übersichtlichkeit erhalten bleiben, sind für die Angabe der Kennzeichengruppe im Stromlaufplan mehrere Varianten möglich.

a) Die vollständige Referenzkennzeichen-Gruppe wird direkt am Schaltzeichen angeordnet.

b) Es ist auch möglich, einen Schaltungsteil mit Strich-Punkt-Linie einzurahmen (Umfahrung)[4] und allen enthaltenen Symbolen ein gemeinsames Kennzeichen zuzuordnen. Dies ist übersichtlicher, wenn mehrere Symbole die gleiche Kennzeichnung erhalten.

c) Sollen (fast) alle Schaltzeichen eines Stromlaufplanes das gleiche Kennzeichen erhalten, kann dies auch im Feld „Anlage und Ort" des Schriftfeldes eingetragen werden. Meist sind dies der Aspekt der Gesamtfunktion und der Hauptort der Anlage (z. B. der Schaltschrank).

Für den Taster in Bild 4.26 sind damit die folgenden Möglichkeiten gegeben.

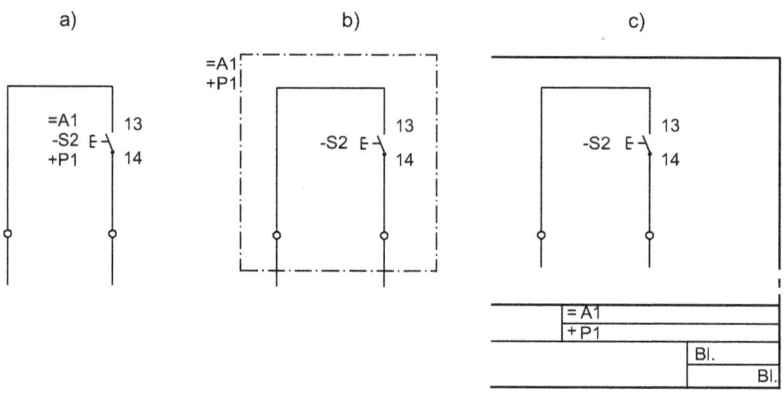

Bild 4.27 Varianten für Referenzkennzeichen-Gruppen

Widersprechen die Kennzeichnungen einander, so hat die Beschriftung am Schaltzeichen Vorrang vor der Kennzeichnung einer eingerahmten Symbolgruppe. Diese Kennzeichnung hat wiederum Vorrang vor dem Eintrag im Schriftfeld.

Eine Referenzkennzeichnung wird links neben oder über dem Schaltzeichen platziert, wobei die zweifelsfreie Zuordnung gesichert sein muss.

Kennzeichnung nach dem Produktaspekt

Die Referenzkennzeichnung nach dem Produktaspekt besteht aus dem Vorzeichen, einem Kennbuchstaben sowie weiteren Datenstellen. Bei Bedarf können bis zu zwei weitere Buchstaben zur genaueren Bestimmung der Funktion ergänzt werden.

-	Kennbuchstabe	Zusätzliche Datenstellen

---

4) in EPLAN als Strukturkasten bezeichnet

Der *Kennbuchstabe* soll die Betriebsmittel nach Zweck oder Aufgabe (inhärente Funktion) charakterisieren. Tabelle 4.3 enthält einige Kennbuchstaben, die für den Bereich der Elektrotechnik relevant sind.

Tabelle 4.3 Kennbuchstaben für die Klassifizierung nach Zweck und Aufgabe [DIN EN IEC 81346-2]

Kennbuchstabe	Zweck oder Aufgabe	Beispiele aus der Elektrotechnik
B	Erfassung einer Eingangsvariablen zur Weiterverarbeitung	Sensor, Positionsschalter, Messwandler
C	Speichern von Energie oder Information	Kondensator, Arbeitsspeicher
E	Aussenden von Strahlung oder Wärmeenergie	Lampe zur Beleuchtung, Heizung
F	Direkter Schutz eines Energie- oder Signalflusses	Sicherung, Leitungsschutzschalter, Leistungsschalter
G	Bereitstellen eines Energie- oder Signalflusses	Generator, Signalgenerator, elektrische Batterie
K	Verarbeitung von Signalen oder Informationen	Schaltrelais, Binärelement, Analogelement, Regler, Filter, Transistor
M	Ausübung von mechanischer Bewegung oder Kraft zu Arbeitszwecken	Elektromotor, Stellantrieb, Elektromagnet
P	Bereitstellung wahrnehmbarer Informationen	Signallampe, LED zur Anzeige, Amperemeter, Voltmeter
Q	Kontrolliertes Schalten oder Variieren eines Energie- oder Signalflusses	Leistungsschalter, Lastschütz, Leistungstransistor, Thyristor
R	Begrenzung oder Stabilisierung des Energie- oder Signalflusses	Widerstand, Diode, Drosselspule
S	Umwandlung einer manuellen Betätigung in ein Signal	Steuerschalter, Taster
T	Energie- oder Signalumwandlung unter Beibehaltung der Art	Transformator, Gleichrichter, Signalwandler, Verstärker
W	Leiten oder Führen von Signalen oder Energie	Kabel, Leitung, Sammelschiene, Lichtwellenleiter
X	Bereitstellung einer Schnittstelle zum Verbinden von Objekten	elektrischer Verbinder, Klemme, Steckdose
A, I, O	Darf nicht genutzt werden.	
D, J, L, V, Y und Z	Für spätere normative Festlegungen reserviert.	

Einige der genannten Kennbuchstaben (z. B. R für Induktivität und Diode oder K für Transistor) sind sicher ungewöhnlich, aber hinsichtlich der Klassifizierung nach Zweck und Aufgabe zweifellos konsequent.

Hat ein Betriebsmittel zwei Funktionen, so richtet sich der Kennbuchstabe nach der wichtigeren Funktion. So hat ein Leistungsschalter die Funktion „Kontrolliertes Schalten eines Energieflusses" aber auch die Funktion „Direkter Schutz eines Energieflusses". Der Anlass für den Einsatz eines Leistungsschalters ist der Schutz der nachgeordneten Leitungen und Verbraucher vor Schäden durch Überlast und Kurzschluss. Deshalb wird in diesem Buch der Kennbuchstabe „F" vergeben.

Es hat sich gezeigt, dass die Kennbuchstaben nach dieser DIN EN IEC 81346-2 in der Praxis noch nicht in jedem Fall oder nur teilweise angewendet werden. Es existieren neben ungenormten Bezeichnungen im Bereich der Elektronik (z. B. IC1, LED1) noch die Kennbuchstaben nach der zurückgezogenen DIN 40719-2. Aus diesem Grund werden im Folgenden diese Kennbuchstaben ergänzend noch angegeben.

In den Schaltungsbeispielen dieses Buches werden die Kennbuchstaben nach DIN EN IEC 81346-2 angewendet.

Tabelle 4.4 Kennbuchstaben für die Art des Betriebsmittels (veraltet) [DIN 40719-2]

Kennbuchstabe	Betriebsmittel
A	Baugruppe, Teilbaugruppe
B	Umsetzer elektrische - nichtelektrische Größen
C	Kondensator
D	binäres Element, Verzögerung, Speicher
E	Beleuchtung, Heizung, Sonstiges
F	Schutzeinrichtung, Sicherung
G	Generator, Stromversorgung
H	Meldeeinrichtung
K	Relais, Schütz
L	Induktivität, Drossel
M	Motor
N	Verstärker, Regler, Operationsverstärker
P	Mess- und Prüfeinrichtung
Q	Starkstromschaltgerät
R	Widerstand
S	Schalter, Wähler, Taster, Grenztaster
T	Transformator
U	Umsetzer zwischen elektrischen Größen, Modulator, Demodulator
V	Halbleiter, Elektronenröhre, Transistor, Thyristor, Diode

Kennbuchstabe	Betriebsmittel
W	Übertragungsweg, Leitung, Kabel, Sammelschiene, Antenne
X	Anschluss- und Steckverbindung, Klemmenleiste
Y	elektrisch betätigte mechanische Einrichtung, Magnetventil
Z	Filter, Begrenzer

Die *zusätzlichen Datenstellen* werden meist mit einer *Zählnummer* belegt. Sie soll zwischen mehreren Elementen mit gleichem Kennbuchstaben unterscheiden und sollte vorzugsweise von links oben nach rechts unten nummeriert vergeben werden, wobei das auf die Symboldarstellung im Stromlaufplan oder auf die Betriebsmittelmontage in der Anlage bezogen sein kann.

Oft sind für die Vergabe der zusätzlichen Datenstellen firmeninterne oder fachspezifische Regelungen vorhanden.

Zusätzlich können *technische Daten* oder *Typenbezeichnungen* in der Nähe des Schaltzeichens angegeben werden. Diese Bezeichnungen sollten unter der Referenzkennzeichnung oder unter dem Symbol platziert werden.

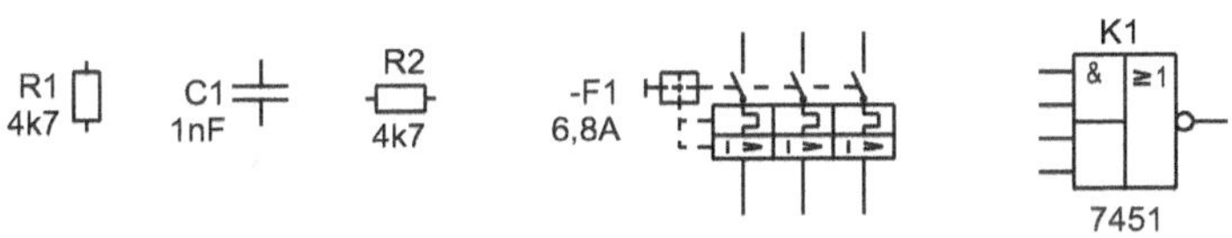

Bild 4.28 Technische Daten an Schaltzeichen

Anschlusskennzeichnung

Die eindeutige und vollständige Anschlusskennzeichnung nach DIN EN 61666 besteht aus dem Referenzkennzeichen für das Betriebsmittel, einem Doppelpunkt als Trennzeichen und dem eigentlichen Anschlusskennzeichen.

Referenzkennzeichen	:	Anschlusskennzeichen

Teile der vollständigen Kennzeichnung können entfallen, wenn die Zuordnung eindeutig oder bereits in anderer Form angegeben ist. Wenn also die Referenzkennzeichnung bereits am Schaltzeichen vermerkt ist, braucht sie an den Anschlüssen nicht erneut angegeben werden.

Der Doppelpunkt kann ebenfalls entfallen, wenn er nicht als Trennzeichen benötigt wird und die Bezeichnung eindeutig als Anschlusskennzeichnung erkennbar ist. Dies ist der Fall, wenn die Kennzeichnung direkt am Anschluss eines Schaltzeichens im Stromlaufplan platziert ist.

Bild 4.29 zeigt einige Beispiele für die Anschlusskennzeichnung.

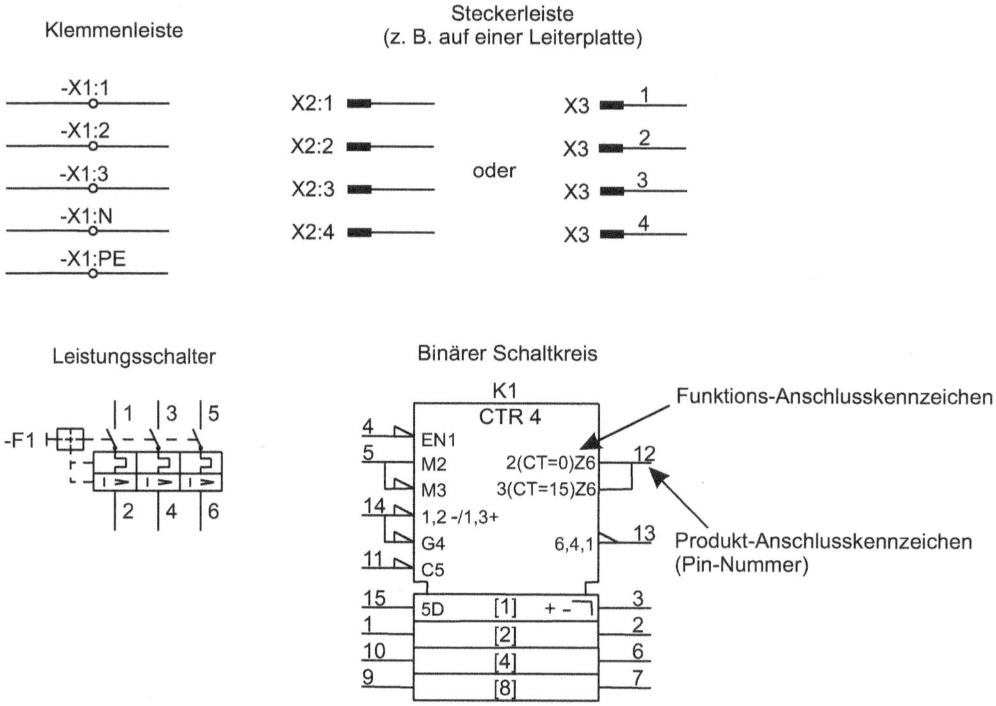

Bild 4.29 Anwendung der Anschlusskennzeichnung

Bei der Wahl der Anschlusskennzeichnung sollen vorzugsweise

- die auf den Betriebsmitteln angegebenen Beschriftungen,
- die vom Hersteller zugeteilten Bezeichnungen (z. B. im Katalog) oder
- die in anderen Vereinbarungen getroffenen Regeln

benutzt werden. Beispiele für derartige Vereinbarungen sind die Zählweise der Anschlüsse an einem Schaltkreis oder die Festlegungen in DIN EN 50013.

An Symbolen binärer oder analoger Schaltkreise wird oft zusätzlich zu dem produktbezogenen Anschlusskennzeichen ein funktionskennzeichnendes Anschlusskennzeichen vergeben (siehe Tabelle 4.2).

4.5.2 Verweis auf den Darstellungsort[5]

Schaltungsunterlagen für umfangreiche oder komplexe Anlagen umfassen oft mehr als hundert Seiten Stromlaufplan. Die Symbole elektrischer Betriebsmittel werden in verteilter Darstellung angeordnet und sind deshalb über viele Seiten des Projektes verteilt. Zur schnellen Orientierung und als Hilfe zum Auffinden von Schaltzeichen wird ein Hinweis auf den jeweiligen *Darstellungsort* benötigt.

[5] auch als Querverweis bezeichnet

Gleiches gilt für die Potenzialweitergabe über Blattgrenzen des Zeichnungssatzes. Auch hier ist es notwendig, eine übersichtliche Möglichkeit für das Finden der Potenzialfortführung zu haben (siehe auch Abschnitt 4.5.3).

Zur Bezeichnung des Darstellungsortes können

- Zeichnungsnummer,
- Referenzkennzeichen,
- Blattnummer und
- Abschnittsbezeichnung

benutzt werden. Die *Verweise auf einen Darstellungsort* erfolgen meist innerhalb eines Zeichnungssatzes, weshalb die Angabe der Zeichnungsnummer in solchen Fällen entfallen kann. Die Abschnittsbezeichnung beschreibt ein Feld auf dem Plan, wobei in der Elektrokonstruktion häufig die Strompfadnummer genutzt wird. Diese Nummer ist am oberen Blattrand des Vordruckes angegeben.

Damit ergibt sich der folgende Aufbau:

Referenzkennzeichen	/	Blattnummer	.	Strompfadnummer

Wird der Verweis zur Kennzeichnung des Darstellungsortes für Symbole in verteilter Darstellung oder zur Potenzialweitergabe über Blattgrenzen benutzt, sind weitere *Vereinfachungen* möglich.

Meist wird als Referenzkennzeichnung nur der Funktionsaspekt benötigt, da Teile eines Betriebsmittels nicht an verschiedenen Orten eingebaut sein können. Wenn der Verweis nur innerhalb eines Abschnittes mit gleichem funktionalem Aspekt (gleiche Teilanlage) ausgeführt wird, kann auf die Angabe der Referenzkennzeichnung ganz verzichtet werden. Gleiches gilt für Verweise innerhalb einer Seite. In diesem Fall kann die Blattnummer entfallen.

Die Trennzeichen (Schrägstrich und Punkt) werden nach dem Wegfall der Bezeichnungsbestandteile zwar nicht mehr benötigt, müssen aber dennoch angegeben werden, denn dies verbessert die eindeutige Interpretation der Beschriftung. Der vorangestellte Schrägstrich lässt die Bezeichnung leicht als Verweis auf einen Darstellungsort erkennen.

Der Verweis wird in der verteilten Darstellung (Bild 4.30) stets gegenseitig ausgeführt:

- von der Gesamtdarstellung (z. B. Kontaktspiegel) auf alle Teildarstellungen und
- von allen Teildarstellungen (z. B. Schützkontakte) auf die Gesamtdarstellung.

In anderen Fällen erfolgt der Verweis

- vom Hauptsymbol (z. B. Schließer mit Betätigung) auf die Nebensymbole und
- von den Nebensymbolen (z. B. weitere Kontakte am Taster) auf das Hauptsymbol.

Auch bei der Potenzialfortsetzung über Blattgrenzen ist der gegenseitige Verweis der Potenziale notwendig.

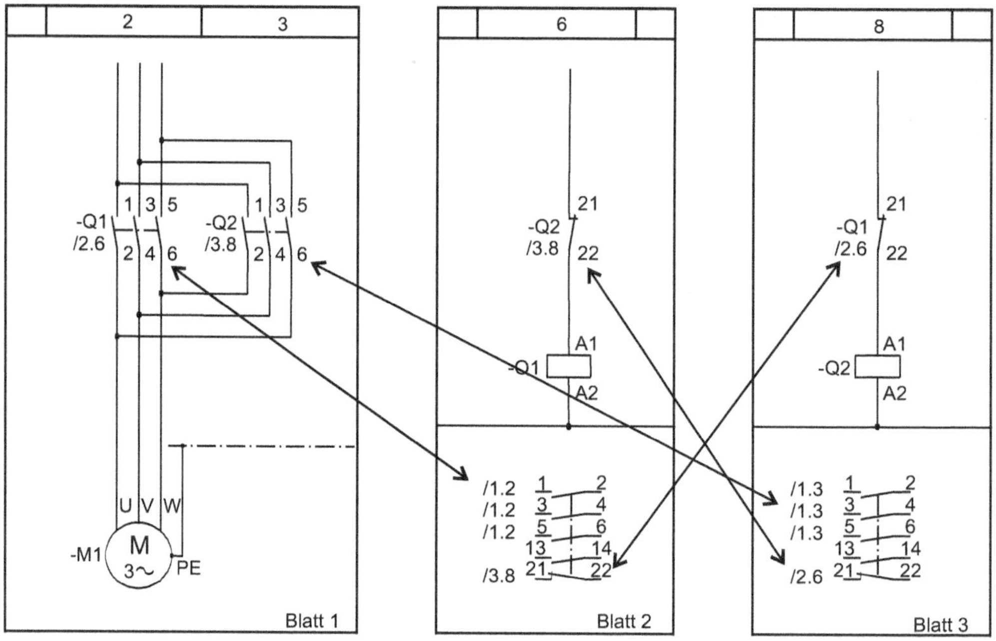

Bild 4.30 Verteilte Darstellung mit Verweisen auf den Darstellungsort

4.5.3 Angaben an Verbindungen

Es ist stets möglich, Verbindungslinien in den Schaltungsunterlagen der Elektrotechnik zu kennzeichnen, z. B. mit einer Signalkennzeichnung. Diese Kennzeichnung muss dann oberhalb von horizontalen bzw. links neben vertikalen Linien liegen.

Wenn eine Verbindungslinie über große Teile der Schaltung führt, darf sie unterbrochen werden. Gleichfalls werden die Linien unterbrochen, wenn sie Blattgrenzen überschreiten und die Potenziale auf einem anderen Blatt fortgesetzt werden. In diesen Fällen muss die Verbindung gekennzeichnet werden.

Zur eindeutigen Bestimmung der Zusammengehörigkeit werden die Abbruchstellen mit den gleichen Bezeichnungen versehen (Bild 4.31). Mögliche Formen dieser Bezeichnung sind

- genormte Leiterkennzeichnungen (z. B. L1, L2, L3),
- Potenzialbezeichnungen (z. B. 15V oder VCC),
- Signalkennzeichnungen (z. B. Quittung) oder
- allgemeine alphanumerische Kodierungen.

Existieren genormte Bezeichnungen, sollten diese bevorzugt werden.

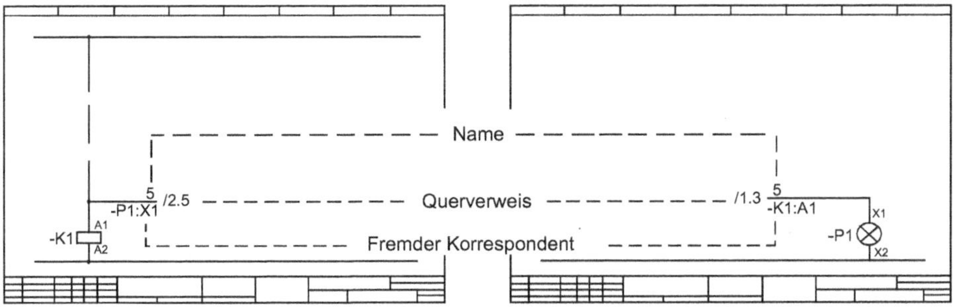

Bild 4.31 Potenzialfortsetzung über Blattgrenzen

Die Kennzeichnung kann bei Notwendigkeit durch einen Verweis auf den Darstellungsort oder die Angabe der fremden Korrespondenten ergänzt werden.

Aufgabe 4.1

Welche Eigenschaften unterscheiden eine technische Zeichnung von einer sonstigen zeichnerischen Darstellung?

Erläutern Sie hierzu allgemein den Inhalt und die Ausführungsform einer technischen Zeichnung.

Aufgabe 4.2

Charakterisieren Sie eine Skizze und eine Originalzeichnung nach den Kriterien Verwendungszweck, Ausführung und Einhaltung der Zeichnungsvorschriften.

Aufgabe 4.3

Nennen Sie die beiden für die Elektrokonstruktion wichtigsten Arten der Schaltpläne zur Erläuterung der Funktion. Worin besteht der Unterschied zwischen diesen Plänen?

Aufgabe 4.4

Welche Form der Anordnung von Schaltzeichen in einem Stromlaufplan wird in der Elektrokonstruktion bevorzugt? Worin besteht der Vorteil dieser Anordnung bzw. Darstellung?

Aufgabe 4.5

Nennen Sie die Grundsätze des Formatsystems.

Aufgabe 4.6

Nennen Sie Grundsätze der Faltungsregeln für technische Zeichnungen.

Aufgabe 4.7

Erläutern Sie jeweils den grundsätzlichen Aufbau eines Symbols für ein binäres und für ein analoges Element. Geben Sie je ein Beispiel für ein binäres oder analoges Element an.

Aufgabe 4.8

Fassen Sie folgende Darstellungen durch Kombination von Elementen zu je einem Block zusammen. Unter welchen Bedingungen ist eine solche Zusammenfassung zulässig?

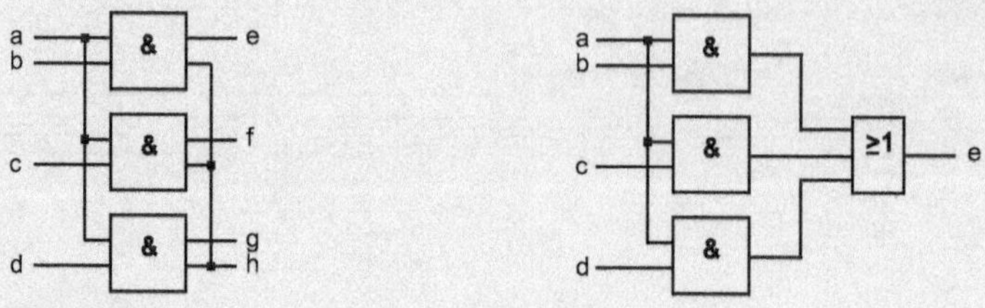

Bild 4.32 Aufgabe 4.8

Aufgabe 4.9

Erläutern Sie Aufbau und Aufgabe der Referenzzeichnung in einem Stromlaufplan. Unter welchen Bedingungen können Teile der Kennzeichnung entfallen?

Aufgabe 4.10

Ergänzen Sie folgenden Ausschnitt (Bild 4.33) aus einem Zeichnungssatz (Wendeschützschaltung zur Drehrichtungsumkehr) hinsichtlich Referenzkennzeichnungen, Anschlusskennzeichnungen und Verweisen auf den Darstellungsort.

Der Motor gehört zur Teilfunktion =A01 und befindet sich am Ort +FM2. Alle anderen Betriebsmittel gehören zur gleichen Teilfunktion und befinden sich am Ort +FM1. Im Schriftfeld sind =A01 und +FM1 eingetragen.

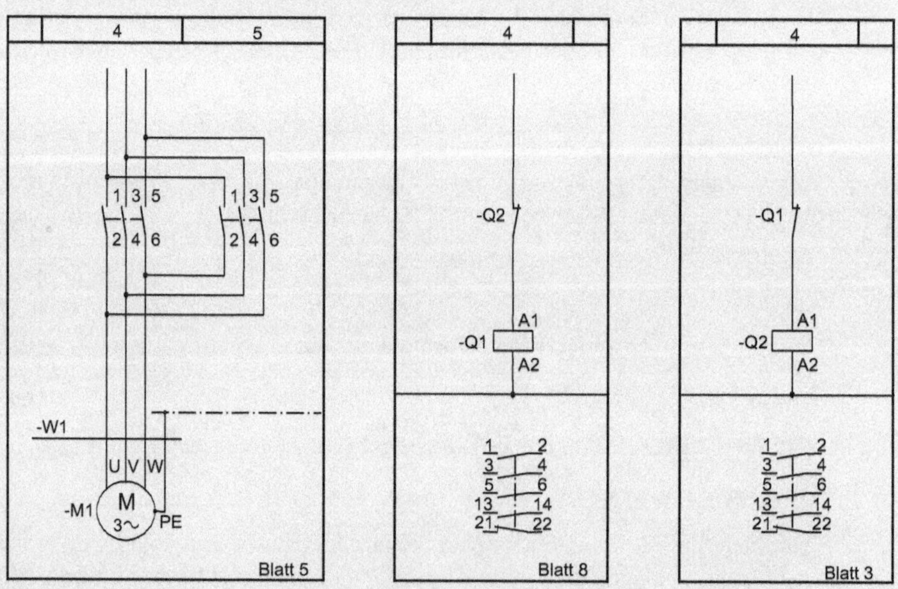

Bild 4.33 Aufgabe 4.10

5 Pläne und Listen der Elektrotechnik

Nachdem die grundlegenden Anforderungen an Konstruktionsunterlagen der Elektrotechnik dargestellt wurden, sollen nun wichtige Pläne und Listen der Elektrotechnik im Einzelnen erläutert werden. Im Mittelpunkt werden die Anwendung der Dokumente und deren inhaltliche Ausführung stehen.

5.1 Übersichtsschaltplan

> **!** Der Übersichtsschaltplan stellt bei niedrigem Detaillierungsgrad eine umfassende Sicht auf ein Objekt bereit [DIN EN 61082-1].
>
> Er ist ein erläuternder Schaltplan in vereinfachter Form, stellt die Arbeitsweise des Gerätes oder der Anlage dar und vermittelt einen schnellen Überblick über die Gesamtaufgabe, den grundsätzlichen Aufbau und die Gliederung der elektrischen Einrichtung.

Anwendung

Der Übersichtsschaltplan dient als Unterlage in der Planungsphase. Er ermöglicht, ohne spezielle Kenntnisse zu der betreffenden Anlage, den Überblick über die Gesamtfunktion zu gewinnen. Damit bildet er eine gute Grundlage für die fachgebietsübergreifende Diskussion des Projektes. Gleichzeitig ist er eine Ergänzung der übrigen Schaltungsunterlagen, da er die Gesamtfunktion gliedert und so das Auffinden der ausführlichen Darstellungen erleichtert. Bei umfangreichen Anlagen kann diese Gliederung auch mehrere Ebenen aufweisen und die nachgeordneten Übersichtsschaltpläne können Teilfunktionen beschreiben.

Bild 5.1 zeigt den Übersichtsschaltplan für einen Transporttisch. Im Automatikbetrieb bewegt der Motor -M2 den Tisch auf einer Rollenbahn. Die korrekte Lage des Tisches für die nachfolgende Hubbewegung wird von einem Positionsschalter erkannt. Die Hubbewegung mittels Kettenheber führt Motor -M1 aus. Die obere und die untere Endlage des Tisches melden Endlagenschalter. In der Betriebsart „Hand“ kann der Tisch mit Tastern gesteuert werden.

Der Übersichtschaltplan ist einpolig ausgeführt und enthält nur die wesentlichen Schaltungsteile. So sind beispielsweise die Wendeschützschaltungen für die Drehrichtungsumkehr nur angedeutet.

Zur Gliederung der Anlage werden von der Gesamtfunktion =A1 drei Teilfunktionen =A1B zur Handbedienung, =A1S für die Steuerfunktionen und =A1A für die Antriebsfunktionen abgeleitet.

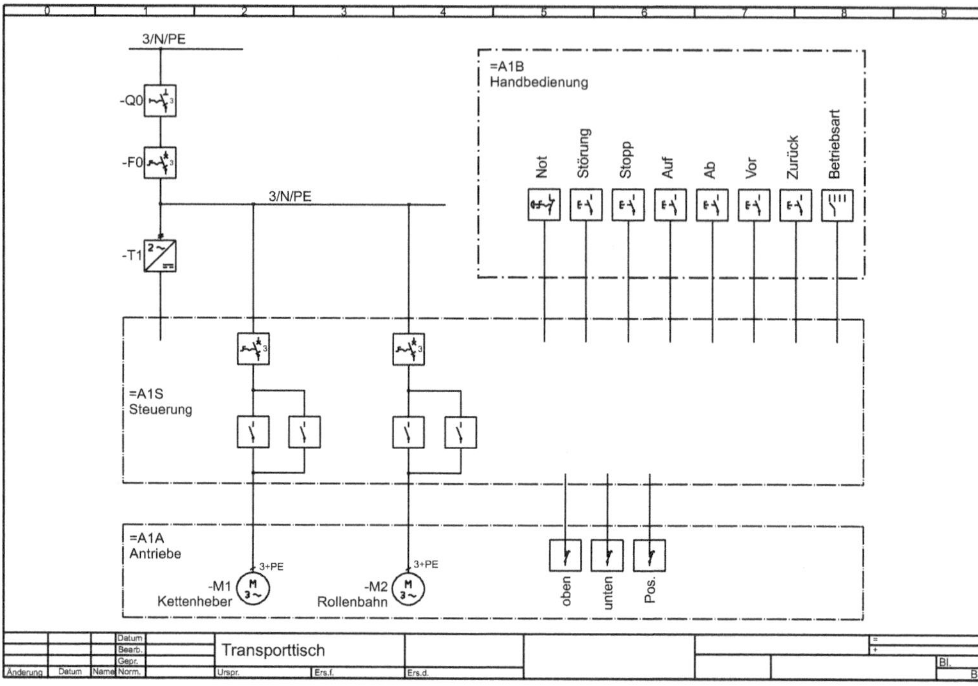

Bild 5.1 Übersichtsschaltplan

Inhalt

Zur inhaltlichen Ausführung werden nur die wesentlichen Teile gezeichnet. Es überwiegt die einpolige Darstellung. Hilfsleitungen entfallen und Bauelemente werden nur dargestellt, wenn sie zum Gewinnen des Überblicks oder zum Erkennen der Zusammenhänge nötig sind.

Der Übersichtsschaltplan soll enthalten:

- erforderliche grafische Symbole für Betriebsmittel und Funktionseinheiten,
- zugehörige Verbindungs- und Wirkungslinien,
- Kennzeichnung der wichtigsten Betriebsmittel und Funktionseinheiten,
- Hinweise zum Auffinden der zugehörigen ausführlichen Schaltungsunterlagen,
- bei Bedarf Erläuterungen, technische Daten, Typenbezeichnungen und Signalnamen,
- Schriftfeld mit den notwendigen Eintragungen.

5.2 Stromlaufplan

Der Stromlaufplan stellt Informationen über die Ausführung und die Wechselbeziehungen der Stromkreise eines Objektes (Gerät oder Anlage) bereit [DIN EN 61082-1].

Er ist die auf Stromwege verteilte Darstellung einer Schaltung mit allen Schaltungselementen und Verbindungen. Es ist ein erläuternder Schaltplan, der die Wirkungsweise zeigt.

Deshalb ist bei seiner Gestaltung die Übersichtlichkeit wichtiger als gerätetechnische oder räumliche Zusammenhänge (verteilte Darstellung).

5.2.1 Anwendung

Der Stromlaufplan ist die wichtigste Planungsunterlage der Elektrotechnik.

Er muss die elektrischen Betriebsmittel einer Anlage und ihr funktionales Zusammenwirken leicht nachvollziehbar darstellen um die Wirkungsweise der Anlage in möglichst einfacher Weise erkennen zu lassen. Je nach Fachgebiet der Elektrotechnik kann der Stromlaufplan unterschiedliche Darstellungsformen aufweisen. Bild 5.2 zeigt den Stromlaufplan des Leistungsteiles einer Krananlage. Der Plan beinhaltet die Einspeisung, zwei Antriebszweige mit Drehrichtungsumkehr und den Trafo für die Steuerspannung.

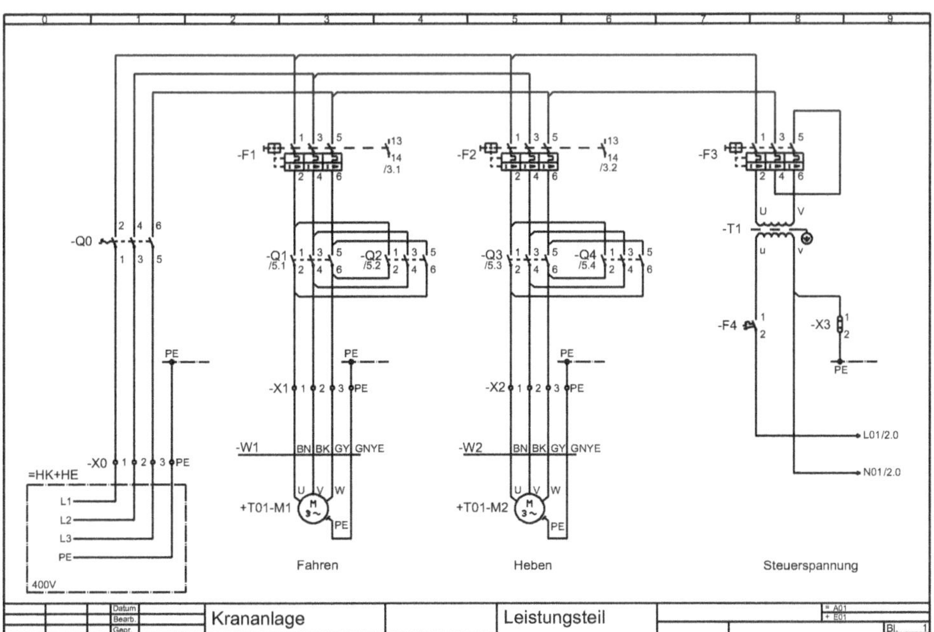

Bild 5.2 Stromlaufplan einer elektrischen Anlage

Ein völlig anderes „Aussehen" hat ein Stromlaufplan der Elektronik. Bild 5.3 zeigt den Stromlaufplan für einen Signalgenerator, der auf einem 8-Bit-Zähler, einem Digital-Analog-Wandler und einem Operationsverstärker beruht.

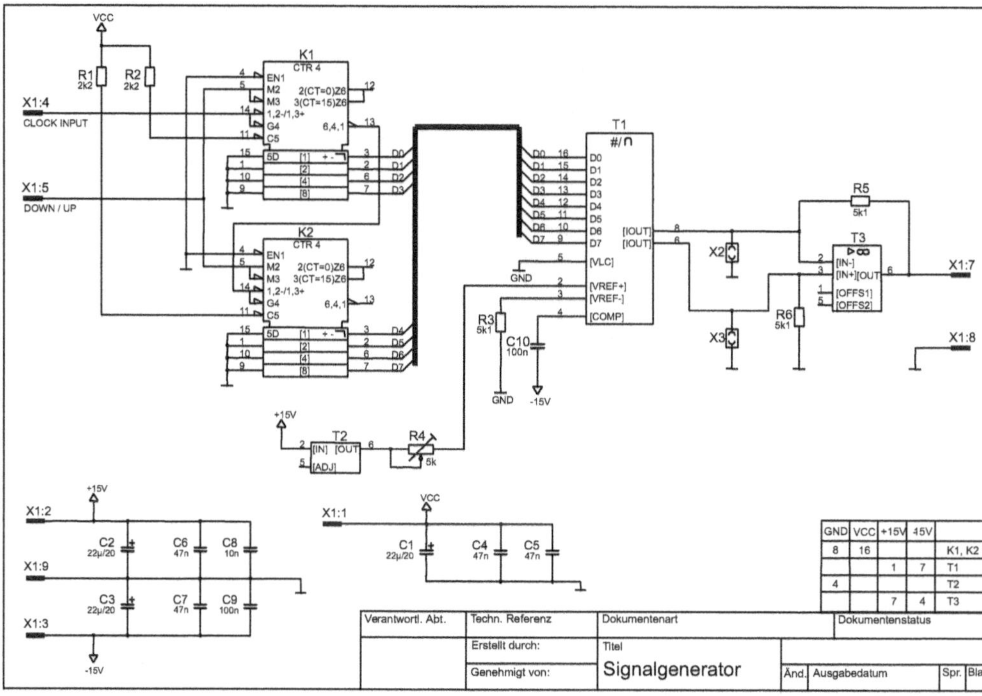

Bild 5.3 Stromlaufplan der Elektronik

Für Stromlaufpläne aus unterschiedlichen Teilgebieten der Elektrotechnik (z.B. Energieversorgung, Anlagenbau, Automatisierungstechnik oder Leiterplattenentwurf) gelten jedoch die gleichen Anforderungen an ihren Inhalt und ihre Gestaltung.

Umfassende Informationen zu Stromlaufplänen der Elektronik bis hin zum Leiterplattenentwurf sind in [ZICK18] enthalten.

5.2.2 Inhaltliche Gestaltung

Inhalt des Stromlaufplanes

Der Stromlaufplan ist die vollständige Darstellung einer elektrischen Schaltung mit allen Schaltungselementen. Zu den Pflichtbestandteilen eines Stromlaufplanes zählen:

- grafische Symbole für alle Betriebsmittel und Funktionseinheiten,
- zugehörige Verbindungs- und Wirkungslinien,
- Kennzeichnung sämtlicher Betriebsmittel und Funktionseinheiten,
- Anschlusskennzeichnungen an den Schaltzeichen,
- Schriftfeld mit den notwendigen Eintragungen.

Bei Bedarf kann der Stromlaufplan durch weitere Informationen ergänzt werden:

- Verweise auf den Darstellungsort von Symbolen in verteilter Darstellung,
- zusätzliche zusammenhängende Darstellung von verteilt dargestellten Symbolen,
- Erläuterungen, technische Daten, Typenbezeichnungen und Signalnamen.

Anordnung der Stromkreise

Der Stromlaufplan ist die auf Stromwege verteilte Darstellung einer elektrischen Schaltung. Die Anordnung der Stromwege soll so übersichtlich erfolgen, dass die Wirkungsweise der Schaltung in möglichst einfacher Weise erkannt werden kann.

Die Energie- oder Signalflussrichtung muss von links nach rechts oder von oben nach unten verlaufen. Daraus resultiert, dass die Eingänge meist links und die Ausgänge rechts platziert werden. Die weitere Anordnung der Stromkreise ist von der Form der Spannungsversorgung abhängig.

Spannungsversorgung

Das *Mehrleitersystem* (Bild 5.4) wird durch parallele Linien für die Potenziale L1, L2 und L3 am oberen Blattrand dargestellt. Bei Bedarf können die Potenziale für N und PE unmittelbar darunter oder im unteren Bereich des Blattes angeordnet werden.

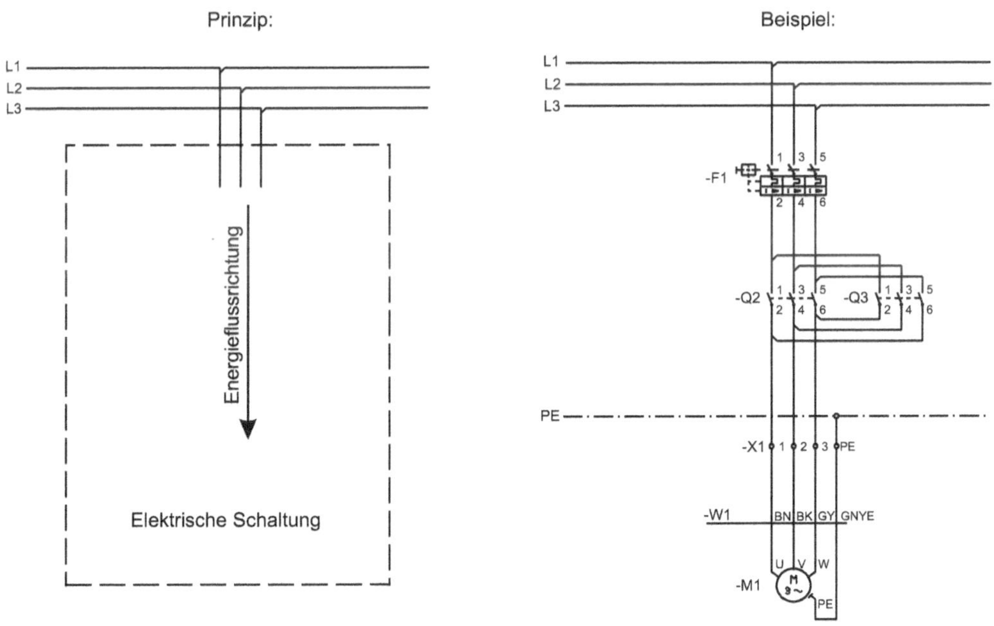

Bild 5.4 Mehrleitersystem

Bei dem *Zweileitersystem* (Gleichspannung oder Einphasen-Wechselspannung) werden die beiden Leiter oberhalb und unterhalb des betreffenden Schaltungsteiles gezeichnet (Bild 5.5).

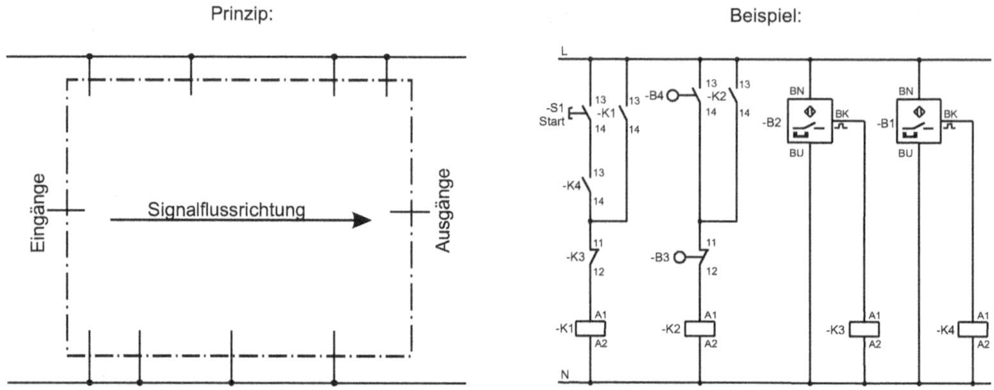

Bild 5.5 Zweileitersystem

Die *Spannungsversorgung von Schaltkreisen* (Bild 5.6) kann direkt an das Schaltkreissymbol geführt werden. Meist wird die Versorgung jedoch getrennt vom Schaltzeichen unter Verwendung von Äquipotenzialen ausgeführt.

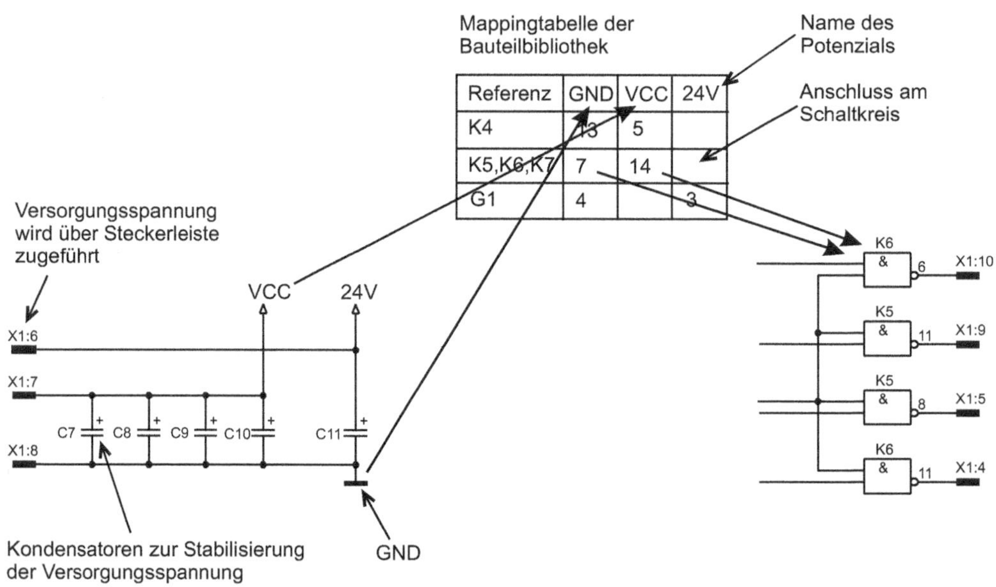

Bild 5.6 Spannungsversorgung von Schaltkreisen

Kern der Potenzialzuweisung ist die *Mappingtabelle* als Bestandteil der Bauteilbibliothek. Mit ihrer Hilfe werden die im Stromlaufplan beschalteten Äquipotenziale über ihren Namen den entsprechenden Schaltkreisanschlüssen zugeordnet.

Zur Vollständigkeit eines Stromlaufplanes gehören auch die Kondensatoren zum Stützen der Versorgungsspannung von digitalen Schaltkreisen.

5.2.3 Verteilte Darstellung

Die verteilte Darstellung (Bild 5.7) wird für den Stromlaufplan bevorzugt, da sie übersichtlicher als andere Darstellungsformen ist. Symbole werden hier so angeordnet, dass die Stromwege leicht nachvollziehbar sind, wobei die klare und möglichst kreuzungsfreie Verbindungsführung Vorrang hat.

Bei dieser Form der Darstellung muss jedoch die Zusammengehörigkeit der im Zeichnungssatz verteilten Symbole erhalten bleiben und darüber hinaus übersichtlich und leicht nachvollziehbar sein.

Die *Zusammengehörigkeit* der Symbole wird durch die gemeinsame Referenzkennzeichnung gewährleistet. Alle Teile des verteilt dargestellten Betriebsmittels haben deshalb das gleiche Referenzkennzeichen.

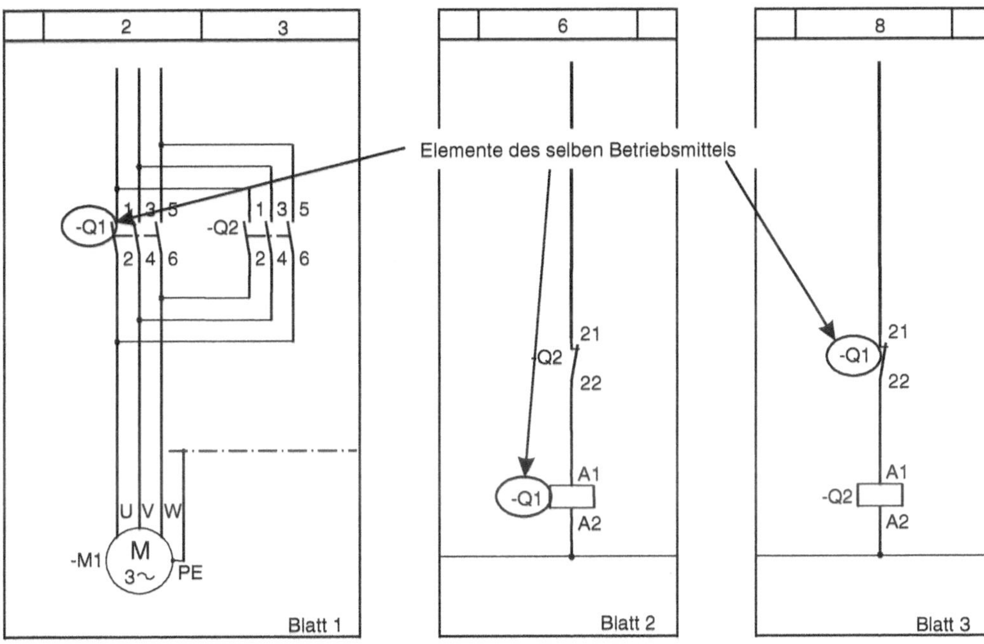

Bild 5.7 Schütz in verteilter Darstellung

Zur Verbesserung der Übersichtlichkeit ist es möglich, eine *zusätzliche zusammenhängende Darstellung* in der Nähe des Hauptsymbols, am ersten Element oder an einer anderen sinnvollen Stelle des Stromlaufplanes anzugeben. Bild 5.8 zeigt hierzu einige Beispiele.

a) Schütz: unterhalb der Spule als Kontaktspiegel,

b) Taster: am ersten Schaltglied (mit Betätigung) durch die Anzahl von Öffnern und Schließern,

c) Leistungsschalter: als zusätzlicher Hilfskontakt,

d) Überlastrelais: als zusätzlicher Kontakt am Auslöser,

e) Schaltkreis: Footprint mit Innenbeschaltung,

f) Eingabe-/Ausgabebaugruppen für Steuerungen: SPS-Übersicht (Bild 5.11).

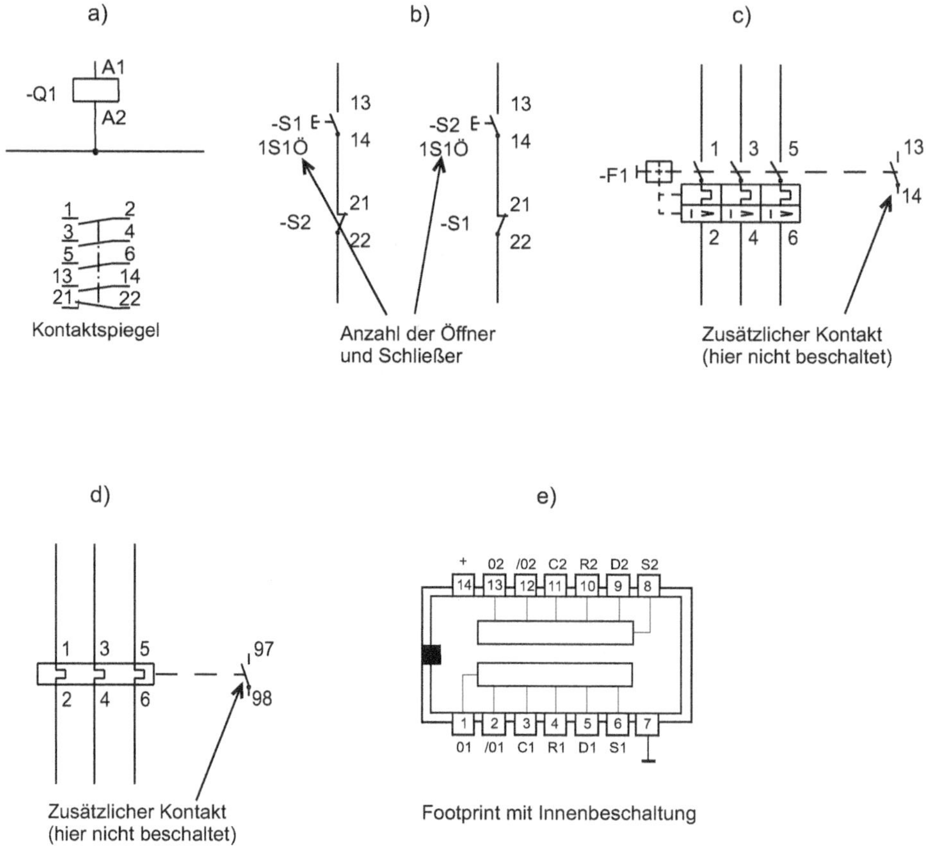

Bild 5.8 Zusammenhängende Darstellungen

Zur schnelleren Orientierung und als Unterstützung beim Auffinden der Elemente eines verteilt dargestellten Betriebsmittels kann der *Hinweis auf den jeweiligen Darstellungsort* (Querverweis) ergänzt werden. Dieser verweist jeweils von der zusammenhängenden Darstellung auf alle Teildarstellungen und von allen Teildarstellungen auf die zusammenhängende Darstellung.

Wurde auf die zusätzliche zusammenhängende Darstellung verzichtet, so verweist der Querverweis vom Hauptsymbol auf die Nebensymbole und von allen Nebensymbolen auf das Hauptsymbol.

Speicherprogrammierbare Steuerungen (SPS) und Busanschaltbaugruppen

Komplexe Betriebsmittel wie Steuerungen, Busanschaltbaugruppen, Bedienpanels u. a. werden für eine bessere Übersichtlichkeit ebenfalls in verteilter Darstellung im Zeichnungssatz angeordnet.

Zunächst soll die leichter vorstellbare *oktale Aufteilung* erläutert werden. Hierzu wird die Baugruppe für ihre Darstellung in den Stromlaufplänen, wie in Bild 5.9 dargestellt, zerlegt.

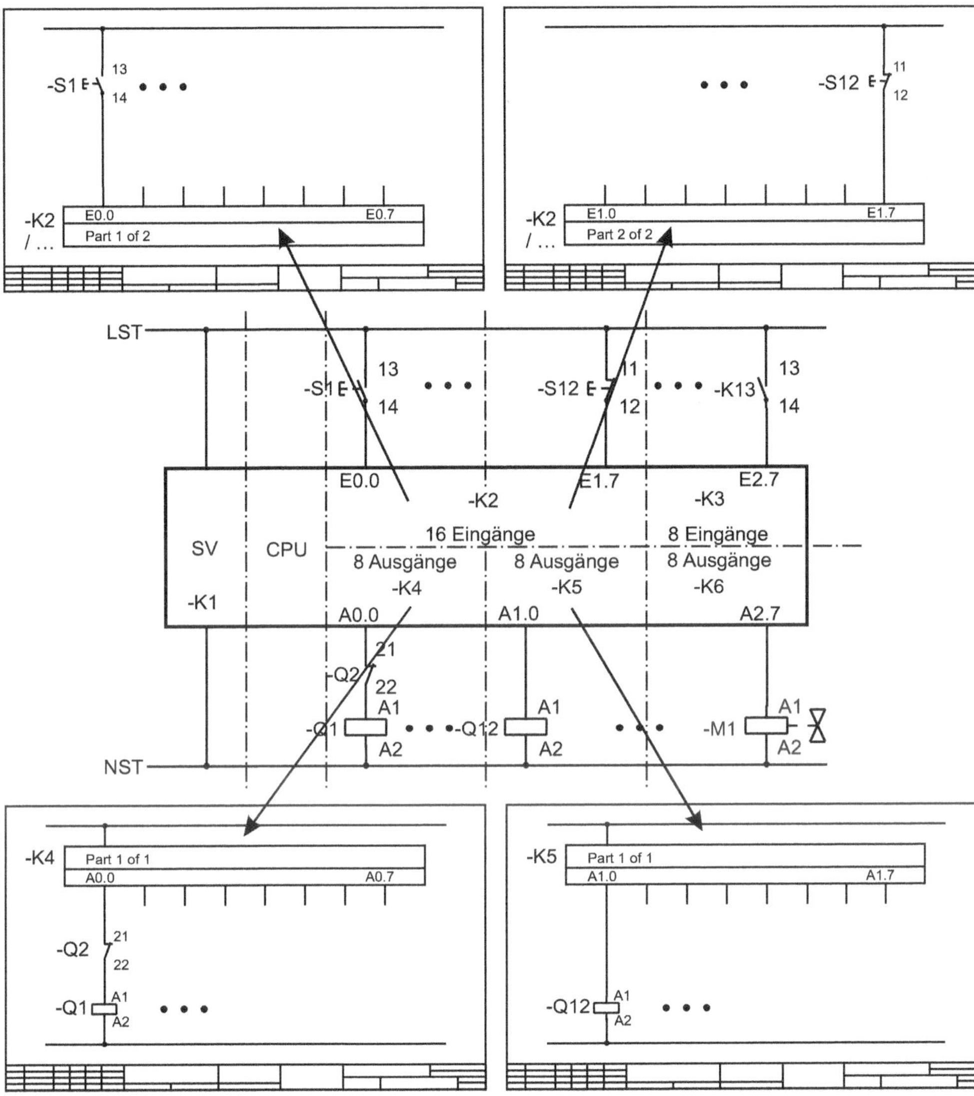

Bild 5.9 Oktale Aufteilung einer Steuerung

In vielen Fällen ist die weitere *Aufteilung in einzelne Eingänge oder Ausgänge* der Baugruppe sinnvoll, da so funktionale Zusammenhänge der Schaltung erhalten bleiben. Bild 5.10 zeigt die Anwendung dieser Methode an Komponenten von Bild 5.9.

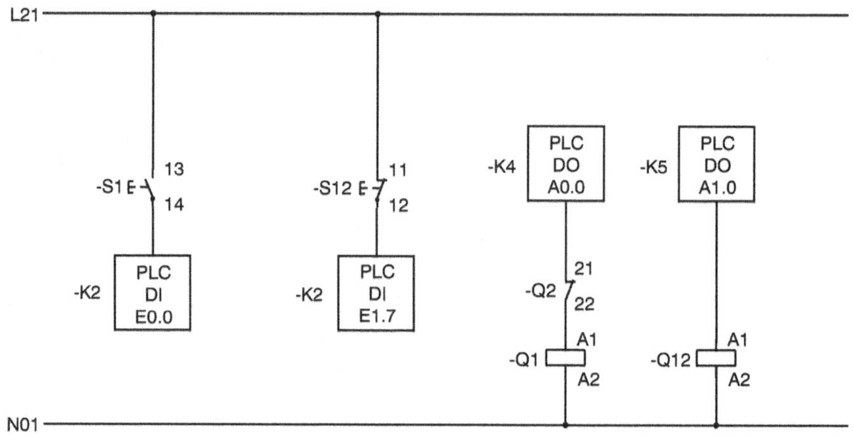

Bild 5.10 Aufteilung in einzelne Anschlüsse

Für die zusätzliche zusammenhängende Darstellung kann die *SPS-Übersicht* benutzt werden. Bild 5.11 zeigt auszugsweise aus dem Beispiel von Bild 5.9 eine 16-Bit-Eingangsbaugruppe und zwei 8-Bit-Ausgangsbaugruppen.

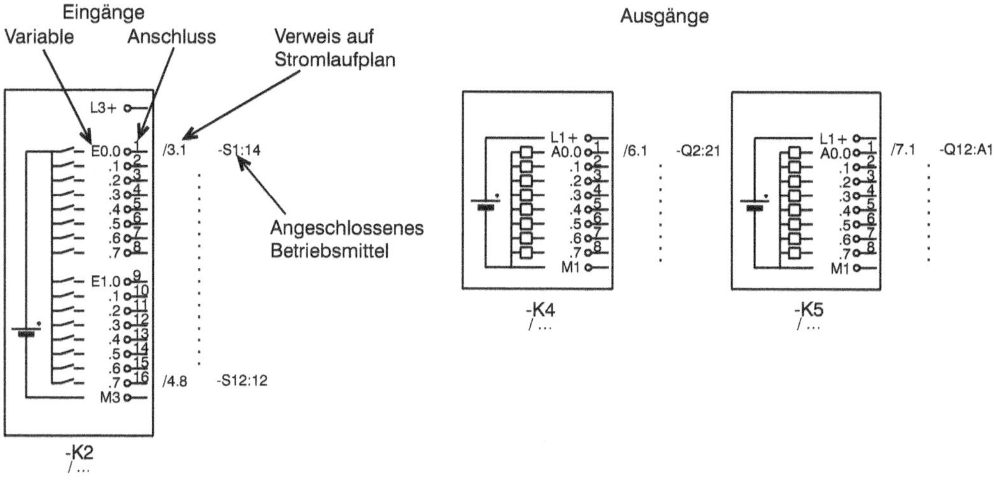

Bild 5.11 SPS-Übersicht

Diese Übersicht ist eine wertvolle Hilfe sowohl für den Hardwareentwurf als auch für die Programmierung der Baugruppen. Elektro-CAD-Systeme unterstützen die Anfertigung dieser Zeichnungen durch Bereitstellung von Makros und Ausfüllen der Textplatzhalter mittels SPS-Querverweise.

5.3 Verbindungsschaltplan

> Der Verbindungsschaltplan zeigt die physikalischen Verbindungen zwischen den Teilen (Komponenten) einer elektrischen Anlage [DIN EN 61082-1]. Er dient dem Fertigen und Errichten elektrischer Anlagen, die Funktion der Schaltung ist meist nicht erkennbar.

Je nach der im Mittelpunkt des Planes stehenden Komponente kann zwischen den nicht genormten *Planarten*

- Geräteverdrahtungsplan (Verbindungen innerhalb eines Gerätes),
- Verbindungsplan (Verbindungen zwischen Geräten),
- Anschlussplan (Verbindungen an Anschlüssen) und
- Kabelplan (Leiternutzung eines Kabels)

unterschieden werden. Bild 5.12 gibt einen Überblick über die Arten der Verbindungsschaltpläne. Da diese Begriffe nicht genormt sind, ist deren Verwendung nicht einheitlich und es existieren weitere Begriffe, wie z. B. Bauschaltplan.

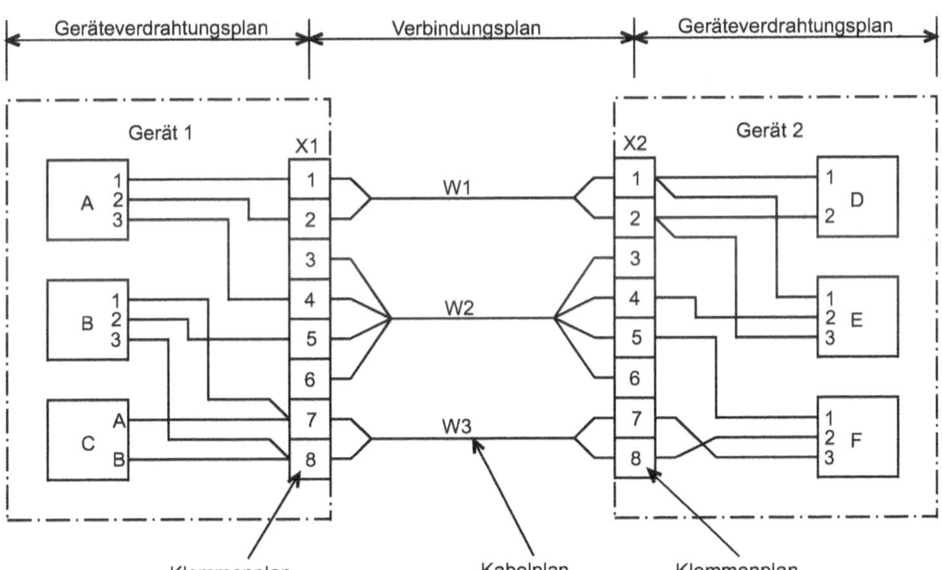

Bild 5.12 Verbindungsschaltpläne

Einzelheiten zur Ausführung von Verbindungsschaltplänen können DIN EN 61082-1 entnommen werden. Für alle Arten dieser Pläne gelten folgende Eigenschaften:

- Betriebsmittel werden durch einfache Konturen, vereinfachte Grafiken oder Schaltzeichen dargestellt. Die Anschlüsse müssen eindeutig erkennbar sein.

- Die Betriebsmittel, deren Anschlüsse und die Verbindungen müssen eindeutig bezeichnet sein. Vorzugsweise sollten dafür Aspekte der Referenzkennzeichnung benutzt werden.
- Technische Daten, Typenbezeichnungen, Signalkennzeichnungen oder Montagehinweise können bei Bedarf ergänzt werden.

Der Inhalt der Verbindungschaltpläne kann auch in *Tabellenform* angegeben werden. Dies ist besonders für die rechentechnische Generierung von Montageunterlagen vorteilhaft, da diese Tabellen ohne arbeitsaufwändige Interaktion automatisch vom CAD-System erzeugt werden können.

5.3.1 Geräteverdrahtungsplan und Verbindungsplan

Beide Pläne sind in ihrer Gestaltung sehr ähnlich, weshalb sie gemeinsam vorgestellt werden. Der Unterschied zwischen ihnen ergibt sich aus der Anwendung.

- Der *Geräteverdrahtungsplan* enthält alle internen Verbindungen einer Baueinheit.
- Der *Verbindungsplan* enthält alle Verbindungen zwischen den Baueinheiten.

Bild 5.13 zeigt den Geräteverdrahtungsplan für ein Bedienpult.

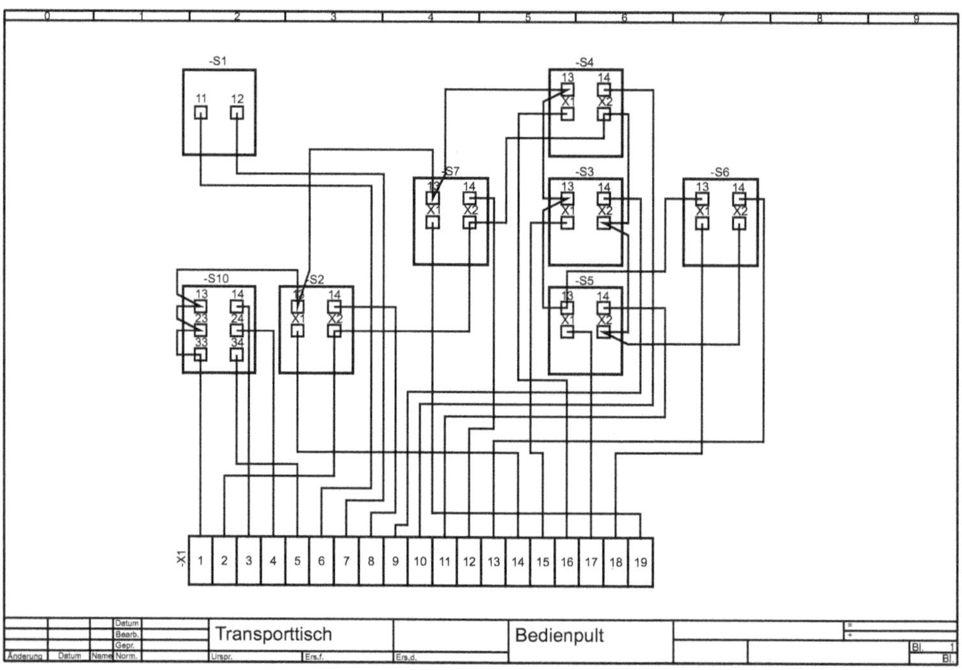

Bild 5.13 Geräteverdrahtungsplan

Es ist sicher leicht erkennbar, dass diese Darstellung sehr unübersichtlich ist und wahrscheinlich bei der Verdrahtung zu Fehlern führt. Eine tabellarische Angabe der Verbindungen wäre viel übersichtlicher.

In Bild 5.14 ist der Verbindungsplan für eine einfache Transporteinrichtung zu sehen.

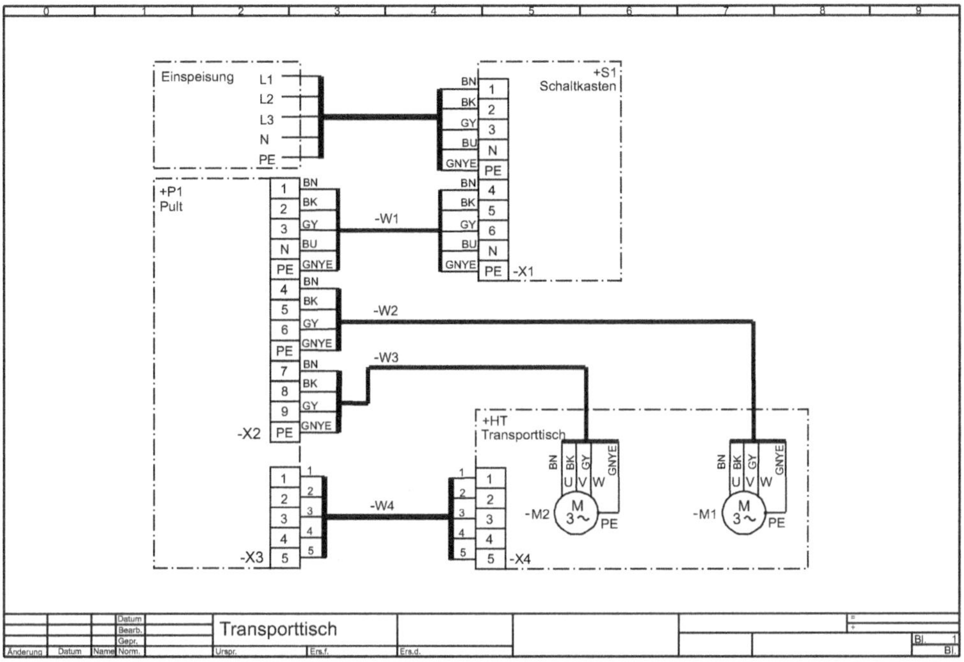

Bild 5.14 Verbindungsplan

Unter einer *Baueinheit* kann eine Anlage, ein Anlagenteil, ein Gerät oder eine Steckbaugruppe verstanden werden. Damit ist die Abgrenzung zwischen Geräteverdrahtungsplan und Verbindungsplan schwer möglich und oft auch nicht erforderlich. Selbst die Kombination in einer Zeichnung, die dann sowohl die internen Verbindungen als auch die externen Verbindungen zeigt, ist für einfache Anordnungen möglich.

Für die Anfertigung beider Planarten gelten die folgenden Regeln:

- Die Darstellung der Komponenten (Anlagenteile, Geräte, Betriebsmittel) erfolgt ungefähr lagerichtig, wobei die Blickrichtung so gewählt wird, dass Anschlüsse und Verdrahtung gut erkennbar sind.
- Zur Darstellung der Komponenten werden einfache geometrische Formen, häufig Rechtecke, benutzt. Mechanische Einzelheiten werden nur angegeben, wenn dies für das Verständnis des Planes notwendig ist.
- Die Verbindung zwischen den Komponenten wird mit Einzellinien oder Liniengruppen ausgeführt, wobei der Verlauf der Linien in einfacher logischer Weise gewählt wird. Diese können durchgehend oder unterbrochen dargestellt werden.
- Komponenten, Anschlüsse und Verbindungen müssen eindeutig gekennzeichnet sein.

Die Verbindungen in Bild 5.13 und Bild 5.14 können auch in Form einer Tabelle oder Liste als *Geräteverdrahtungsliste* (Tabelle 5.1) bzw. als *Verbindungsliste* (Tabelle 5.2) angegeben werden. Jede Zeile der Liste enthält eine Verbindung mit zusätzlichen Informationen zu Ader, Leitungsart und Referenzkennzeichen. Weitere Daten können bei Bedarf ergänzt werden.

Diese Darstellungsform ist oft für die Montage übersichtlicher und lässt sich leichter rechentechnisch erzeugen.

Tabelle 5.1 Geräteverdrahtungsliste (Auszug aus Bild 5.13)

Nummer	Ziel 1	Ziel 2	Referenz	Querschnitt	Farbe
1	-X1:1	-S10:33		0,5 mm²	BU
2	-X1:2	-S2:X2		0,5 mm²	BU
3	-X1:3	-S10:14		0,5 mm²	BU
4	-X1:4	-S10:24		0,5 mm²	BU
5	-X1:5	-S10:34		0,5 mm²	BU
6	-X1:6	-S1:11			
7	-X1:7				

Verantw. Abt.	Techn. Referenz	Dokumentenart	Dokumentenstatus
	Erstellt durch:	Titel	
	Genehmigt von:	Bedienpult	Änd. Ausgabedatum Spr. Blatt

Der Aufbau der beiden Listen ist prinzipiell gleich und kann an die jeweiligen Anforderungen des Montagevorganges angepasst werden.

Tabelle 5.2 Verbindungsliste (Auszug aus Bild 5.14)

Nummer	Ziel 1	Ziel 2	Referenz	Querschnitt	Farbe
1	+P1-X2:1	+S1-X1:4	-W1	2,5 mm²	BN
2	+P1-X2:2	+S1-X1:5	-W1	2,5 mm²	BK
3	+P1-X2:3	+S1-X1:6	-W1	2,5 mm²	GY
4	+P1-X2:N	+S1-X1:N	-W1	2,5 mm²	BU
5	+P1-X2:PE	+S1-X1:PE	-W1	2,5 mm²	GNY
6	+P1-X2:4	+HT-M1:U	-W2		
7	+P1-X2				

Verantw. Abt.	Techn. Referenz	Dokumentenart	Dokumentenstatus
	Erstellt durch:	Titel	
	Genehmigt von:	Transporttisch	Änd. Ausgabedatum Spr. Blatt

Werden die Verbindungen in einer Tabellen- oder Listenform angegeben, fehlen jedoch die grafischen Informationen über die Lage der Anlagenkomponenten. Deshalb sollten sie durch den Anordnungsplan (siehe 5.4) ergänzt werden.

5.3.2 Anschlussplan und Klemmenplan

Im Mittelpunkt des *Anschlussplanes* stehen die Anschlüsse einer Anlagenkomponente und ihre externen Ziele und Verbindungen (zu einem anderen Anlagenteil). Die Anschlüsse eines Anlagenteiles werden häufig durch eine Klemmenleiste ausgeführt, weshalb der Klemmenplan in der Praxis gebräuchlicher ist. Der Klemmenplan enthält zusätzlich zu den externen Verbindungen auch die internen Verbindungen.

Für den Klemmenplan wird ebenfalls die *Tabellenform* bevorzugt, wobei jedoch im Sprachgebrauch der Praxis weiterhin der Begriff „Plan“ benutzt wird.

In Bild 5.15 sind die gleichen Informationen jeweils als Tabelle und als Plan dargestellt.

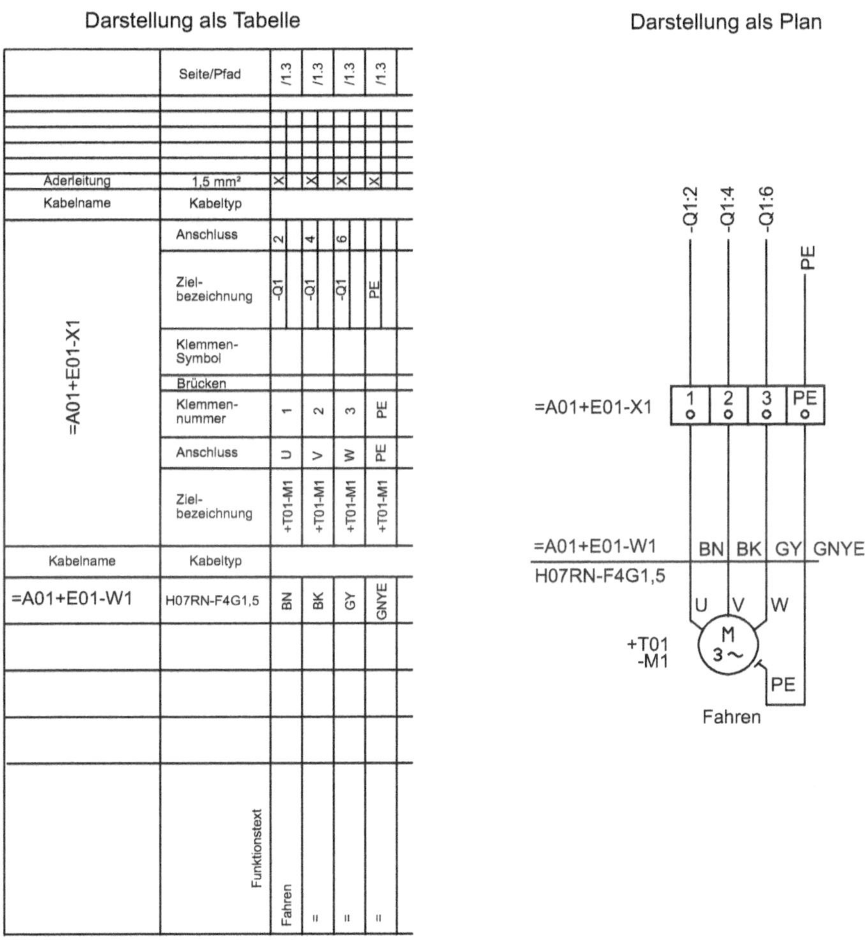

Bild 5.15 Vergleich zwischen Tabelle und Plan

Ein CAD-System ist in der Lage, aus den Informationen des Stromlaufplanes, den Klemmenplan automatisch zu generieren. Zusätzliche Voraussetzung hierfür ist die korrekte Angabe der externen Richtung an allen Klemmen.

Bild 5.16 zeigt, wie aus den Informationen des Stromlaufplanes der Klemmenplaninhalt gewonnen wird.

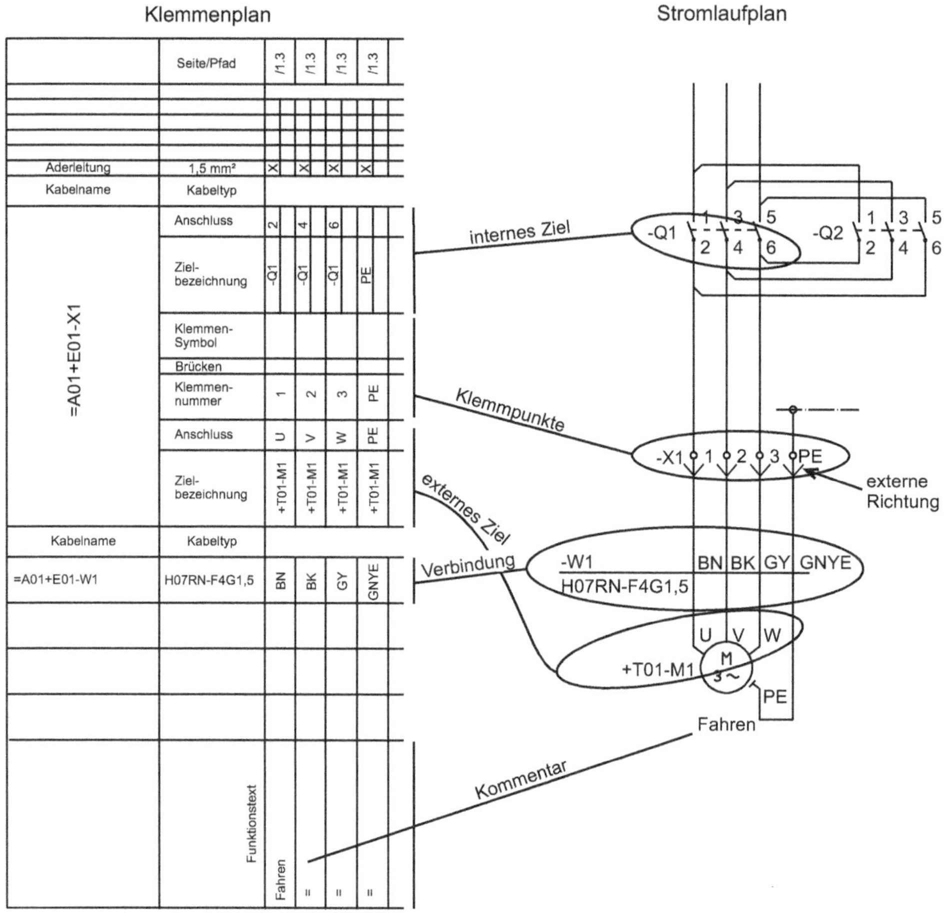

Bild 5.16 Zusammenhang zwischen Stromlaufplan und Klemmenplan

Die Gestaltung im Detail, die Anordnung von externer Seite und interner Seite sowie der Umfang der Angaben zu den Verbindungen können den Erfordernissen der Anlagenmontage angepasst werden. Häufig existieren firmenintern genormte Formulare für den Klemmenplan.

5.3.3 Kabelplan

Inhalt des Kabelplanes sind alle Informationen, die für das Verlegen einer Leitung bzw. eines Kabels zwischen zwei Anlagenkomponenten nötig sind. Bei Bedarf können Verlegehinweise ergänzt werden. Auch hier wird überwiegend die Listenform angewendet und im Sprachgebrauch dennoch der Begriff „Plan" benutzt.

Bild 5.17 zeigt den Kabelplan für die gleiche Motorleitung -W1, die bereits in Bild 5.15 enthalten war.

<table>
<tr><td colspan="4">Kabelname
-W1</td><td colspan="5">Kabeltyp
H07RN-F</td></tr>
<tr><td colspan="4">Bemerkung</td><td colspan="2">Aderzahl
4/PE</td><td colspan="2">Querschnitt
1,5 mm²</td><td>Kabellänge</td></tr>
<tr><td>Funktionstext</td><td>Seite/ Pfad</td><td>Zielbezeichnung von</td><td>Anschluss</td><td>Ader</td><td>Zielbezeichnung nach</td><td>Anschluss</td><td>Seite/ Pfad</td><td>Funktionstext</td></tr>
<tr><td>Fahren</td><td>+E01/1.3</td><td>+E01-X1</td><td>1</td><td>BN</td><td>+T01-M1</td><td>U</td><td>+E01/1.3</td><td>Fahren</td></tr>
<tr><td>Fahren</td><td>+E01/1.3</td><td>+E01-X1</td><td>2</td><td>BK</td><td>+T01-M1</td><td>V</td><td>+E01/1.3</td><td>Fahren</td></tr>
<tr><td>Fahren</td><td>+E01/1.3</td><td>+E01-X1</td><td>3</td><td>GY</td><td>+T01-M1</td><td>W</td><td>+E01/1.3</td><td>Fahren</td></tr>
<tr><td>Fahren</td><td>+E01/1.3</td><td>+E01-X1</td><td>PE</td><td>GNYE</td><td>+T01-M1</td><td>PE</td><td>+E01/1.3</td><td>Fahren</td></tr>
<tr><td></td><td></td><td></td><td></td><td></td><td></td><td></td><td></td><td></td></tr>
</table>

Bild 5.17 Kabelplan

Inhalt und Gestaltung des Kabelplanes orientieren sich an firmeninternen Anforderungen, die in spezielle Formulare eingearbeitet sind.

5.4 Anordnungsplan

> Der Anordnungsplan ist eine Zeichnung, in der Positionen von Objekten (z. B. Betriebsmitteln) bereitgestellt sind [DIN EN 61082-1]. Er ist eine Unterlage für die Errichtung und Wartung einer Anlage und ergänzt den Verbindungsschaltplan mit grafischen Informationen.

Nach dieser Unterlage werden die Komponenten oder Betriebsmittel, z. B. Bedienelemente auf einem Schaltkasten (Bild 5.18), montiert.

Spezielle Formen des Anordnungsplanes sind zum Beispiel:

- Schaltschranklayout,
- Montageplattenbestückung,
- Kabelwegezeichnung,
- Installationsschaltplan (Elektroinstallation, eingetragen im Gebäudegrundriss),
- Bestückungsplan der Leiterplattentechnik (Bild 5.19).

In DIN EN 61082-1 werden Hinweise für die Gestaltung der unterschiedlichen Formen gegeben und durch Beispiele ergänzt.

Die Darstellung der Komponenten erfolgt mittels Schaltzeichen oder vereinfacht, oft nur mit deren Umrissen, in lagerichtiger Anordnung. Nichtelektrische Elemente sollten nur dargestellt werden, wenn dies unbedingt notwendig ist. Die Maßstäblichkeit ist nicht unbedingt erforderlich. Maße können bei Bedarf ergänzt werden.

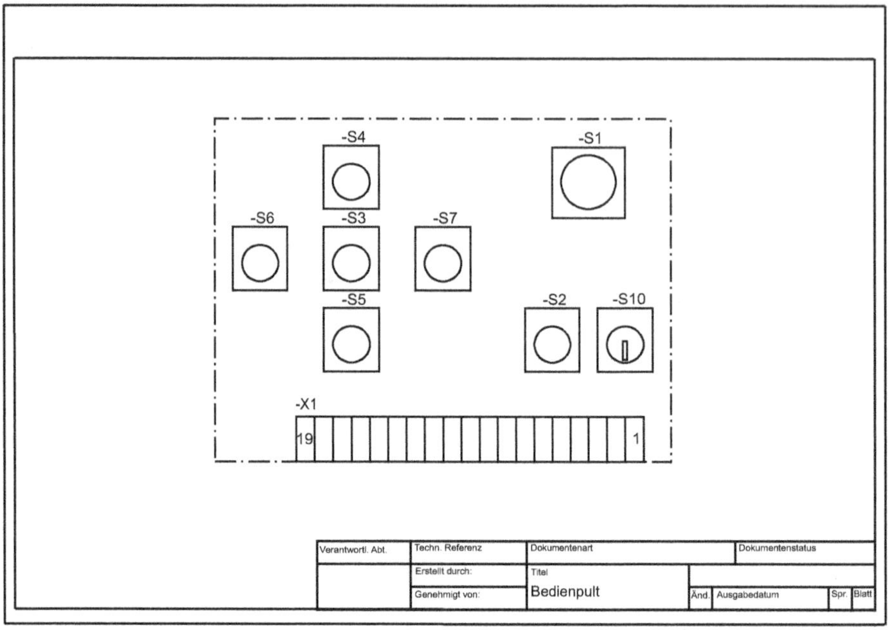

Bild 5.18 Anordnungsplan

Auch für die Bestückung von Bauelementen auf einer Leiterplatte muss die Anordnung der Bauelemente festgelegt werden. Die hier entstehende Unterlage wird *Bestückungsplan* genannt.

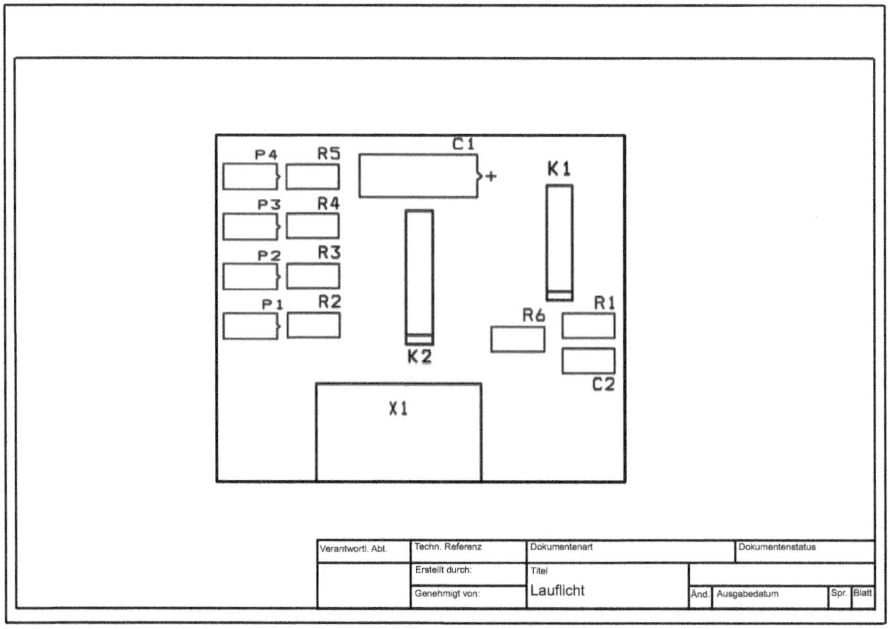

Bild 5.19 Bestückungsplan

5.5 Elektropneumatik

Die *Fluidtechnik* nutzt unter Druck stehende Gase (Pneumatik) oder Flüssigkeiten (Hydraulik) zur Energieübertragung. Bei technischen Anwendungen werden in der Pneumatik meist Druckluft und in der Hydraulik meist Hydrauliköl benutzt.

Die *Pneumatik*, die Nutzung von Druckluft zur Energieübertragung, hat gegenüber anderen Möglichkeiten der Energieübertragung zahlreiche Vorteile:

- Die Arbeitselemente haben einen einfachen, robusten und preiswerten Aufbau.
- Geschwindigkeiten und Kräfte sind stufenlos stellbar.
- Es ist keine Rückleitung notwendig.
- Es besteht keine Explosions- oder Brandgefahr.
- Leckstellen sind unproblematisch.
- Die Arbeitselemente können gefahrlos bis zum Stillstand belastet werden.

Diesen Vorteilen stehen einige Nachteile gegenüber:

- Bei üblichem Betriebsdruck (6 bar) ist die Druckluft nur für geringen Kraftaufwand wirtschaftlich.
- Die Abluft ist laut, was durch Schalldämpfer gemindert werden kann.
- Die Drucklufterzeugung ist teuer, da das Reinigen, Entfeuchten und Ölen der Luft aufwändig ist.

Wegen der guten Anwendbarkeit und ihrer Vorteile wird die Pneumatik in zahlreichen industriellen Anwendungen (z. B. für Montageprozesse) genutzt. Zum Arbeitsumfeld des Elektrokonstrukteurs gehört damit auch der Entwurf von Steuerungen für pneumatisch betriebene Anlagen.

Die *Elektropneumatik* befindet sich an der Schnittstelle zwischen Elektrotechnik und Pneumatik (Mechatronik). Sie umfasst die Steuerung der pneumatischen Anlage, die Beeinflussung des Luftstromes mittels elektropneumatischer Ventile und die Erfassung von Anlagenzuständen durch die mit der Pneumatik verbundenen Sensoren. Die Pläne der Elektropneumatik beinhalten sowohl elektrotechnische als auch pneumatische Komponenten.

5.5.1 Bauelemente

Eine pneumatische Anlage besteht prinzipiell aus den Teilen

- Druckluftbereitstellung und -verteilung,
- Steuerung des Luftstromes und
- Druckluftanwendung mit Arbeitselementen.

Aus dem Bereich der Elektropneumatik und dessen Umfeld werden einige der wichtigsten Bauelemente vorgestellt und die grafischen Symbole nach DIN ISO 1219-1 angegeben.

Druckluftbereitstellung und -verteilung

Zur Drucklufterzeugung werden Kompressoren eingesetzt. Mit einem Rohr- oder Leitungssystem wird die Luft zu ihrem Anwendungsort gebracht und dort mit einer Wartungseinheit aufbereitet. Diese Aufbereitung beinhaltet die Druckbegrenzung, das Reinigen und Entfeuchten sowie bei Bedarf die Beigabe einer geringen Ölmenge.

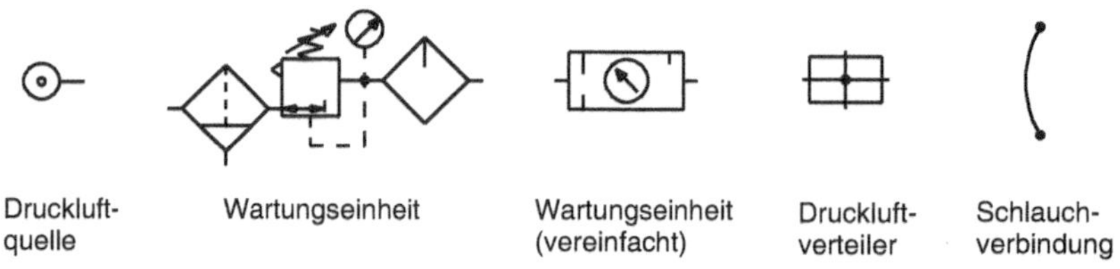

Bild 5.20 Symbole für Druckluftbereitstellung und -verteilung

Steuerung des Luftstromes

In der Elektropneumatik sind elektromagnetisch betätigte Wegeventile (Magnetventile) von besonderer Bedeutung. Die symbolische *Darstellung der Wegeventile* beruht auf folgenden Regeln:

- Es werden mehrere Quadrate gezeichnet, wobei jedes Quadrat eine Schaltstellung darstellt. Die Funktion der Schaltstellung ist im Inneren des Quadrates angegeben.
- Eine Linie zeigt den Durchgang, ein Pfeil gibt die Richtung an und ein Querstrich zeigt die Absperrung.
- Die Anschlüsse werden am Quadrat der Ruhestellung gezeichnet.
- An beiden Seiten der Anordnung werden die Betätigungen platziert.

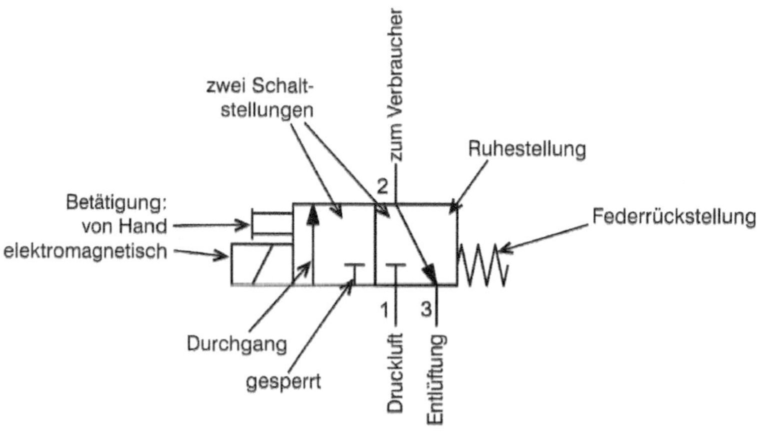

Bild 5.21 Federrückgestelltes 3/2-Wegeventil

Das Wegeventil in Bild 5.21 ist in Ruhestellung gesperrt, der Verbraucher wird entlüftet.

Anschlüsse an den pneumatischen Elementen müssen wie auf den Betriebsmitteln bezeichnet werden. Hierzu werden Zahlen oder Buchstaben benutzt:

- Energieanschluss mit 1 oder P
- Arbeitsleitungen geradzahlig (2, 4, …) oder mit A, B, ...
- Entlüftung ungeradzahlig außer 1 (also 3, 5, 7, ...) der mit R, S, T, …

Zur *Bezeichnung* der Ventile werden zwei durch Schrägstrich getrennte Zahlen benutzt:

- Die erste Zahl gibt die Anzahl der (gesteuerten) Anschlüsse an.
- Die zweite Zahl benennt die Anzahl der Schaltstellungen.

Zusätzlich wird in den Namen die Betätigungsart des Ventils aufgenommen. Bild 5.22 zeigt einige Beispiele.

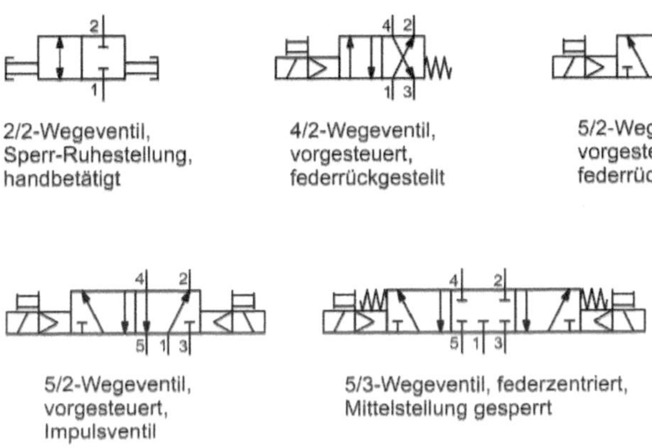

Bild 5.22 Symbole für Wegeventile

Arbeitselemente

Die Arbeitselemente der Pneumatik (Bild 5.23) formen die Druckluft in eine geradlinige Bewegung (Zylinder), in eine Schwenkbewegung (Schwenkantrieb) oder in eine rotierende Bewegung (Pneumatikmotor) um.

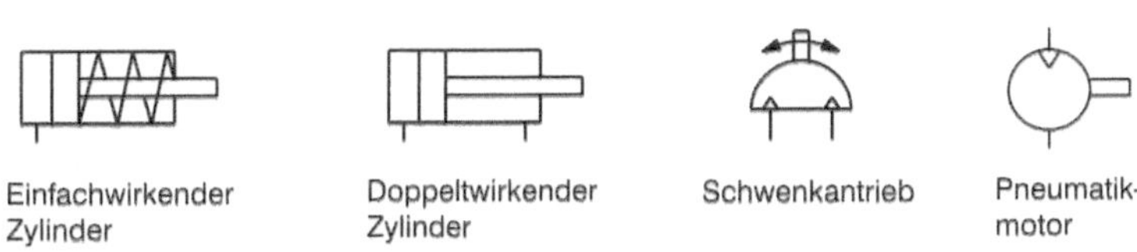

Bild 5.23 Symbole für Arbeitselemente

Einfachwirkende Zylinder werden nur von einer Seite mit Druckluft beaufschlagt und können deshalb nur in eine Richtung Arbeit verrichten. Der *doppeltwirkende Zylinder* kann dagegen in zwei Richtungen arbeiten.

Zusatzelemente

Für den Aufbau einer pneumatischen Anlage sind außer den bereits gezeigten Symbolen weitere Elemente (Bild 5.24) notwendig.

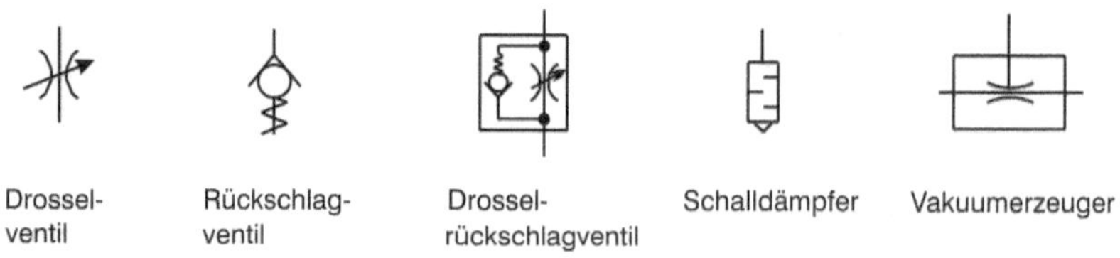

Bild 5.24 Symbole zusätzlicher Elemente

5.5.2 Grundschaltungen

Der Zusammenhang zwischen Art des Arbeitselementes, Ventilart und Ansteuerschaltung soll an Beispielen gezeigt werden. Der Pneumatikplan und der Ausschnitt aus dem Stromlaufplan werden jeweils in den Zusammenhang gebracht.

Die Betätigungsspulen an den Wegeventilen werden hier als separate Betriebsmittel (Elektromagnet) betrachtet und nach DIN EN IEC 81346-2 mit dem Kennbuchstaben M bezeichnet. Wird dagegen das Magnetventil als Komplettgerät betrachtet müsste es den Kennbuchstabe Q erhalten.

Es gilt prinzipiell:

- Für einfachwirkende Zylinder werden 3/2-Wegeventile eingesetzt.
- Doppeltwirkende Zylinder erfordern 4/2- oder 5/2-Wegeventile.

Ansteuern eines einfachwirkenden Zylinders

Der Kolben des einfachwirkenden Zylinders fährt aus, wenn der Taster betätigt wird. Beim Loslassen des Tasters fährt der Zylinder in die hintere Endlage zurück.

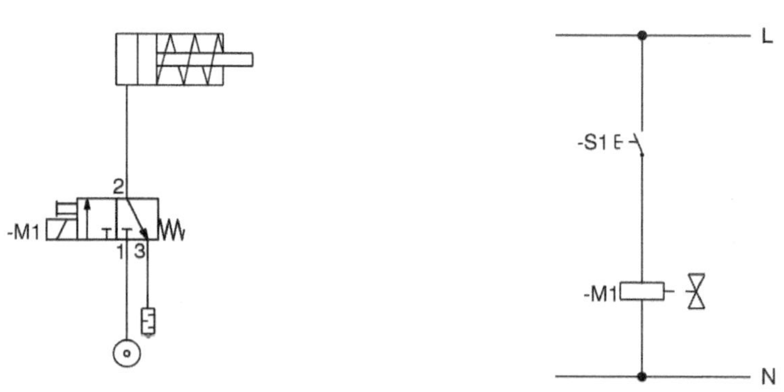

Bild 5.25 Einfachwirkender Zylinder und 3/2-Wegeventil

Zur Ansteuerung des einfachwirkenden Zylinders wird ein 3/2-Wegeventil benötigt.

Ansteuerung eines doppeltwirkenden Zylinders

Wie im vorhergehenden Beispiel fährt der Zylinder bei Betätigung des Tasters aus und beim Loslassen wieder ein, jedoch wird ein doppeltwirkender Zylinder eingesetzt.

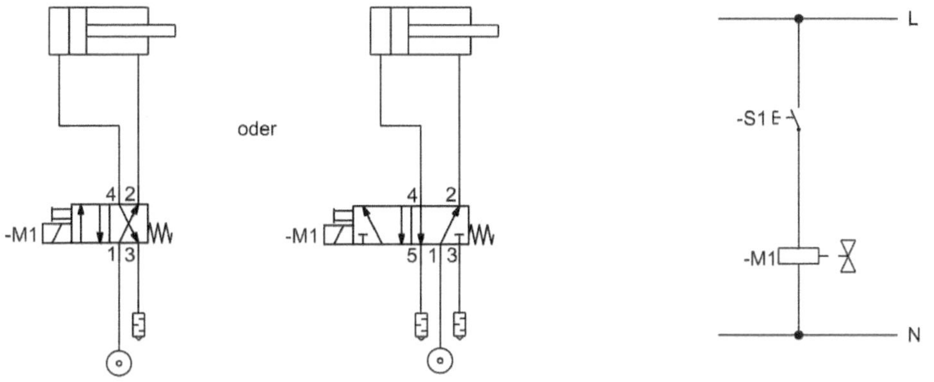

Bild 5.26 Doppeltwirkender Zylinder und 4/2- bzw. 5/2-Wegeventil

Ein doppeltwirkender Zylinder wird mit einem 4/2- oder 5/2-Wegeventil angesteuert.

In den bisherigen Beispielen ist der Zylinder nach dem Loslassen des Tasters wieder eingefahren. Wenn dieses Verhalten nicht gewünscht wird, ist eine Selbsthalteschaltung oder ein Impulsventil notwendig.

Federrückgestelltes Ventil

Der Kolben des Zylinder fährt beim Drücken von -S1 aus und bleibt in der vorderen Endlage bis -S2 betätigt wird.

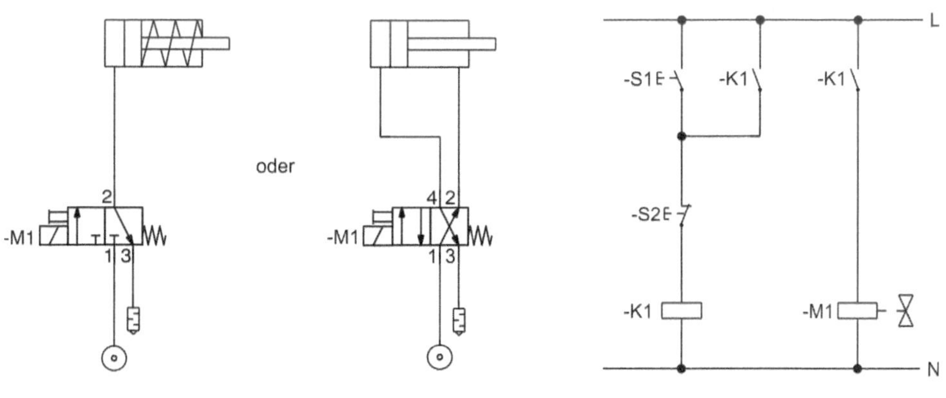

Bild 5.27 Federrückgestelltes Ventil und Selbsthalteschaltung

Nachteil dieser Variante ist, dass bei längerem Halt im ausgefahrenen Zustand die Ventilspule die gesamte Zeit unter Spannung steht.

Impulsventil

Wie im vorherigen Beispiel soll der Zylinder beim Betätigen von -S1 ausfahren und beim Drücken von -S2 einfahren. Jedoch wird jetzt ein Impulsventil eingesetzt, welches bis zum erneuten Umsteuern in der jeweiligen Endlage bleibt.

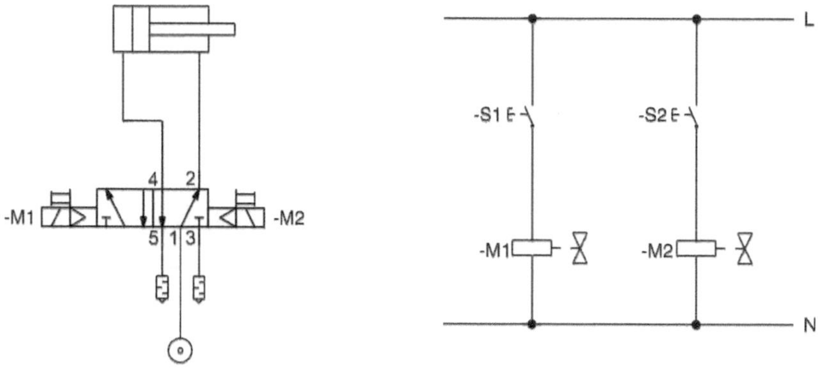

Bild 5.28 Anwendung des Impulsventils

5.5.3 Pläne der Elektropneumatik

Am Beispiel einer kleinen Ablaufsteuerung mit zwei Zylindern soll die Anwendung der bisher gezeigten Grundschaltungen gezeigt werden.

Eine *Ablaufsteuerung* folgt einem zwangsläufig schrittweisen Ablauf, bei dem der nächste Schritt aus dem Anlagenzustand des vorhergehenden Schrittes folgt. Die Schritte der Steuerung entsprechen damit den prozessbedingt aufeinander folgenden Zuständen der Anlage. Der Stromlaufplan wird in den gleichen Schritten erstellt.

Beispiel

Teile aus einem Stapelbehälter werden nach dem Start des Vorganges von dem Zylinder A ausgeschoben und in der vorderen Endlage gehalten. Der Zylinder B schwenkt nach vorn und übernimmt das Teil. Danach fährt erst Zylinder A und nachfolgend Zylinder B zurück. Damit ist die Anlage wieder in der Grundstellung und der nächste Ablauf kann gestartet werden. Das Halten der Teile am Schwenkarm ist nicht Bestandteil des Beispieles.

- Der Ablauf wird mit dem Drucktaster -S1 gestartet.
- Es werden doppeltwirkende Zylinder und federrückgestellte 4/2-Wegeventile benutzt.
- Die Endlagenerkennung an Zylinder A wird mit den Positionsschaltern -B3 und -B4 ausgeführt.
- Die Endlagen des Zylinders B werden von den Initiatoren -B1 und -B2 erkannt.

Bild 5.29 zeigt den mechanischen Aufbau unter Verwendung von Teilen aus [FESTO92] sowie den vereinfachten Pneumatikplan für das Beispiel.

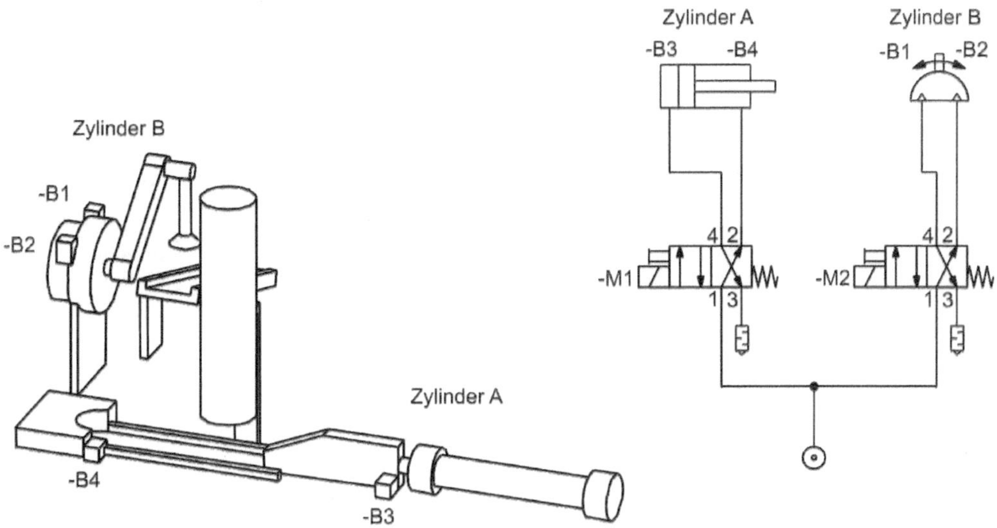

Bild 5.29 Beispiel für Ablaufsteuerung

Stromlaufplan

Für die schaltungstechnische Gestaltung des Stromlaufplanes werden die Schritte des gewünschten Ablaufes zugrunde gelegt.

Ausgangspunkt ist die Grundstellung beider Zylinder.

1. Nach Drücken von -S1 soll Zylinder A ausfahren:
   -S1 drücken → -K1 zieht an (Selbsthaltung) → -M1 wird betätigt → Zylinder A fährt aus
2. Wenn der Zylinder A ausgefahren ist, soll Zylinder B nach vorn schwenken:
   Zylinder A betätigt -B4 → -K2 zieht an (Selbsthaltung) → -M2 wird betätigt → Zylinder B schwenkt nach vorn
3. Wenn Zylinder B vorn ist, kann Zylinder A zurückfahren:
   Zylinder B betätigt -B2 → -K3 öffnet → -K1 fällt ab → -M1 ist stromlos → Zylinder A fährt zurück
4. Wenn Zylinder A zurückgefahren ist, soll Zylinder B nach hinten schwenken:
   Zylinder A betätigt -B3 → -K2 fällt ab → -M2 ist stromlos → Zylinder B schwenkt nach hinten
5. Wenn Zylinder B in Grundstellung ist, kann ein neuer Vorgang gestartet werden:
   Zylinder B betätigt -B1 → -K4 zieht an → Start mit -S1 ist freigegeben.

Der Stromlaufplan in Bild 5.30 zeigt die Umsetzung der fünf Schritte.

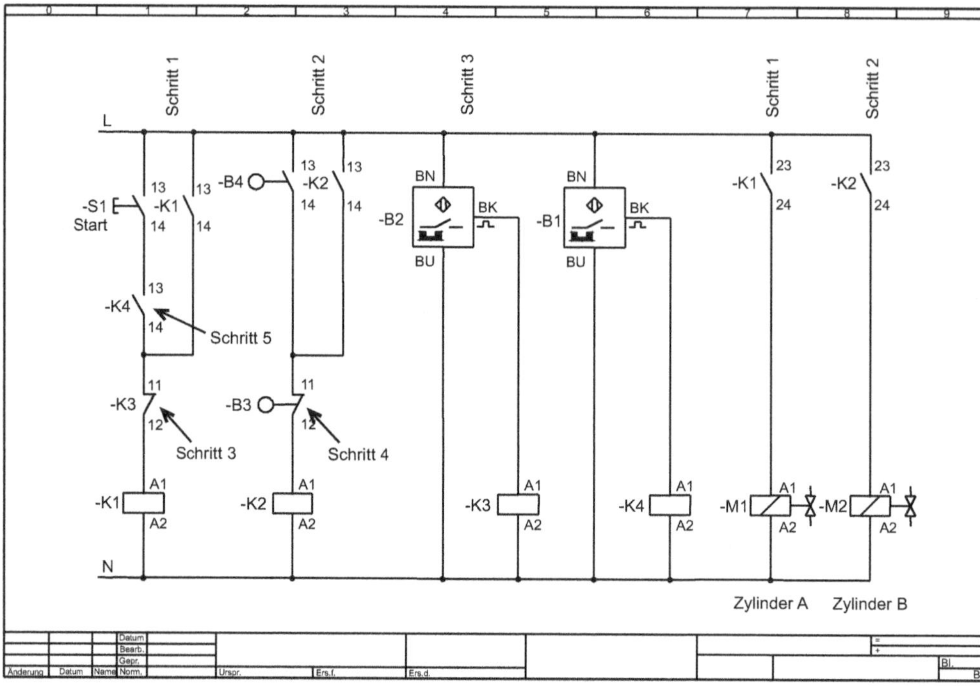

Bild 5.30 Stromlaufplan für Ablaufsteuerung

Pneumatikplan

Viele Aussagen, die bereits zum Stromlaufplan (Abschnitt 5.2) gemacht wurden, sind in gleicher Weise auch auf den fluidtechnischen Plan bzw. Pneumatikplan anwendbar. Dennoch müssen einige Abweichungen und Besonderheiten beachtet werden. Einzelheiten und Beispiele sind in DIN ISO 1219-2 enthalten.

Die *Bauelemente* werden in Signal- oder Energieflussrichtung von unten nach oben und von links nach rechts gezeichnet. Damit werden Energiequellen vorzugsweise unten links und Antriebe oben von links nach rechts angeordnet.

Der *Kennzeichnungsschlüssel* für Bauelemente wird umrandet eingetragen und enthält folgende Bestandteile:

Anlagen-Bezeichnung	-	Medien-Schlüssel	Schaltkreis-Nummer	·	Bauteil-Nummer

Nicht benötigte Bestandteile, wie zum Beispiel die Anlagen-Bezeichnung, können entfallen. Der Medien-Schlüssel wird durch einen Kennbuchstaben nach Tabelle 5.3 angegeben. Wird nur ein Medium verwendet, kann er weggelassen werden.

Die *Schaltplansystematik* für einen Pneumatikplan wird am Beispiel der Ablaufsteuerung gezeigt.

Tabelle 5.3 Kennbuchstaben für Medien

H	Hydraulik
P	Pneumatik
C	Kühlung
K	Kühlschmiermittel
L	Schmierung
G	Gastechnik

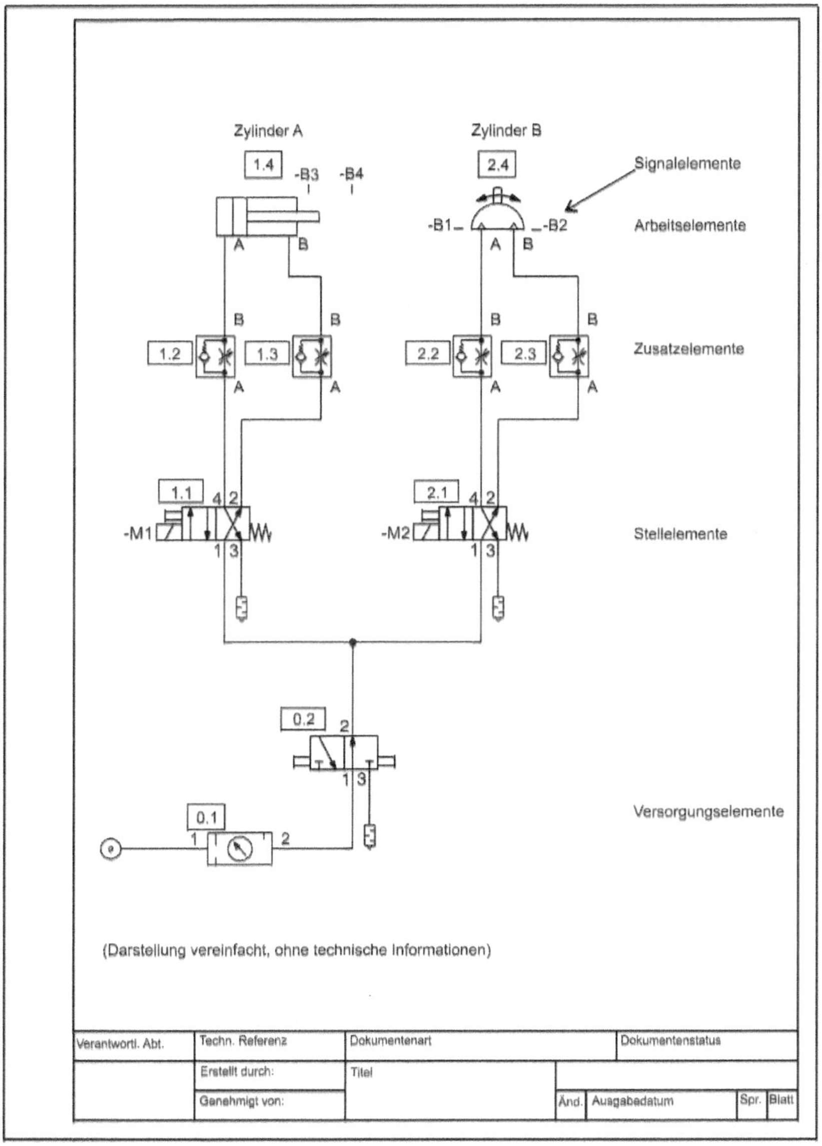

Bild 5.31 Pneumatikplan

5.6 Stückliste

> **!** Die Stückliste ist ein vollständiges und genormtes Verzeichnis für eine Baueinheit, das alle zugehörenden Einzelteile unter Angabe von Referenzkennzeichnung, Anzahl, Bezeichnung und weiteren organisatorischen und technischen Daten enthält [ISO 7573].

Stückliste als Bestellunterlage

Je Zeile der Liste sind in diesem Fall alle Einzelteile gleichen Typs mit Mengenangabe enthalten. Die Sortierung erfolgt nach organisatorischen Gesichtspunkten, z. B. nach dem Lieferanten.

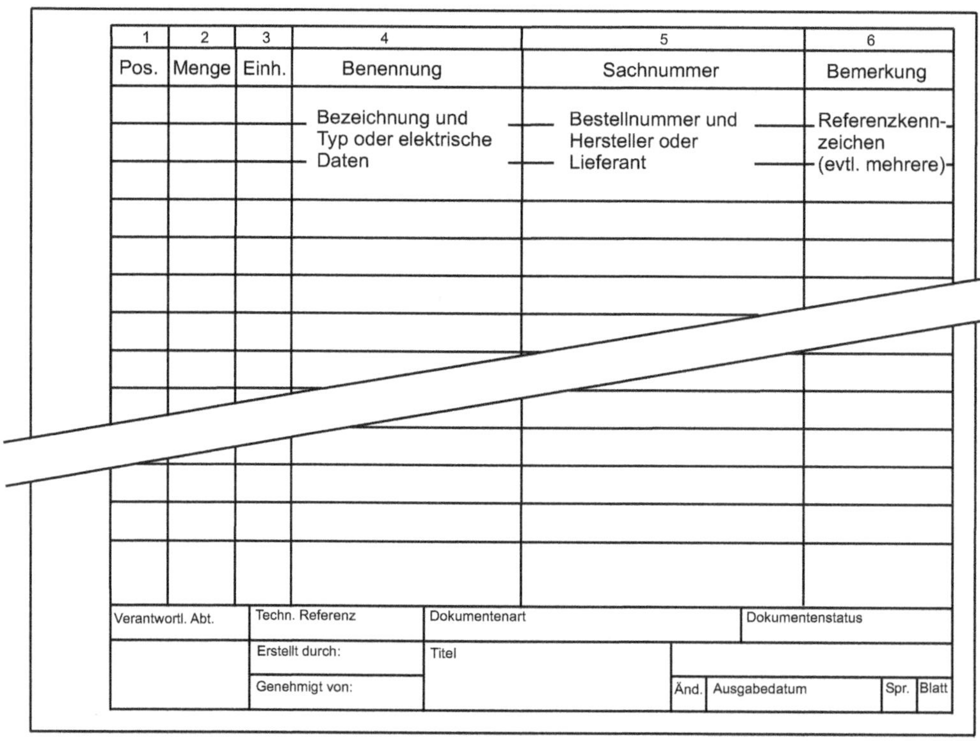

Bild 5.32 Stückliste als Bestellunterlage

Die Reihenfolge der Spalten kann auch anders gewählt werden. Nicht benötigte Spalten können entfallen oder durch andere Inhalte ersetzt werden. Damit lässt sich die Stückliste flexibel an unterschiedliche Anforderungen anpassen.

Wegen der Zusammenfassung aller Einzelteile gleichen Typs in einer Zeile müssen in Spalte 6 mehrere Referenzkennzeichnungen eingetragen werden. Das Sortieren der Stückliste nach dem Referenzkennzeichen ist deshalb nicht möglich, was die Suche nach einem bestimmten Teil in umfangreichen Listen erschwert.

Aus diesem Grund werden oft weitere oder andere Listen erzeugt, die eine solche Sortierung erlauben.

Stückliste als Ergänzung des Stromlaufplanes

Es wird je Zeile der Liste nur ein Bauteil mit seiner Referenzkennzeichnung genannt, eine Mengenangabe ist überflüssig. Die Sortierung nach der Referenzkennzeichnung ist damit möglich, weshalb die Bauteilliste besser als Ergänzung insbesondere zum Stromlaufplan geeignet ist.

Zusätzlich kann ein Verweis auf den Darstellungsort des Bauteils im Zeichnungssatz (Querverweis) angegeben werden. Bild 5.33 zeigt eine Möglichkeit für die Gestaltung.

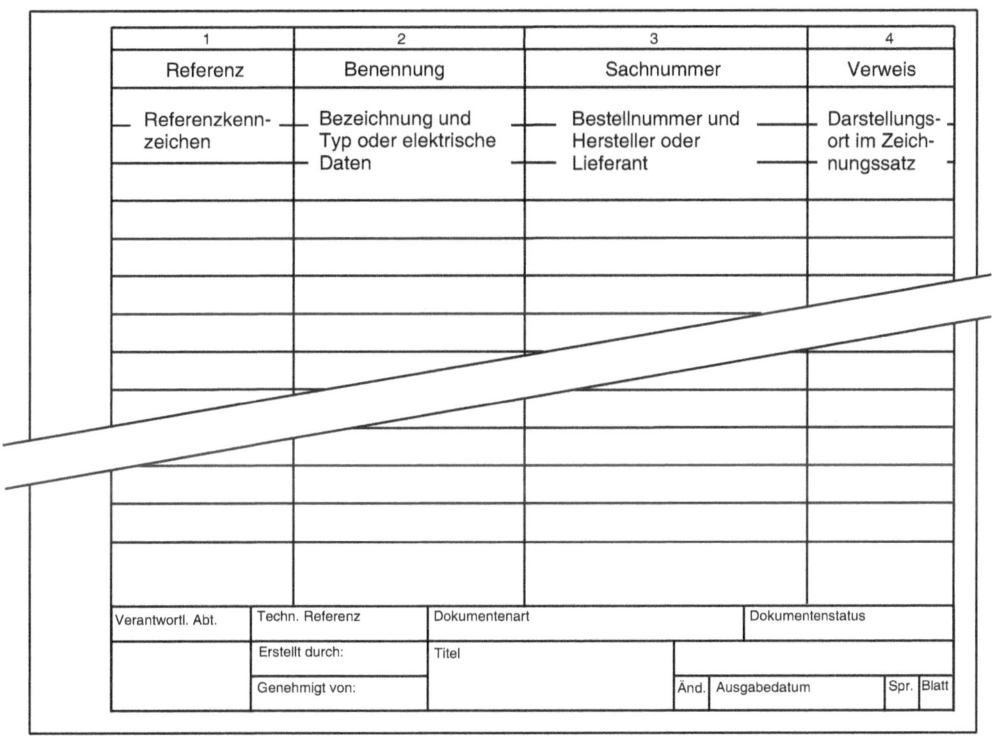

Bild 5.33 Stückliste als Ergänzung des Stromlaufplanes

Besondere Formen der Stückliste sind die *Klemmenliste* und die *Kabelliste*.

Die über viele Jahre genutzten Stücklistenvordrucke nach der inzwischen zurückgezogenen DIN 6771-2 widersprechen nicht der ISO 7573 und können als Bestellunterlage weiter genutzt werden.

Aufgabe 5.1

Erläutern Sie die Unterschiede zwischen Übersichtsschaltplan und Stromlaufplan. Wofür werden die beiden Pläne angewendet?

Aufgabe 5.2

Skizzieren Sie die Anordnung der Stromkreise bei Vorliegen der Stromversorgung durch ein Mehrleitersystem/durch ein Zweileitersystem/ von Schaltkreisen.

Aufgabe 5.3

Durch welche Maßnahmen wird in umfangreichen Schaltungsunterlagen der Zusammenhang zwischen den Komponenten eines verteilt dargestellten Betriebsmittels hergestellt?

Aufgabe 5.4

Nennen Sie Arten der Verbindungsschaltpläne. Was stellen diese Pläne jeweils dar?

Aufgabe 5.5

Füllen Sie, ausgehend von folgendem Ausschnitt aus einem Stromlaufplan, den Klemmenplan für -X6 und den Kabelplan für -W3 aus.

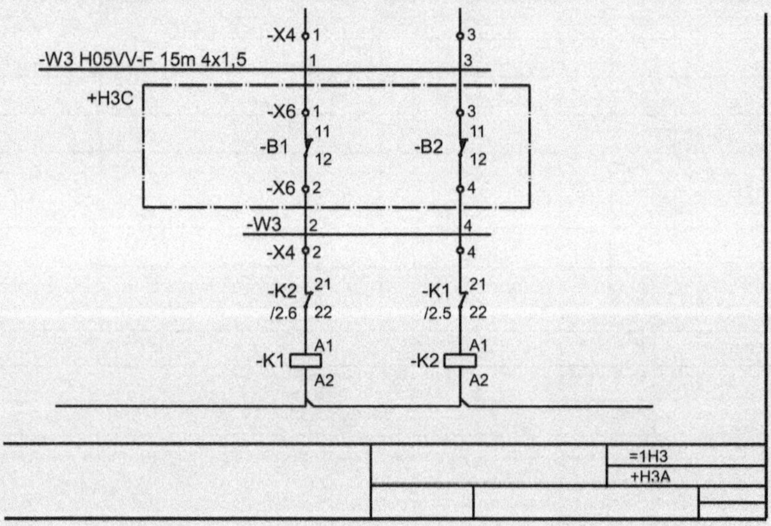

Bild 5.34 Aufgabe 5.5

Beachten Sie hierbei auch die Einträge im Schriftfeld.

Tabelle 5.4 Klemmenplan zu Aufgabe 5.5

Klemmenplan					
Leitung:	externe Seite		Klemmenleiste:	interne Seite	
Ader	Betriebsmittel	Anschluss	Klemme	Betriebsmittel	Anschluss

Tabelle 5.5 Kabelplan zu Aufgabe 5.5

Kabelplan				
Kabel/Leitung:		Typ:		Adern:
von			nach	
Betriebsmittel	Anschluss	Ader	Betriebsmittel	Anschluss

Aufgabe 5.6

Warum wird für Verdrahtungspläne die Tabellenform bevorzugt?

Aufgabe 5.7

Wozu wird ein Anordnungsplan benötigt? Was ist sein Inhalt?

Aufgabe 5.8

Welchen Unterschied gibt es zwischen einfachwirkenden und doppeltwirkenden Arbeitszylindern der Pneumatik hinsichtlich Anwendbarkeit und Ansteuerung (Ventilart)?

Aufgabe 5.9

Skizzieren Sie ein vorgesteuertes Magnetventil für die Ansteuerung eines doppeltwirkenden Pneumatikzylinders. ■

6 Rechnerunterstützte Konstruktion und EPLAN

Zunächst sollen Umfeld und Inhalt der rechnerunterstützten Konstruktion in der Elektrotechnik sowie die Einordnung in ein Gesamtkonzept beleuchtet werden. Die Erläuterung von Elektro-CAD-Systemen erfolgt zunächst produktneutral, wobei die Beispiele jedoch bereits aus EPLAN bezogen wurden. Die spezifischen Eigenschaften dieses Systems der Firma EPLAN sind ebenfalls Inhalt des Kapitels.

6.1 Smart Engineering

Viele Schlagworte (Industrie 4.0, Internet der Dinge, Smart Factory, ...) prägen das Umfeld eines Entwicklungsprozesses, der vor 30 Jahren unter der Überschrift "Computer Integrated Manufacturing" begann und nicht nur die Digitalisierung, sondern auch die ganzheitliche Betrachtung betrieblicher Abläufe zum Inhalt hatte. Zwischenzeitlich ist die Technik leistungsfähiger geworden und es haben sich neue Technologien, insbesondere das Internet, durchgesetzt. Dies macht die damalige Vision nun umsetzbar. Die Grundidee des integrierten Einsatzes der Informationstechnik in allen Unternehmensbereichen ist aber geblieben.

6.1.1 Konzept

> **!** Unter Smart Engineering werden informationstechnische Methoden und Werkzeuge verstanden, die integriert und miteinander vernetzt in allen Betriebsbereichen eines Unternehmens eingesetzt werden.

Zu den Anwendungsfeldern des Smart Engineering zählen im Besonderen:

- **Enterprise Resource Planning (ERP)**
  Hier werden unterschiedliche Funktionen, Aufgaben und Daten in eine gemeinsame Datenhaltung integriert. ERP ist aus der Produktionsplanung und -steuerung (PPS) hervorgegangen und beinhaltet diese.
- **Produktionsplanung und -steuerung (PPS)**
  Diese enthält die organisatorische Planung, Steuerung und Überwachung der Produktionsabläufe von der Angebotserarbeitung bis zum Versand. Die wichtigsten Hauptfunktionen sind die Produktionsprogrammplanung, die Mengenplanung, die Termin- und Kapazitätsplanung sowie die organisatorische Fertigungssteuerung.
- **Product Lifecycle Management (PLM)**
  Das ist die ganzheitliche unternehmensweite Verwaltung und Steuerung aller Pro-

duktdaten und Prozesse über den gesamten Lebenszyklus, von der Entwicklung und Produktion über den Vertrieb bis zur Wartung.

- **Produktdatenmanagement (PDM)**
  Daten und Dokumente der Produktentwicklung werden gespeichert, verwaltet und an nachgelagerte Phasen übergeben.
- **Computer Aided Engineering (CAE)**
  Hierzu zählen die Computeranwendungen in den ingenieurtechnischen Arbeitsbereichen (z.B. Konstruktion und Fertigungsvorbereitung).
- **Computer Aided Design (CAD)**
  Dies umfasst die Teilaufgaben Zeichnen und Entwerfen technischer Objekte, Manipulieren und Ändern vorliegender Zeichnungen oder Modelle sowie die Simulation technischer Objekte am Computer.
- **Computer Aided Planning (CAP)**
  Das ist die Rechnerunterstützung in der Fertigungsvorbereitung, beispielsweise bei der Arbeitsplanerstellung, der Technologie für Fertigung und Montage und der Prüfvorbereitung.
- **Computer Aided Manufacturing (CAM)**
  Dieser Teilbereich beinhaltet die rechentechnische Unterstützung bei Steuerung und Überwachung des Fertigungsprozesses mit den Teilen Bearbeitungssystem, Materialflusssystem und Leitsystem. Meistens steht die Steuerung von Werkzeugmaschinen, Handhabegeräten sowie von Transport- und Lagersystemen im Mittelpunkt.
- **Computer Aided Quality Assurance (CAQ)**
  Hierbei handelt es sich um die rechnerunterstützte Planung und Durchführung der Qualitätssicherung. Im Zusammenhang mit der Einführung eines Qualitätssicherungssystems wächst die Bedeutung dieses Teilbereiches.

Das Konzept nach Bild 6.1 beinhaltet die informationstechnische Vernetzung aller rechentechnischen Einrichtungen und die gemeinsame Nutzung einer zu allen Bereichen kompatiblen Datenbasis, einer strukturierten Sammlung von Daten.

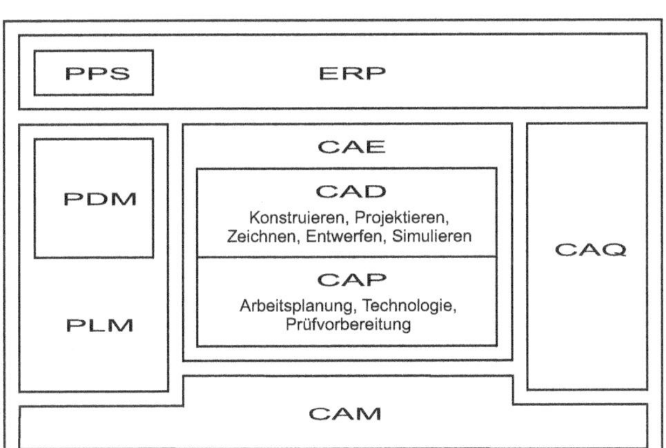

Bild 6.1 Konzept

Für den Elektrokonstrukteur ist aus den genannten Bereichen die rechnerunterstützte Konstruktion bzw. Computer Aided Design (CAD) von besonderer Bedeutung.

6.1.2 Computer Aided Design (CAD)

Die *rechnerunterstützte Konstruktion* (Computer Aided Design), das „Konstruieren am Bildschirm", wird heute in allen wichtigen Industriebranchen vom Maschinenbau bis zur Kartographie eingesetzt. Eine Vorreiterrolle hatten sicherlich die Branchen Automobil- und Maschinenbau, allein schon wegen der dort vorhandenen Betriebsgrößen. Mittlerweile ist aber die Einführung auch in mittelständigen Betrieben und in Ingenieurbüros weit vorangeschritten. In vielen Branchen sind Entwurf und Konstruktion ohne rechentechnische Unterstützung nicht mehr vorstellbar.

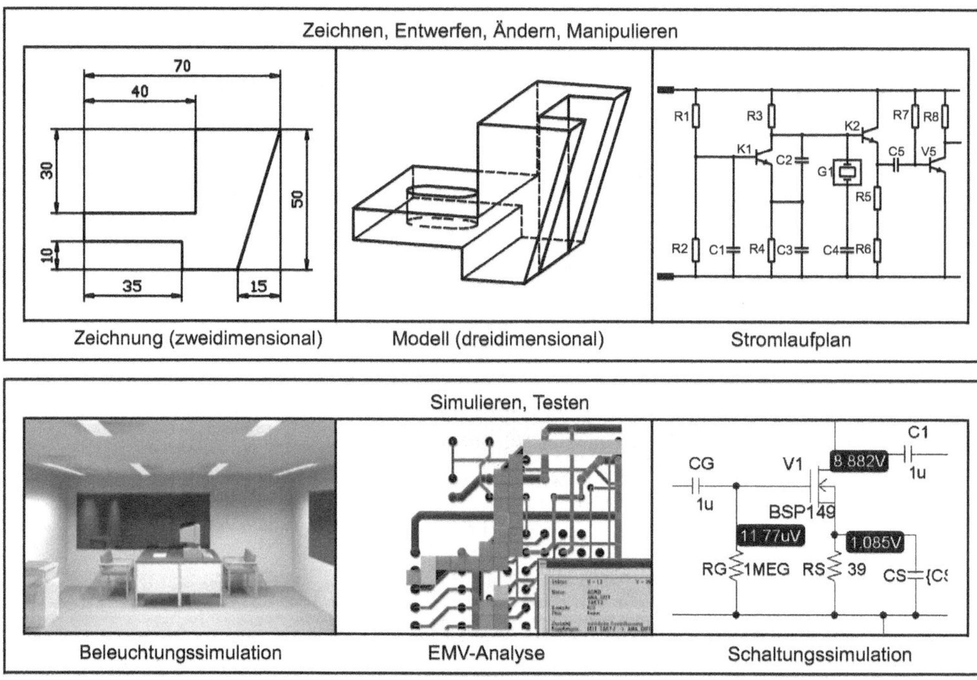

Bild 6.2 Inhalte des Computer Aided Design[1]

Zur rechnerunterstützten Konstruktion gehören folgende Bereiche (siehe auch Bild 6.2):

- *Entwerfen und Zeichnen* technischer Objekte am Bildschirm, meist durch Anordnung von Grundformen, die auf das jeweilige Einsatzgebiet ausgerichtet sind.
- *Ändern und Manipulieren* vorliegender Zeichnungen oder Modelle unter Anwendung der Operationen Verschieben, Drehen, Kopieren, Eigenschaften ändern u. a.

[1] EMV: Elektromagnetische Verträglichkeit (hier: Eigenstörsicherheit einer Leiterplatte)

- *Simulation und Test* technischer Modelle zur Überprüfung der Funktionsfähigkeit, zur Betrachtung von Funktionsabläufen und zur Ermittlung der Reaktion auf mechanische, thermische o. a. Belastungen.

Die *Grundelemente*, aus denen eine Zeichnung oder ein Modell zusammengestellt wird, sind von dem Einsatzgebiet der rechnerunterstützten Konstruktion abhängig. Zu den Grundelementen zählen z. B.:

- Linien, Kreise, Texte, Schraffuren, Bemaßungen für zweidimensionale Zeichnungen,
- Quader, Zylinder, Extrusionen, Rotationskörper für dreidimensionale Modelle,
- Schaltzeichen, Linien, Texte für Stromlaufpläne,
- Footprints[2], Padstacks[3], Leiterbahnen für Leiterplattenlayouts.

Die Entscheidung für oder gegen den Einsatz von CAD-Systemen ist vom Verhältnis des langfristig erzielbaren Nutzens zu den zusätzlichen Aufwendungen abhängig. In den meisten – aber nicht allen – Fällen werden die Vorteile überwiegen.

- **Schnelligkeit**
  Im Umfeld der sich ständig verkürzenden Beibehaltungszeit müssen neue Produkte immer schneller auf den Markt gebracht werden, wofür die Beschleunigung auch des Konstruktionsprozesses Bedingung ist. Die Rechnerunterstützung ermöglicht schnellere Angebotsabgabe, beschleunigten Änderungsdienst und beschleunigten Informationsaustausch mit Kunden und Lieferanten.
- **Qualität**
  Der Umgang mit dem Computer erfordert und ermöglicht exaktes und planmäßiges Arbeiten. In kurzer Zeit können mehrere Varianten getestet werden, um die optimale Lösung zu finden. Das Konstruktionsergebnis kann noch vor der Fertigung simuliert und auf Belastungen untersucht werden. Dieses ermöglicht eine hohe Sicherheit und Fehlerfreiheit, wesentlich verbesserte Dokumentation und qualifiziertere Angebote.
- **Flexibilität**
  Die Konstruktionsergebnisse bleiben gespeichert und Änderungen sind leicht ausführbar. Damit ist für ähnliche Aufgaben keine Neukonstruktion notwendig und auf wechselnde Anforderungen kann noch innerhalb des Konstruktionsprozesses schnell reagiert werden.

Der Computer kann jedoch den schöpferisch denkenden Menschen nicht ersetzen. Auch wenn sich seine Einsatzbereiche ständig erweitern, wird er nicht alle im Konstruktions- und Entwurfsprozess anfallenden Arbeiten übernehmen können. Ebenso hat sich auch die Vision von einem „papierlosen Konstruktionsbüro“ bisher nicht erfüllt.

Es ist möglich, dass zusätzliche Einschränkungen die genannten Vorteile mindern oder unwirksam machen. Zu diesen Problemen zählen die folgenden Schwerpunkte:

- **Qualifikation**
  Für den Umgang mit CAD-Systemen ist ein hoher Qualifikationsaufwand notwendig,

---

2) Lötflächenanordnung eines elektronischen Bauelementes

3) Repräsentation von Lötflächen auf den Lagen eines Leiterplattenlayouts

der oft im eigenen Hause nicht verfügbar ist. Dies verursacht Kosten und Arbeitszeitausfall während der Qualifikation. Außerdem muss die Einarbeitungszeit überbrückt und für ständige Weiterbildung gesorgt werden.

- **Kompatibilität**
  Die verschiedenen Abteilungen eines Unternehmens arbeiten üblicherweise mit unterschiedlichen Programmsystemen und deshalb mit inkompatiblen Datenformaten. Konvertierungen sind meist aufwändig und mit Datenreduktionen verbunden. Das hat zur Folge, dass Daten nicht zwischen den Abteilungen ausgetauscht werden können, was Mehrfacherfassungen zur Folge hat. Zusätzlich wirkt erschwerend, dass viele Daten noch nicht rechentechnisch erfasst sind und somit noch nicht in digitaler Form vorliegen können. Die gemeinsame Datenbasis des Konzeptes ist nur schwer realisierbar.
- **Anwendbarkeit**
  Nicht alle Aufgaben des Konstrukteurs können rechnerunterstützt ausgeführt werden. Dies betrifft besonders die schöpferischen Entwurfsschritte der Funktionsfindung und Prinziperarbeitung. Dagegen ist der Computereinsatz für algorithmierbare Tätigkeiten wie die Dokumentationserstellung von großem Nutzen.

6.1.3 CAD in der Elektrotechnik

In der rechnerunterstützten Elektrokonstruktion (Elektro-CAD) gelten einige Besonderheiten, die die eingesetzten Programmsysteme von anderen Systemen, z. B. aus dem Maschinenbau, unterscheiden. Geprägt wird dies hauptsächlich von der Eingabe des Stromlaufplanes, der das wichtigste planerische Ausdrucksmittel in der Elektrotechnik ist.

Zu den Besonderheiten beim *Erstellen von Stromlaufplänen* zählen:

- zweidimensionale Arbeit – keine maßstäbliche Zeichnung, sondern ein Plan wird erzeugt,
- geometrisch einfache Gestaltung, keine Geometrieberechnungen,
- kein Maßstab, kein Bezug zu realen Größen und Formen,
- Eingeben von Strompfaden im Raster,
- Platzieren von Schaltzeichen aus der Bibliothek,
- Linien verbinden Bauteilanschlüsse nicht nur grafisch, sondern auch logisch,
- meist im A3-Format,
- umfangreiche Schaltungen werden durch Projekt- oder Stromlaufplanhierarchien beherrscht.

Bis zu diesem Punkt, der hauptsächlich die Eingabe von Stromlaufplänen am Bildschirm beinhaltet, bringt der CAD-Einsatz noch nicht den erwarteten Nutzen. Dieser wird erst realisiert, wenn die arbeitsaufwändig eingegebenen Daten ausgewertet und weiterverarbeitet werden.

> **!** Elektro-CAD = Stromlaufplaneingabe + Stromlaufplanauswertung + Listenerstellung

Die *Auswertung von Stromlaufplänen* und die *Listenerstellung* sind ebenfalls typisch für CAD in der Elektrotechnik.

Damit gehören zu den Besonderheiten der rechnerunterstützten Elektrokonstruktion zusätzlich:

- automatische Ergänzung bzw. Überarbeitung von Stromlaufplänen, z. B. für Querverweise, Klemmennummerierungen oder Kontaktspiegel,
- Erzeugung von Montage- und Materialinformationen, wie Klemmenpläne, Kabelpläne oder Stücklisten,
- automatische Generierung von Plänen und Listen, z. B. SPS-Zuordnungslisten oder die Nutzung von Stromlaufplangeneratoren.

6.2 Arbeitsweise der Elektro-CAD-Systeme

6.2.1 Systemaufbau

Der Systemaufbau eines Elektro-CAD-Systems soll darstellen, wie sich das Softwaresystem aus seinen Bestandteilen (den Komponenten) zusammensetzt. Er beschreibt die Komponenten und ihr vom Anwender beobachtbares Verhalten. Hierzu zählen die Schnittstellen zu anderen Systemen, aber auch benötigte Dienste anderer Komponenten.

Die aus dem Systemaufbau resultierende Arbeitsweise des Systems wird durch die Datenorganisation (Bild 6.3) bestimmt.

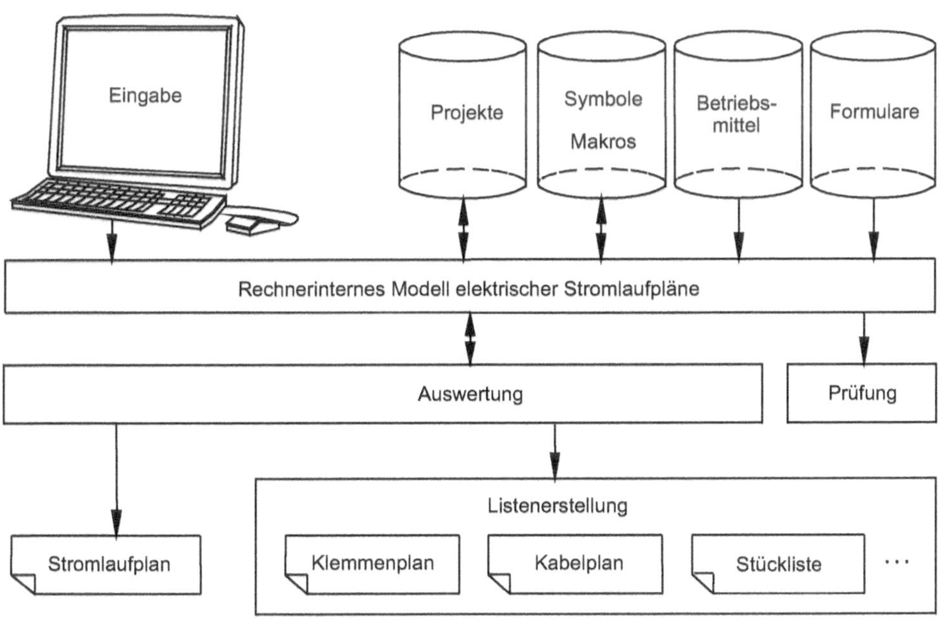

Bild 6.3 Systemaufbau (vereinfacht)

Grafikorientiertes Arbeiten

Mit Hilfe der *Eingabeverarbeitung* wird aus dem am Bildschirm erstellten Stromlaufplan ein *rechnerinternes Modell* aufgebaut. Dabei kann auf eine Reihe von *Bibliotheken* mit vorbereiteten Elementen zurückgegriffen werden. Das Sichern des rechnerinternen Modells als Projekt erfolgt gleichfalls in eine Bibliothek. Ebenso können Schaltplanausschnitte für spätere Aufgaben als Makro gespeichert werden.

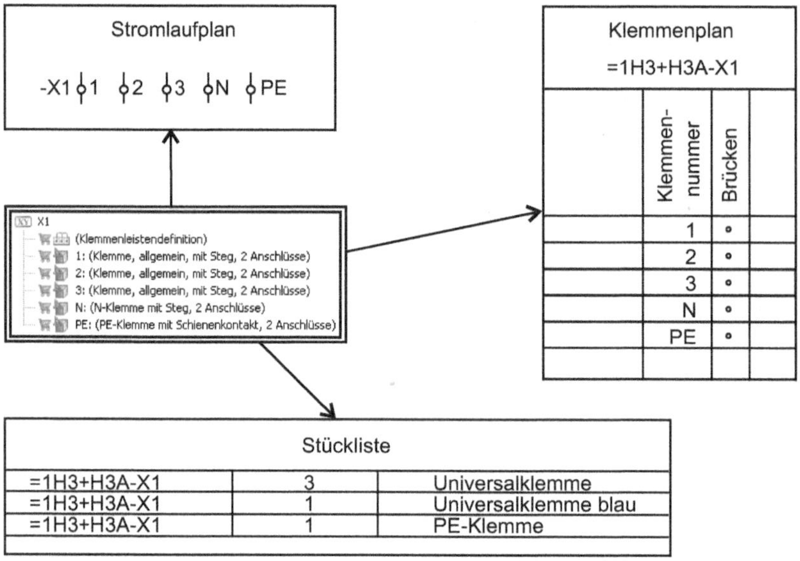

Bild 6.4 Objekt im rechnerinternen Modell

Im Rahmen der *Auswertung* wird der Stromlaufplan überarbeitet, korrigiert und ergänzt. Zusätzlich werden Datenbestände zur Vorbereitung der *Listenausgabe* angelegt. Aus diesen Daten können im Anschluss unter Verwendung vorbereiteter Formulare die gewünschten Dokumente erzeugt werden. Diese Listen sind ebenfalls Bestandteil des entstandenen Projektes.

Die Bearbeitung endet mit der Ausgabe der Stromlaufplanseiten und der Listen auf einen Drucker. Alternativ kann die Ausgabe auch als Datensatz im HTML- (Hypertext Markup Language) oder PDF-Format (Portable Document Format) für die Weitergabe über das Internet erfolgen.

Objektorientiertes Arbeiten

Während viele aktuelle Programmsysteme auf der beschriebenen grafikorientierten Arbeitsweise beruhen, setzen sich zunehmend *objektorientierte Arbeitsweisen* durch. Hier wird die Liste nicht nachträglich aus dem rechnerinternen Modell erzeugt, sondern das Listenelement (z. B. eine Klemme im Klemmenplan) ist eine andere Darstellung des Objektes, das z. B. im Stromlaufplan als Symbol oder in der Stückliste als Betriebsmittel erscheint (Bild 6.4).

Bibliotheken

Eine *Bibliothek* ist eine Sammlung zusammengehöriger Daten, für die Bezüge untereinander und zu anderen Bibliotheken existieren. Zur Verwaltung der Bibliotheken stehen auf den Inhalt angepasste Editoren zur Verfügung. In der Datenorganisation eines CAD-Systems spielen Bibliotheken eine zentrale Rolle, weshalb die wichtigsten dieser Datenbestände näher erläutert werden sollen.

Projektbibliothek

Ein Projekt der Elektrokonstruktion (Bild 6.5) besteht meist aus mehreren Seiten unterschiedlichen Typs, wie z. B. Stromlaufpläne, Klemmenpläne, Stücklisten, Aufbaupläne. Für die gemeinsame Verwaltung und für gemeinsame Eigenschaften (Parameter) dieses Datenbestandes wird ein solcher Zeichnungssatz zu einem Projekt zusammengefasst und gemeinsam mit anderen Projekten in der Projektbibliothek gespeichert. Zur Verwaltung der Projekte kann ein Projektmanager eingesetzt werden.

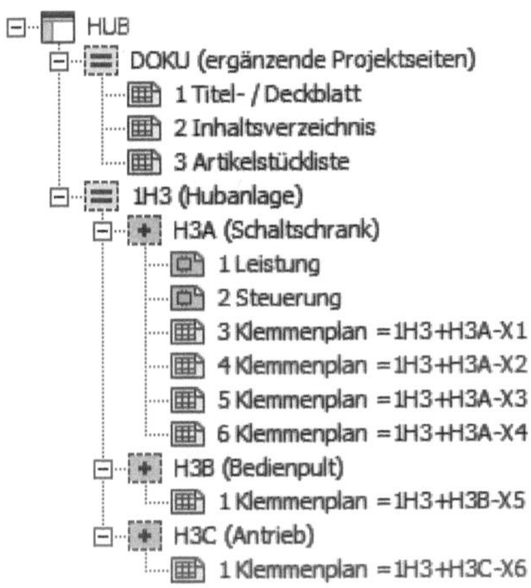

Bild 6.5 Struktur eines (kleinen) Projektes

Symbolbibliothek

Mit der Symbolbibliothek werden dem Konstrukteur die benötigten Stromlaufplansymbole zur Verfügung gestellt. Ein Symbol wird im Symbolbrowser (Bild 6.6) ausgewählt, auf dem Stromlaufplan platziert und mit den notwendigen Beschriftungen versehen. Für die Gestaltung fehlender Symbole kann ein Symbolgenerator bzw. Symboleditor benutzt werden.

Beim Platzieren der Symbole im Stromlaufplan werden diese je nach dem eingesetzten Programmsystem entweder direkt in das Projekt kopiert oder sie werden als Verweis auf die Symbolbibliothek eingesetzt. Wenn das Symbol zum Projektinhalt wird, hat das den Vorteil, dass bei Mitnahme des Projektes auf andere Arbeitsplätze stets alle Symbole mit übertragen werden. Ist das Symbol jedoch als Bibliotheksverweis eingesetzt, ist die Aktualisierung der Stromlaufplansymbole einfacher, da hierzu nur die Symbolbibliothek geändert werden muss und alle Pläne danach auf die neue Bibliothek verweisen.

Häufig sind für Projekte der Mechatronik zusätzlich Symbolbibliotheken zur Anfertigung von Pneumatik- und Hydraulikplänen vorhanden.

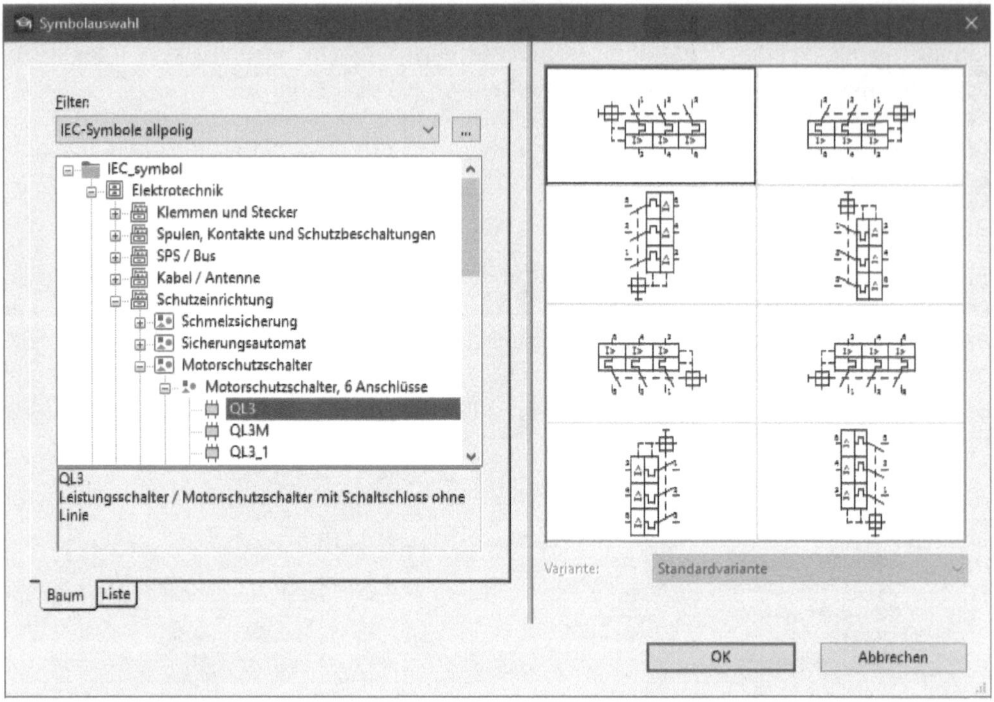

Bild 6.6 Symbolbrowser

Betriebsmittelbibliothek

Die Betriebsmittelbibliothek (in EPLAN: Artikelstammdaten, siehe Bild 6.7) enthält für alle zu verwendenden Betriebsmittel technische, funktionale, mechanische und kaufmännische Daten. Sie ist damit das Gegenstück zu den Katalogen der Betriebsmittelhersteller und somit branchen- und firmenspezifisch. Diese Bibliothek muss stets vom Anwender erzeugt und auf einem aktuellen Stand gehalten werden, was einen großen Arbeitsaufwand darstellt.

Zur Unterstützung dieses Vorganges stellen große Betriebsmittelhersteller ihre Katalogdaten auf Datenträger in einem neutralen Datenformat oder in spezifischen Formaten für einzelne Programmsysteme zur Verfügung. Artikeldaten, die nach dem eCl@ss-Standard vorhanden sind, können ebenfalls eingelesen werden. Dafür wird das XML-basierte Format BMEcat verwendet.

In EPLAN kann für den Zugriff auf Daten von Betriebsmitteln das EPLAN Data Portal genutzt werden.

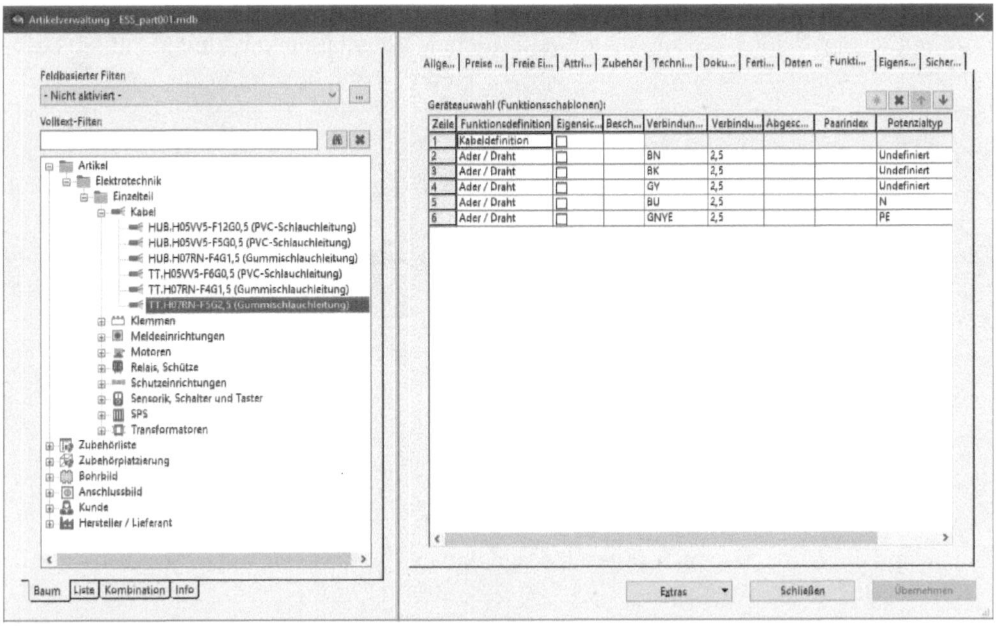

Bild 6.7 Betriebsmittelbibliothek

Formularbibliothek

Diese Bibliothek beinhaltet alle notwendigen Vordrucke, Schriftfelder und Listenformulare für die Zeichnungs- und Listenausgabe. Für Anpassungen an spezifische Anforderungen des Anwenders können die Formulare ergänzt oder geändert werden. Gleichfalls ist es möglich, neue Formulare anzulegen.

Symbole

Aus der Sicht der rechentechnischen Verarbeitung besteht ein Stromlaufplan aus Symbolen zur schematischen Funktionsdarstellung, Linien für die elektrischen Verbindungen und aus weiteren Zusatzelementen. Einen zentralen Punkt insbesondere bei der Stromlaufplaneingabe stellen die Symbole dar.

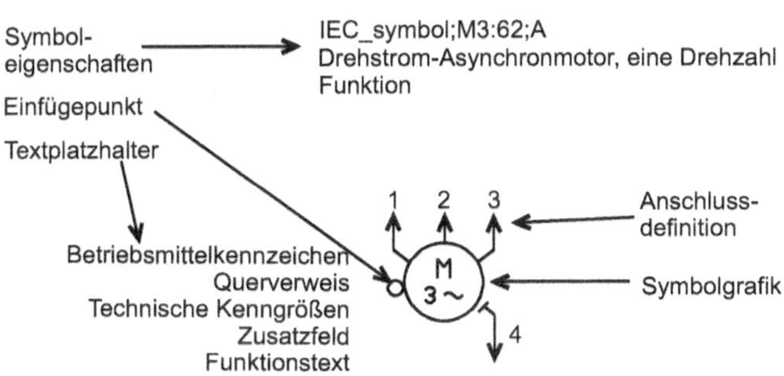

Bild 6.8 Symbol

Ein Symbol (Bild 6.8) besteht aus der Symbolgrafik mit einem lokalen Koordinatenursprung (Einfügepunkt), den Anschlussdefinitionen, Textplatzhaltern für identifizierende und beschreibende Texte sowie Symboleigenschaften (Symbolname, Symbolart u. a.).

6.2.2 Handlungsablauf

Stromlaufplaneingabe

Dieser Abschnitt soll die grundsätzliche Vorgehensweise bei der Stromlaufplaneingabe erläutern, ohne bereits auf Einzelheiten der Bedienung einzugehen. Selbstverständlich kann auch in einer anderen Reihenfolge der Tätigkeiten vorgegangen werden.

- Projekt anlegen und Projektparameter einstellen,
- Seiten anlegen und Seiteneigenschaften einstellen,
- bei Bedarf Symbolbibliothek und Betriebsmittelbibliothek ergänzen,
- evtl. Anlagen- und Ortskennzeichnungen vordefinieren.

Damit sind die Vorbereitungen abgeschlossen und es kann mit der Anfertigung des Stromlaufplanes begonnen werden.

Der Stromlaufplan wird eingegeben durch die Anordnung folgender Komponenten (siehe auch Bild 6.9):

- Stromlaufplansymbole aus der Symbolbibliothek (bei der grafikorientierten Arbeitsweise),
- Makros aus der Makrobibliothek,
- Verbindungslinien (in EPLAN durch Autoconnecting[4]),
- Klemmen und Stecker einschließlich Brücken-, Sortier- und Kabeldefinition,
- Potenziale,
- Kabel- und Leitungsdefinitionen,
- Gerätekästen für komplexe Betriebsmittel (z. B. Busanschaltbaugruppen),
- Strukturkästen für die Zuweisung von Referenzkennzeichnungen,
- Texte, Grafiken u. a.

Die Eingabe der Pläne erfordert trotz Rechnerunterstützung einen großen Aufwand, bei dem auf präzise und möglichst fehlerfreie Arbeit geachtet werden sollte, um Komplikationen bei den nachfolgenden Schritten zu vermeiden.

Neben der soeben geschilderten *grafikorientierten Arbeitsweise* kann unter Verwendung von spezifischen Navigatoren auch *objektorientiert* gearbeitet werden. Hierzu werden im Navigator die Betriebsmittel mit ihren Eigenschaften vordefiniert und erst danach auf der Stromlaufplanseite platziert. Dies ermöglicht beispielsweise, komplette Klemmenleisten

---

[4] Anschlüsse werden automatisch verbunden, wenn sie in gleicher Ausrichtung gegenüberliegen.

vor deren Zeichnung zu definieren oder bereits Bestelllisten anzufertigen noch bevor die Dokumentation fertiggestellt ist.

Ein Prüflauf zur Feststellung eventueller Fehler sollte nach der Stromlaufplaneingabe ausgeführt und die angezeigten Fehler geprüft und ggf. beseitigt werden.

Nach der Eingabe der Pläne stehen dem Programmsystem die notwendigen Informationen für die Weiterverarbeitung zur Verfügung und das Projekt kann ausgewertet werden.

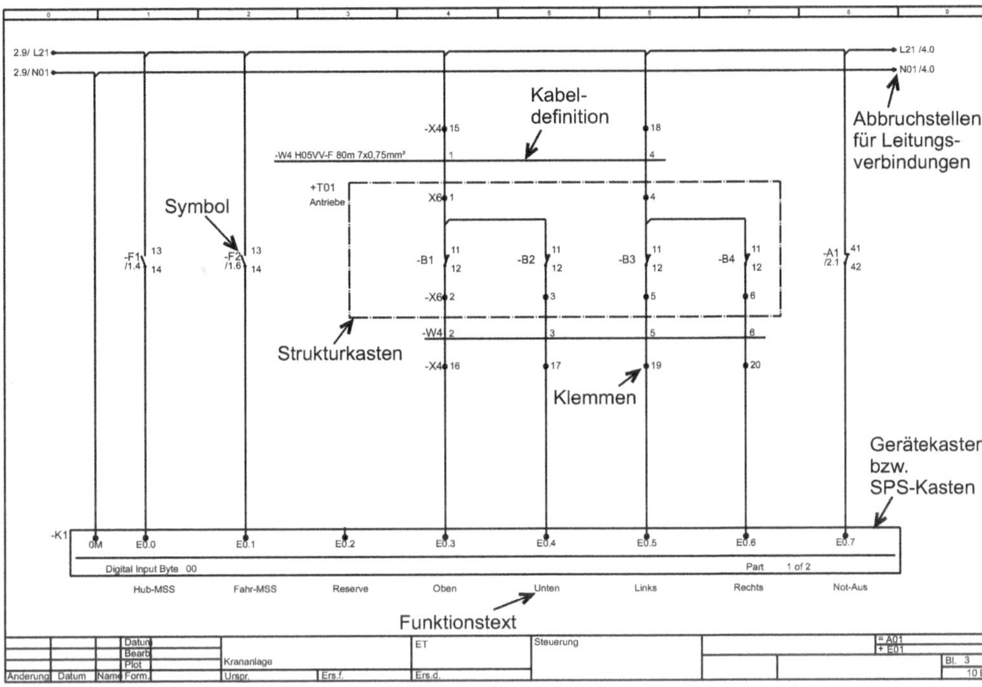

Bild 6.9 Stromlaufplankomponenten

Projekt auswerten

Im Ergebnis der Projektauswertung entstehen die gewünschten Pläne und Listen. Dies betrifft im Besonderen:

- Stücklisten, Bestelllisten, Betriebsmittellisten,
- Klemmenpläne, Klemmen- und Geräteanschlusspläne, Steckeranschlusspläne,
- Kabelpläne, Kabeldarstellungspläne,
- Verdrahtungslisten, Potenzialübersichten,
- Klemmenstücklisten, Steckerlisten, Kabellisten,
- SPS-Übersichten, SPS-Zuordnungslisten,
- Schaltschranklegenden,

- Betriebsmittelaufkleber, Klemmenleistenbeschriftungen,
- Deckblatt, Inhaltsverzeichnis und andere.

Die erzeugten Unterlagen werden als Seiten in die Projektstruktur eingebunden oder auf eine bereits existierende Stromlaufplanseite eingebettet und können nachbearbeitet werden. Hier muss beachtet werden, dass eine erneute Generierung der Listen die eventuelle Bearbeitung überschreibt.

> Die nachträgliche Bearbeitung der erzeugten Unterlagen ist nicht zur Fehlerbeseitigung geeignet, da Fehler stets an ihrer Ursache, also in den Stromlaufplänen, korrigiert werden sollten.

Ausgabe der Pläne

Hierzu stehen zahlreiche Möglichkeiten zur Verfügung:

- Drucker oder Plotter,
- HTML-Format für die Veröffentlichung im Internet,
- PDF-Format,
- DXF- und DWG-Format,
- Grafikformate (BMP, JPG u. a.),
- Versand per E-Mail.

In der Version Eplan Education sind nicht alle Ausgabe- und Export-Funktionen enthalten. Zur Datensicherung kann eine Dokumentenverwaltung benutzt werden, die neben der Archivdatenbank auch Recherchefunktionen anbietet und die Projekthistorie aktualisiert. Gleichzeitig können Zugriffsrechte definiert werden.

6.2.3 Angrenzende Systeme und Schnittstellen

Nach der Eingabe des Stromlaufplanes enthält das Projekt zahlreiche Informationen, die ebenfalls für vor- und nachgeordnete Entwurfsschritte, wie die Mechatronik, die Schaltschrankbestückung oder für andere Fachgebiete, z. B. die Produktionsplanung und Steuerung (PPS), von Bedeutung sind. Um die Mehrfacherfassung solcher Daten zu vermeiden, sollten sie über entsprechende Schnittstellen (Bild 6.10) ausgetauscht werden können.

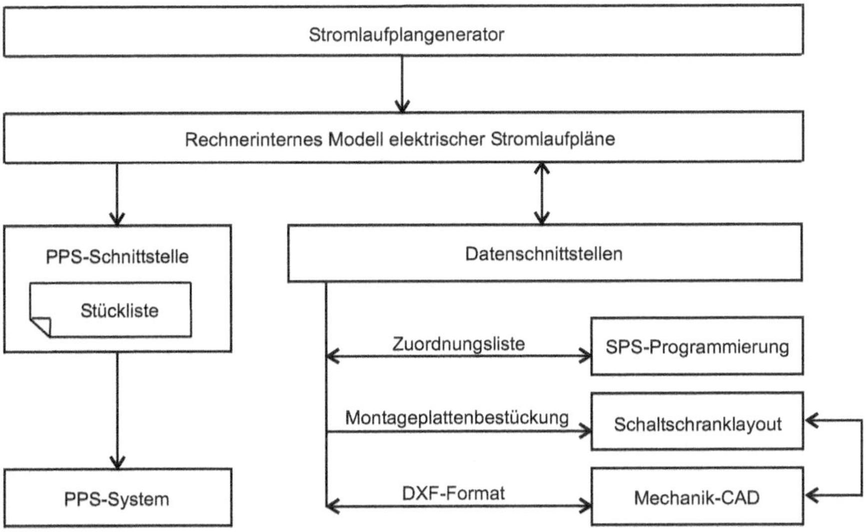

Bild 6.10 Schnittstellen (Auswahl)

Von den dargestellten Schnittstellen sollen die automatische Generierung von Stromlaufplänen mittels Generator und der Datenaustausch mit der SPS-Programmierung näher betrachtet werden.

Stromlaufplangenerator

Der Stromlaufplangenerator (Bild 6.11) ist ein Werkzeug, welches das Erstellen von Standard-Stromlaufplänen mit geringem zeichnerischem Aufwand ermöglicht. Dieser Generator nutzt vorgefertigte Makros mit variablen Parametern, die entsprechend einer Generierungsliste zu dem Projekt zusammengefügt werden.

Zusätzlich können Tabellenkalkulations- oder Datenbank-Funktionalitäten verfügbar sein, die die Dimensionierung und Betriebsmittelauswahl unterstützen, wobei abhängige Werte des Stromlaufplanes (elektrische Daten, Leiterquerschnitte, Betriebsmitteleinträge) mit den Tabelleneinträgen verknüpft sind.

Wenn mit Hilfe dieser Generatoren Stromlaufpläne erstellt werden sollen, ist eine umfangreiche Vorarbeit für das Erstellen und Parametrieren der Makros notwendig. Bei wiederkehrenden Projektierungsarbeiten lohnt sich dies jedoch, da insbesondere der Zeitbedarf für die Zeichnungsanfertigung stark reduziert wird.

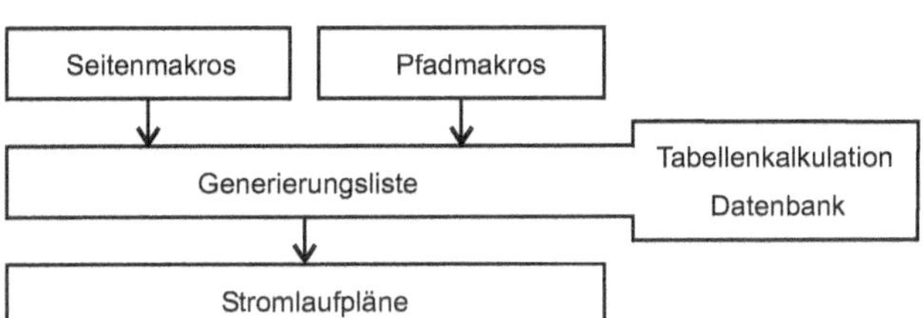

Bild 6.11 Stromlaufplangenerator

SPS-Programmierung

In den Stromlaufplänen (Bild 6.12) sind Informationen zur Beschaltung der Eingangs- und Ausgangsbaugruppen enthalten, die der SPS-Programmierer für seine Arbeit benutzen kann oder die – je nach betrieblicher Organisation – vom Programmierer bereitgestellt werden können.

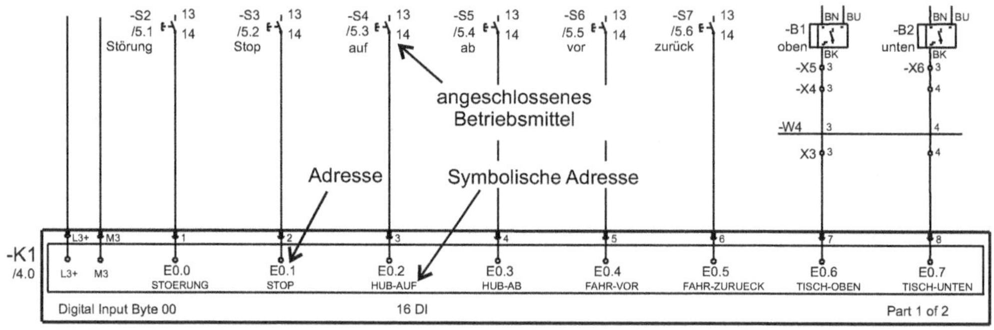

Bild 6.12 Eingangsbaugruppe

Die Datenbereitstellung kann in Form einer SPS-Übersicht oder als SPS-Zuordnungsliste erfolgen.

Die *SPS-Übersicht* (Bild 6.13) stellt zusätzlich zu den Stromlaufplänen die Eingangs- und Ausgangsbaugruppen einer SPS oder einer Busanschaltung zusammenhängend und auf wenigen Seiten zusammengefasst dar. Dies ermöglicht einen guten Überblick über die Nutzung der Baugruppen und ist sowohl für den Hardware-Projektanten als auch für den Programmierer interessant.

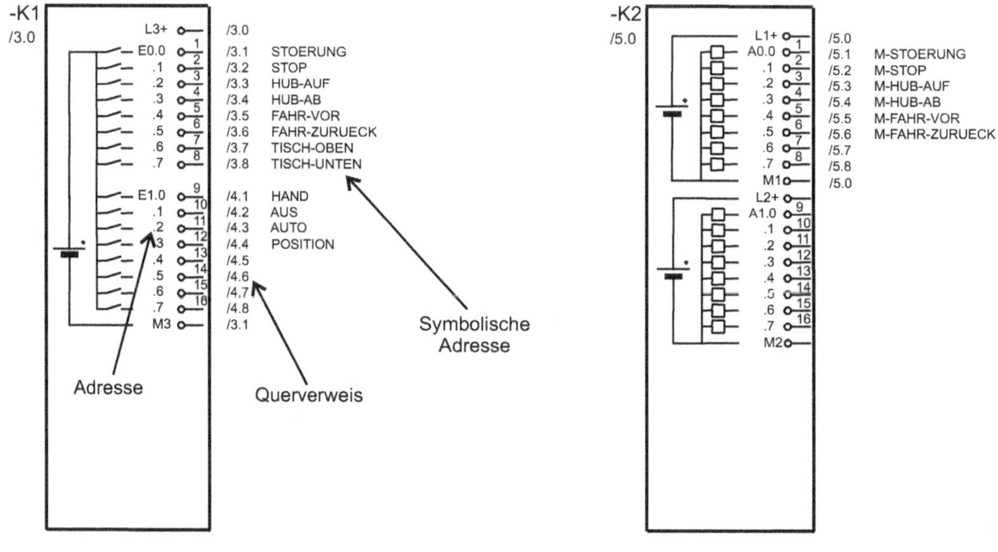

Bild 6.13 SPS-Übersicht

Die *SPS-Zuordnungsliste* (Tabelle 6.1) ermöglicht den Datenaustausch zwischen dem Elektro-CAD-System und der SPS-Programmierung. Sie enthält Informationen (Adresse, symbolische Adresse, evtl. angeschossenes Betriebsmittel, evtl. Datentyp) zu Eingangs- und Ausgangsvariablen der Baugruppen in einem für die eingesetzte Programmiersoftware kompatiblen Format.

Diese Liste kann mit einem parametrierbaren Post-Prozessor aus dem Zeichnungssatz ermittelt werden. Gleichfalls ist es möglich, mit einem Pre-Prozessor eine Zuordnungsliste auszuwerten und unter Verwendung vorbereiteter Makros den Zeichnungssatz mit einem Stromlaufplangenerator zu erzeugen (Bild 6.14).

Die SPS-Zuordnungsliste stellt in diesem Fall Informationen für die Generierungsliste bereit. In dieser werden die Grafik der Baugruppe mit den Versorgungspotenzialen (Seitenmakro) und für jede Adresse die Grafik des anzuschließenden Stromlaufplanteiles festgelegt.

Tabelle 6.1 SPS-Zuordnungsliste

Adresse	Symbolische Adresse	Datentyp	Angeschlossenes Betriebsmittel
A0.0	M-STOERUNG	BOOL	=A1+P1-P2
A0.1	M-STOP	BOOL	=A1+P1-P3
A0.2	M-HUB-AUF	BOOL	=A1+P1-P4
A0.3	M-HUB-AB	BOOL	=A1+P1-P5
...	...	...	...
E0.0	STOERUNG	BOOL	=A1+P1-S2
E0.1	STOP	BOOL	=A1+P1-S3
E0.2	HUB-AUF	BOOL	=A1+P1-S4
E0.3	HUB-AB	BOOL	=A1+P1-S5
...	...	...	...

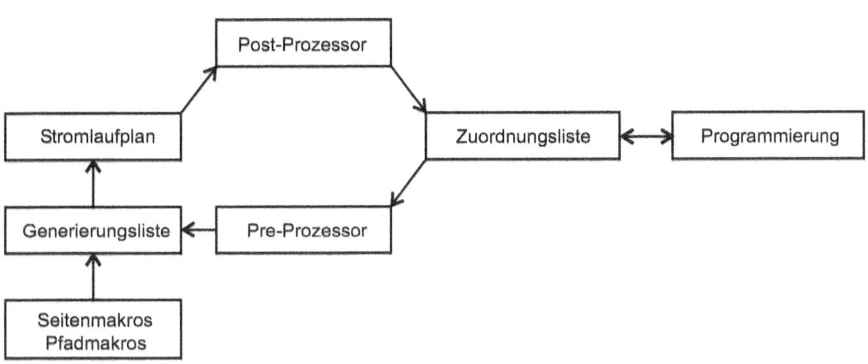

Bild 6.14 Schnittstellen zur SPS-Programmierung

6.3 Das Programmsystem EPLAN Electric P8

EPLAN Electric P8 ist ein durchgängiges Engineering-System der Firma EPLAN GmbH & Co. KG. Es unterstützt den Entwurfsprozess mit Funktionalitäten zur Elektroprojektierung, Dokumentation und Verwaltung einschließlich peripherer Arbeiten. Es basiert auf der EPLAN-Plattform, über die Daten und Funktionen gemeinsam mit anderen Anwendungen genutzt oder mit ihnen ausgetauscht werden können.

Diese Systeme nutzen ebenfalls die EPLAN-Plattform:

- **EPLAN Fluid**
  Engineering-System für Pläne der Fluidtechnik unter mechatronischen Gesichtspunkten.
- **EPLAN Preplanning**
  CAE-Software-Lösung zur technischen Vorplanung von Maschinen und Anlagen.
- **EPLAN Pro Panel**
  Integrative Planung, Konfektionierung und Fertigung von Montageplatten und Schaltschränken.
- **EPLAN Harness ProD**
  Konstruieren und Dokumentieren von Kabelbäumen.

Die folgenden Stichpunkte zu EPLAN Electric P8 sollen einen ersten Eindruck vermitteln. In diesem Rahmen wird nur ein kleiner Ausschnitt aus dem Leistungumfang dieses Engineering-Systems dargestellt. Weitere Informationen können jedoch aus [EPLAN21] bezogen werden.

Programmoberfläche

- Nutzung mehrerer Fenster für die grafische Bearbeitung (Arbeitsfenster), die Seitenübersicht und für eine grafische Vorschau,
- gleichzeitige Darstellung mehrerer Projektseiten oder Ausschnitte aus diesen mittels Fenstertechnik,
- Befehlsauswahl über Pulldown-Menüs, Icons, kontextsensitive Menüs (mit rechter Maustaste) und Tastenkürzel (Shortcuts),
- Möglichkeit zur Konfiguration der Oberfläche einschließlich der Festlegung eigener Tastenkürzel sowie die Speicherung mehrerer Konfigurationen,
- Zwischenablage in mehrstufigem System,
- Navigatoren für die objektorientierte Bearbeitung des Projektes,
- Hilfesystem mit Informationen, Handlungsanweisungen und Dialogbeschreibungen.

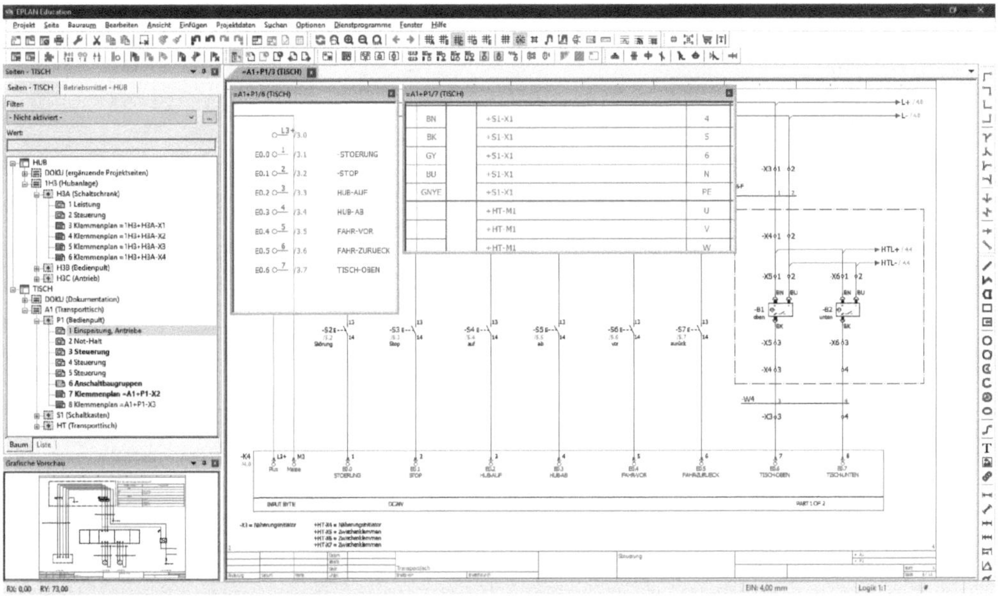

Bild 6.15 Grafische Bearbeitung

Projektbezogenes Arbeiten

- Vorplanung für die Grobstrukturierung der Anlage,
- Projekte mit allen zu einer Aufgabe gehörenden Seiten und Dateien (auch aus anderen Programmsystemen) in einer Baumstruktur,
- projektbezogene Beschreibungen und Parameter,
- Aufteilung in Bearbeitungsbereiche für mehrere Anwender,
- Aufteilung in Teilprojekte für die externe Bearbeitung,
- Projekte drucken, versenden, sichern,
- Projektrevisionen verwalten,
- Dokumentenverwaltung.

Seitenverwaltung

Verwaltung der projektzugehörigen Seiten folgender Typen (Auswahl):

- Schaltplan allpolig
  Schaltplanerstellung und -auswertung.
- Schaltplan einpolig
  Schaltpläne in einpoliger Darstellung.
- Übersicht
  SPS-Übersichten, Steckerübersichten u. a.

- Topologie
  Verlegewege für Streckennetze.
- Vorplanung
  Grobstrukturierung der Anlage.
- Schaltschrankaufbau
  Maßstabsgetreuer Aufbau eines Schaltschrankes oder einer Montageplatte.
- Klemmen- und Steckerplan
  Klemmenplan bzw. Steckerplan in tabellarischer Form.
- Klemmen- und Steckeranschlussplan
  Klemmenplan bzw. Steckerplan mit symbolischer Darstellung angeschlossener Betriebsmittel.
- Geräteanschlussplan
  Anschlüsse eines Gerätes und deren Verbindungen.
- Kabelanschlussplan
  Die Kabel und Leitungen werden auf diesen Seiten in einer Liste dargestellt.
- Artikel- und Artikelsummenstückliste
  Automatisch generierte Stücklisten.
- SPS-Diagramm und SPS-Kartenübersicht
  Übersicht über die Adressbelegung von SPS-Eingangs- und Ausgangskarten.
- Kabeldarstellungsplan
  Aufbau eines Kabels.
- Revisionsübersicht
  Revisionsstände in tabellarischer Form.

Grafische Bearbeitung

Generell sind für die grafische Bearbeitung zwei Arbeitsweisen möglich:

1. In der *grafikorientierten Arbeitsweise* werden zunächst Symbole auf der Projektseite platziert, denen anschließend Artikel mit ihrer Funktionsschablone zugeordnet werden.
2. In der *objektorientierten Arbeitsweise* werden Betriebsmittel in einem Navigator vordefiniert und danach in grafischer Form auf der Stromlaufplanseite abgelegt.

Beide Methoden können unabhängig voneinander für die Erarbeitung des Projektes genutzt werden. Es stehen zur Verfügung:

- Symbole aus (mehreren) Symbolbibliotheken,
- Betriebsmitteldaten aus der Artikeldatenbank,
- Referenzkennzeichnung, Kontaktvergabe und Querverweise online[5],

---

[5] automatische Vergabe oder Vorschläge für die Zuweisung der Kennzeichnung

- Klemmen und Stecker mit Sortierung, Brückengenerierung, Kabelgenerierung einschließlich Mehrstockklemmen,
- Kabel und Leitungen,
- Gerätekasten für komplexe Betriebsmittel,
- Pfeile für Abbruchstellen von Leitungsverbindungen,
- Autoconnecting,
- Symbolmakros, Fenstermakros, Seitenmakros, grafische Elemente.

Auswertungen

Der mit der Projekterstellung aufgebaute Datenbestand kann ausgewertet und zur Generierung von Auswertungslisten, Anschlussplänen und Auswertungsübersichten genutzt werden. Diese Auswertungsergebnisse greifen auf vorbereitete Formulare zurück und können sowohl als separate Seiten dem Projekt beigefügt als auch in bereits vorhandene Seiten eingebettet werden.

Mit einem *Formulareditor* ist es möglich, eigene Formulare für die Projektauswertung zu gestalten oder vorhandene Formulare an die eigenen Anforderungen anzupassen. Der *Normblatteditor* erlaubt die Bearbeitung von Zeichnungsrahmen und Schriftfeld.

Stammdaten

Die in EPLAN enthaltenen *Systemstammdaten* werden bei ihrer erstmaligen Nutzung in das Projekt eingelagert und bilden dort die Projektstammdaten. Damit enthält das Projekt auch bei dessen Weitergabe alle relevanten Stammdaten. Die wichtigsten Stammdaten sind:

- Symbole,
- Normblätter und Formulare für Auswertungen,
- Makros,
- Artikeldaten einschließlich Gerätedefinitionen,
- Funktionsdefinitionen,
- Projektvorlagen und Basisprojekte und
- die Fremdsprachendatenbank.

Aufgabe 6.1

Welche Arbeitsinhalte können dem Computer Aided Design zugeordnet werden?

Aufgabe 6.2

Welche Vorteile bietet der Einsatz von CAD-Systemen?
Welche Probleme begrenzen die Einsatzmöglichkeiten?

Aufgabe 6.3

Durch welche Eigenschaften unterscheidet sich ein Elektro-CAD-System von einem CAD-System für den Maschinenbau?

Aufgabe 6.4

Welche Grundelemente werden in einem CAD-System zur Anfertigung der Stromlaufpläne benutzt?

Aufgabe 6.5

Nennen Sie vier wichtige Bibliotheken eines Elektro-CAD-Systems und erläutern Sie deren jeweilige Inhalte.

Aufgabe 6.6

Erläutern Sie die Funktion eines Stromlaufplangenerators und beschreiben Sie mögliche Anwendungsbereiche.

Aufgabe 6.7

Was ist eine SPS-Zuordnungsliste und welche Rolle spielt sie im Zusammenhang mit der Elektroprojektierung?

Aufgabe 6.8

Müssen bei der Weitergabe von Projekten aus EPLAN Electric P8 zusätzlich die Symbolstammdaten übergeben werden, damit das Projekt auch auf einem Fremdrechner dargestellt werden kann? ■

7 Beispiele mit EPLAN

Inhalt dieses Kapitels ist die Anwendung des erworbenen Wissens zu Plänen und Listen der Elektrotechnik bei der Anfertigung von zwei Projekten:

1. Konventionelle Schaltungstechnik am Beispiel einer *Hubanlage* (Seilwinde) unter Anwendung der *grafikorientierten Arbeitsweise.*
2. Einsatz von Busanschaltbaugruppen am Beispiel eines *Transporttisches* unter Anwendung der *objektorientierten Arbeitsweise.*

Zur Anfertigung der Projekte wird das Engineering-System *EPLAN Education 2.9* eingesetzt. Die Vorgehensweise und der Umgang mit dem Programmsystem werden so dargestellt, dass die Arbeit mit *EPLAN Electric P8* erlernt werden kann.

Eine kostenlose Übungsversion ist verfügbar - Hinweise im Vorwort.

Für die Erläuterung der Programmbedienung wird folgende Syntax benutzt:

- Menüpunkte mit **Fettschrift**,
- Menüfenster mit <...>,
- Registerkarten mit /.../,
- Tasten (Bildschirm oder Tastatur) mit [...],
- Befehlsfolgen durch → getrennt,
- beispielhafte Einträge *kursiv*.

7.1 Hubanlage

Anhand eines einfachen Beispiels, einer Hubanlage bzw. Seilwinde, sollen die Grundlagen für die Elektrokonstruktion mit EPLAN zunächst unter Anwendung der *grafikorientierten Arbeitsweise* gezeigt werden.

7.1.1 Überblick

Bild 7.1 nutzt Elemente des *Verbindungsplanes* für einen Überblick über

- den Umfang der Anlage (Funktionsaspekt) (=*1H3*),
- die Bezeichnung der Orte (Ortsaspekt) (+*H3A*, +*H3B*, +*H3C*),

- die Anwendung und Kennzeichnung der Klemmenleisten und
- die Verwendung von Leitungen und deren Kennzeichnung.

Der *Schaltschrank* (*+H3A*) enthält die meisten Betriebsmittel und wird deshalb als Ortsaspekt im Schriftfeld eingetragen. Ebenfalls im Schriftfeld eingetragen wird der Funktionsaspekt (*=1H3*), der für den Gesamtumfang dieses Beispieles zutreffend ist.

Über die Steuerleitung *-W2* wird das *Bedienpult* (*+H3B*) angeschlossen. Im Pult sind die Bedientaster und die Meldeleuchten eingebaut.

Der *Antrieb* befindet sich am Ort *+H3C*, wo auch die Endlagenschalter für die obere und untere Begrenzung angebracht sind. Der Motor wird mit der Leitung *-W1*, die Endlagenschalter mit der Steuerleitung *-W3* angeschlossen.

Die *Einspeisung* (*=1E3 +H3E*) ist nicht Bestandteil dieses Beispieles.

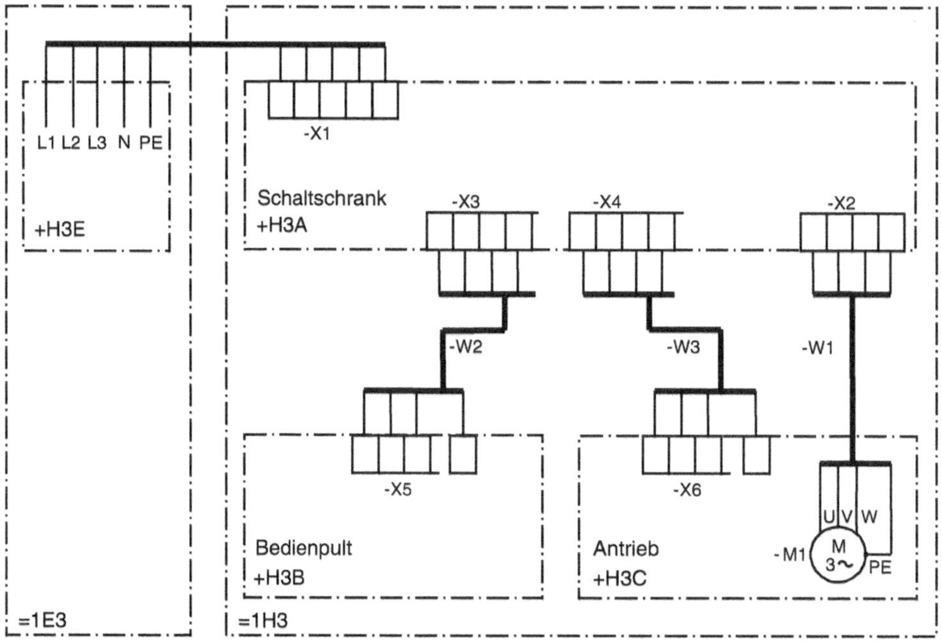

Bild 7.1 Hubanlage - Übersicht

In Bild 7.2 und Bild 7.3 sind die Stromlaufpläne des Beispieles angegeben, die im Weiteren mit EPLAN angefertigt werden sollen.

Die Seite 1 enthält den *Leistungsteil* der Anlage. Die Potenziale werden über die Einspeiseklemmenleiste *-X1* und die Netz-Trenneinrichtung *-Q1* der Anlage zugeführt. Der Motor wird mit einer Wendeschützschaltung (*-Q2* und *-Q3*) betrieben, der Leistungsschalter *-F1* übernimmt den Überlast- und Kurzschlussschutz dieses Anlagenteiles.

Der Steuertrafo *-T1* stellt die Steuerspannung von 24 V bereit. Die Steuerspannungspotenziale *LS* und *NS* werden der Seite 2 übergeben.

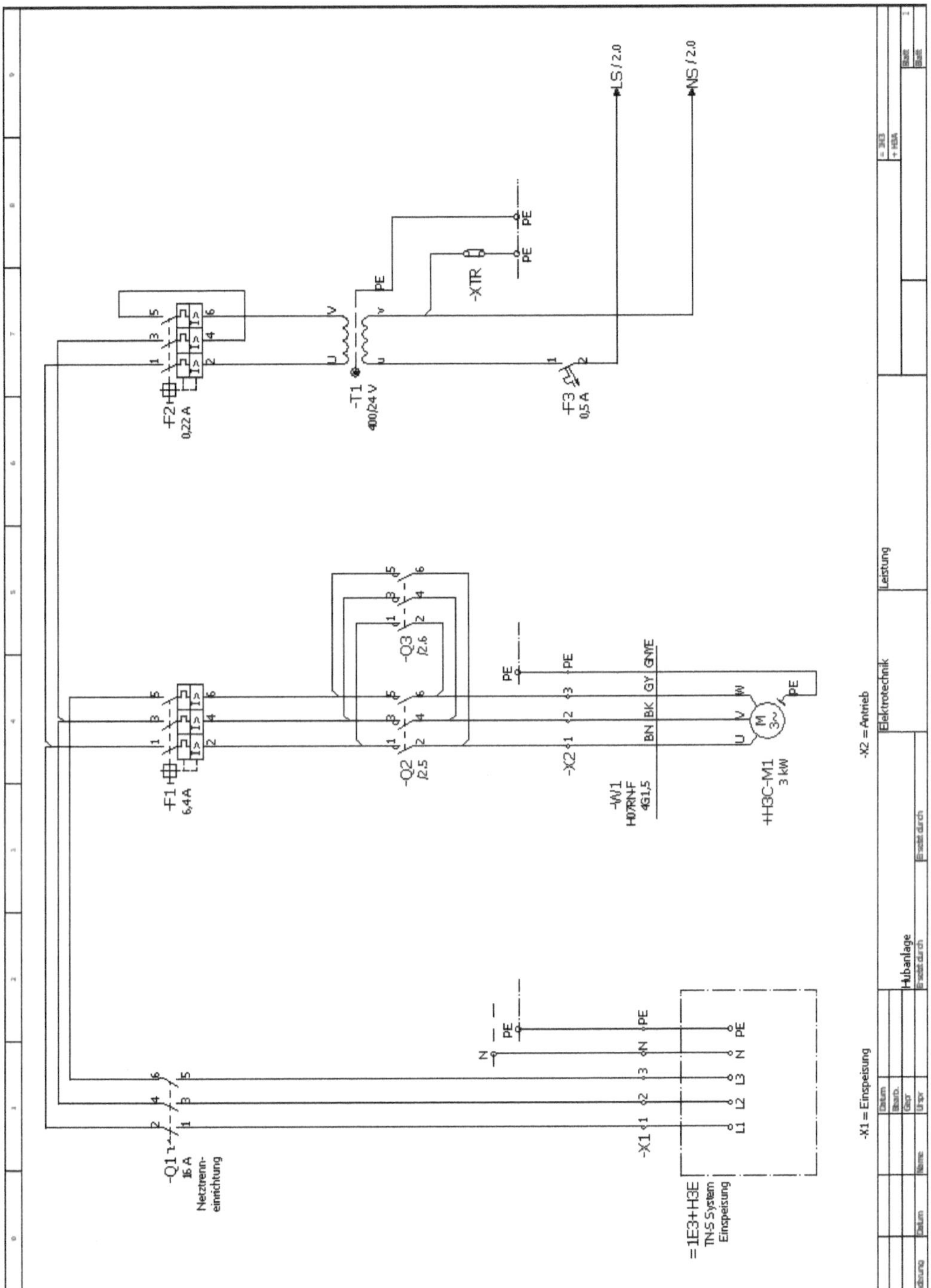

Bild 7.2 Hubanlage – Leistungsteil

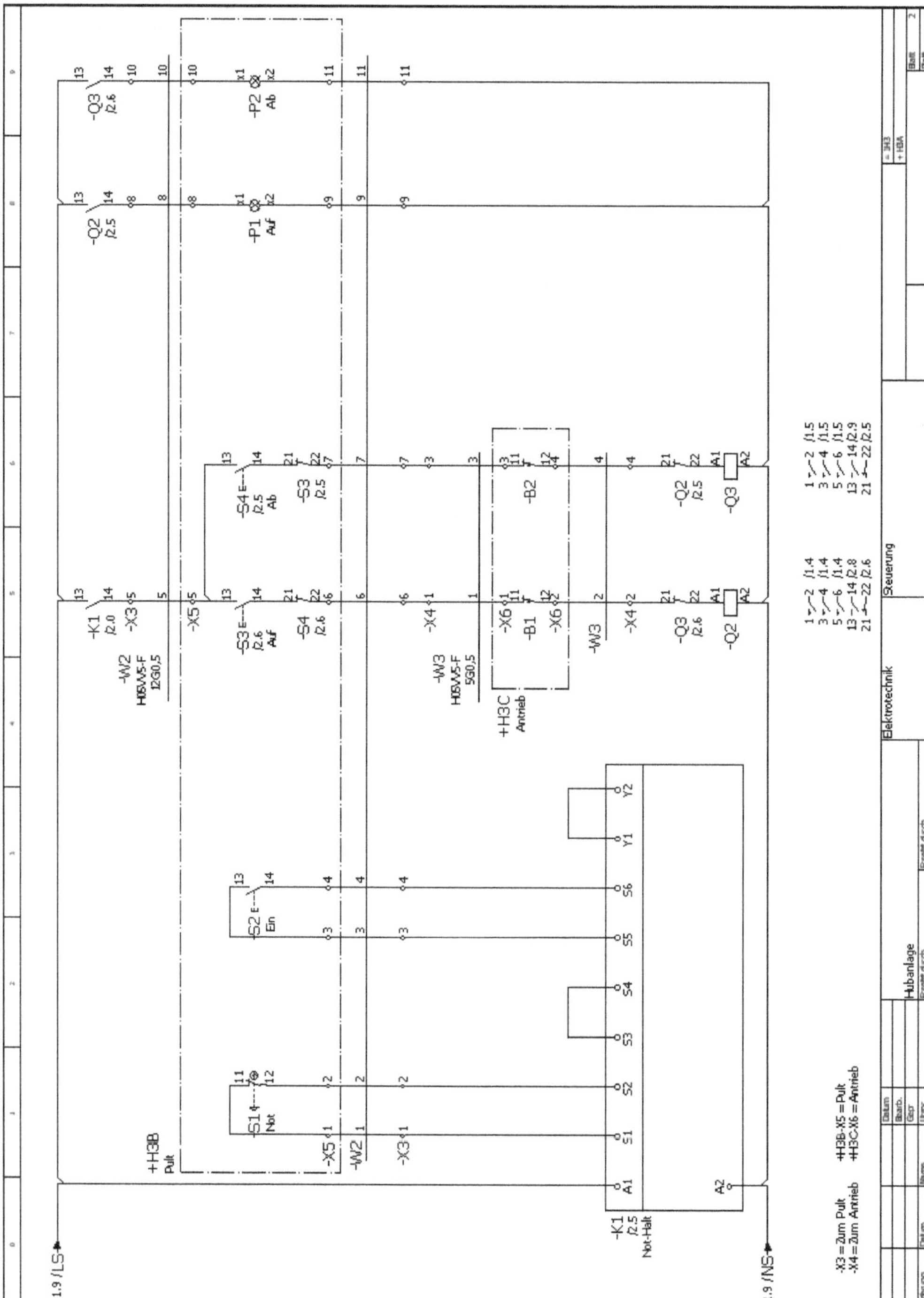

Bild 7.3 Hubanlage – Steuerung

Auf der Seite 2 ist die *Steuerung* dargestellt. Die Not-Halt-Funktion wird mit einem Not-Halt-Gerät (*-K1*), an welchem der Not-Taster (einkanalig) und der Bereit-Taster angeschlossen sind, realisiert. Der Kontakt *-K1* schaltet im Notfall die Motorschütze unabhängig vom Anlagenzustand ab. Das entspricht der Stopp-Kategorie 0.

Die Drehrichtung des Motors und damit die Bewegung der Winde wird mit den beiden Tastern *-S3* und *-S4* gesteuert. Die gegenseitige Verriegelung der Drehrichtung ist sowohl auf Tasterebene, als auch auf Schützebene ausgeführt. Die Endlagenschalter *-B1* und *-B2* schalten bei Erreichen der oberen bzw. unteren Endlage das jeweilige Motorschütz ab. Die Meldeleuchten *-P1* und *-P2* zeigen die Bewegungsrichtung an.

7.1.2 Programmstart und Oberfläche

Nach dem Programmstart erscheint die EPLAN-Oberfläche.

EPLAN starten
→ <EPLAN-Oberfläche>

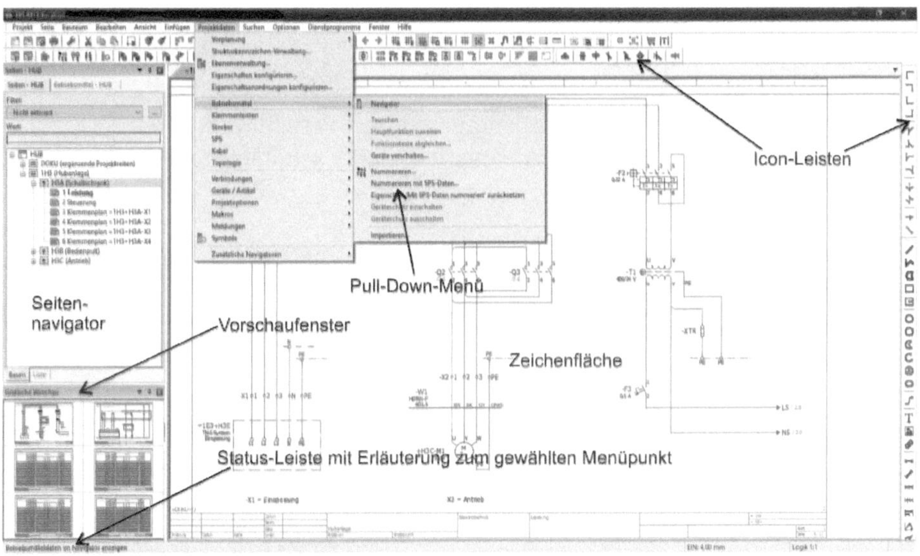

Bild 7.4 EPLAN-Oberfläche

Je nach Installation und Betriebssystem, kann es Unterschiede zu dieser Anleitung in der Darstellung der EPLAN-Oberfläche und in der Bedienung geben. Im Bild 7.4 ist zur besseren Veranschaulichung bereits ein geöffnetes Projekt enthalten.

Es ist möglich, dass EPLAN im Arbeitsbereich mit dem Schema *Pro Panel* startet. Das ist an den voreingestellten Navigatoren für Bauraum und 3D-Montageaufbau neben dem Seitennavigator erkennbar. Für dieses Beispiel sind Bauraum und Montageaufbau nicht notwendig, weshalb das Schema *Standard* genutzt werden soll. Das lässt sich einstellen mit der Befehlsfolge

Ansicht → **Arbeitsbereich** → Schema: *Standard* → [OK].

Die Anzeige wird neu aufgebaut, die Icons werden verändert und neben dem Seitennavigator ist jetzt der Betriebsmittelnavigator platziert.

Ein EPLAN-Arbeitsbereich umfasst die Größe und die Position des Hauptfensters sowie die Positionen, Größen und Einstellungen von Dialogen, Menü- und Symbolleisten.

Ein Schema ist eine Gruppe von Einstellungen, die unter einem bestimmten Namen abgespeichert werden.

Es ist ebenfalls möglich, dass sich ein *EPLAN Tutorial* meldet. Auch das ist zu diesem Zeitpunkt nicht notwendig und das Fenster kann geschlossen werden. Wenn später die Tutorials betrachtet werden sollen, sind sie mit der Befehlsfolge **Hilfe → EPLAN Tutorials** (Internetverbindung erforderlich) wieder erreichbar.

Seitennavigator

Da noch kein Projekt vorhanden ist, können die Inhalte des Seitennavigators noch nicht betrachtet werden. Dennoch soll im Vorgriff auf den späteren Bearbeitungsstand auch dessen Oberfläche erläutert werden.

Im Seitennavigator (Seitenübersicht) werden alle offenen Projekte mit ihren Seiten dargestellt. Die Anordnung der Projektseiten entspricht der gewählten Projektstruktur, z. B. nach Anlage und Einbauort.

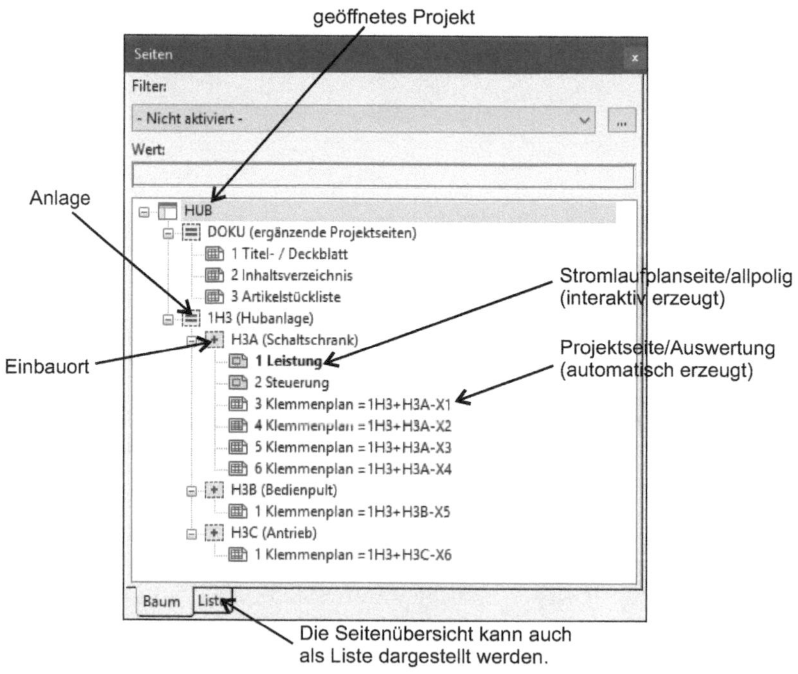

Bild 7.5 Seitennavigator

Mit Doppelklick auf den jeweiligen Eintrag lassen sich Seiten öffnen und im grafischen Editor anzeigen. Zudem können Seiten im Seitennavigator erstellt, kopiert, umbenannt oder gelöscht werden. Ebenfalls ist es möglich, die Seiteneigenschaften zu bearbeiten sowie die Nummerierung der Seiten zu verändern.

7.1.3 Projekte verwalten

Ein Projekt in EPLAN beinhaltet die Zusammenfassung aller Unterlagen, Zeichnungen, Dateien und Parameter zu einer bestimmten Aufgabe. Der Zugriff auf ein Projekt ist über seinen Namen möglich.

Der erste Schritt wird das Anlegen eines neuen Projektes sein. Um jedoch Verwechslungen zu vermeiden, sollten evtl. bereits offene Projekte zunächst geschlossen werden.

Im Seitennavigator das Projekt markieren → **Projekt** → **Schließen**

Enthält der Seitennavigator keine Einträge, entfällt dieser Schritt.

Projekt anlegen

Für das Anlegen eines Projektes stehen mehrere Möglichkeiten zur Auswahl, wobei von einem *Basisprojekt* oder von einer *Projektvorlage* ausgegangen werden kann. In beiden Fällen werden Voreinstellungen für die Projektparameter und Projektseiten bereitgestellt, weshalb nur wenige Optionen nachträglich verändert werden müssen. Das Basisprojekt unterscheidet sich von der Projektvorlage durch zusätzlich enthaltene Stammdaten.

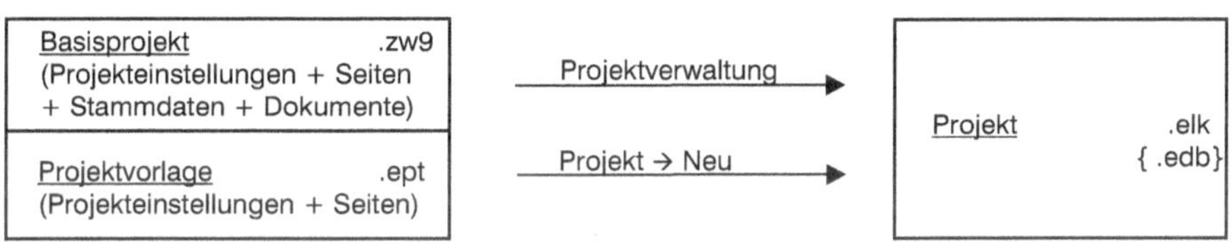

Bild 7.6 Projekt anlegen

Das Projekt kann direkt von der EPLAN-Oberfläche aus mit der folgenden Befehlsfolge angelegt werden.

Projekt → **Neu** → <Projekt erstellen>

Projektname: *HUB*
Vorlage: *IEC_tpl001.ept* ([...] → Projektvorlage auswählen → [Öffnen])
Erstellungsdatum setzen: *Haken*
Ersteller setzen: *Haken*

Zur Strukturierung der oft sehr zahlreichen Projekte ist es sinnvoll, ein Unterverzeichnis für das neue Projekt zu nutzen.

Speicherort: [...] → <Verzeichnis auswählen> → Firmenkennung markieren
→ rechte Maustaste → <Kontextmenü> → **Neu** → **Ordner**
→ Verzeichnis *Neuer Ordner* markieren
→ rechte Maustaste → <Kontextmenü> → **Umbenennen**
→ *BEISPIEL* eintragen → [OK]

Damit wird das Projekt *HUB* in dem neuen Verzeichnis *BEISPIEL* angelegt.

→ [OK] → <Projekteigenschaften> → /Eigenschaften/

Die Art des Projektes muss *Schaltplanprojekt* bleiben.

→ /Struktur/

Das Schaltplanprojekt *HUB* soll in seiner Seitennummerierung die Kennzeichnung nach *Anlage und Einbauort*[1] berücksichtigen. Die Kennzeichnungen der Betriebsmittel, Klemmenleisten, Stecker, Gerätekästen, SPS-Kästen, Kabel, Sammelschienen und Abbruchstellen sollen ebenfalls mit Anlage und Einbauort erfolgen. Fluid- und Mechanikkomponenten werden im Projekt nicht benutzt. Alle Einträge sind bereits voreingestellt, sollten aber überprüft werden.

[OK] → Das Projekt wird angelegt und geöffnet.

Das soeben angelegte Projekt erscheint in der Seitenübersicht. Es enthält noch keine Seiten. Nachträgliche Änderungen sind mit der Projektverwaltung möglich.

Soll die *Projektverwaltung* genutzt werden, ist diese zunächst zu öffnen.

Projekt → **Verwaltung** → <Projektverwaltung>

Ein neues Projekt kann auch in der Projektverwaltung angelegt werden.

→ [Organisieren] → **Neu** → <Projekt erstellen>
→ Projektname, Vorlage u. a. ausfüllen → [OK]
→ <Projekteigenschaften> → [OK]

In der Projektverwaltung stehen weitere Möglichkeiten für das Bearbeiten und Verwalten von Projekten zur Verfügung. Ebenfalls ist es möglich, aus vorhandenen Projekten eigene Basisprojekte oder Projektvorlagen zu erstellen.

Für einige Eingabefelder ist eine mehrsprachige Eingabe möglich. Solche Einträge können automatisch oder manuell übersetzt werden. Die betreffenden Felder werden mit dem Icon „Erdkugel" gekennzeichnet.

1) Funktions- und Ortsaspekt

Projekt sichern

Es stehen mehrere Methoden zur Sicherung von Projekten zur Verfügung. Eine Variante wird im Folgenden gezeigt.

Projekt → **Sichern** → **Projekt** → <Projekte sichern>

Die Speichermethode „Zusätzlich speichern“ erzeugt eine Sicherungskopie des Projektes. Die alternativen Methoden „Auslagern für externe Bearbeitung“ und „Archivieren“ legen einen Schreibschutz für das Quellprojekt fest oder löschen das Quellprojekt.

Das Projekt kann sowohl als Datei in ein beliebiges Verzeichnis gespeichert oder als E-Mail versendet werden. Bei begrenzter E-Mail-Größe kann das Projekt auch in mehreren Teilen versendet werden.

Wird die Option „Projekt komplett sichern“ markiert, werden auch eingelagerte Daten und Indexdateien mitgesichert. Die Optionen „Eingelagerte Fremddokumente sichern“ und „Eingelagerte Bilddaten sichern“ erlauben es, ergänzende Anleitungen und grafische Darstellungen gemeinsam mit dem Projekt zu sichern.

notwendige Einstellungen ausführen → [OK]

Je nach gewähltem Speichermedium werden Bestätigungen abgefragt. Der Sicherungsfortschritt wird angezeigt und die Sicherung nach Abschluss bestätigt. In der Sicherungsdatei sind alle Projektstammdaten (benutzte Symbole, Normblätter, Formulare, Artikel ...) enthalten. Damit ist die Sicherung des Projektes auch für die Weitergabe an Fremdrechner mit anderen Stammdaten geeignet.

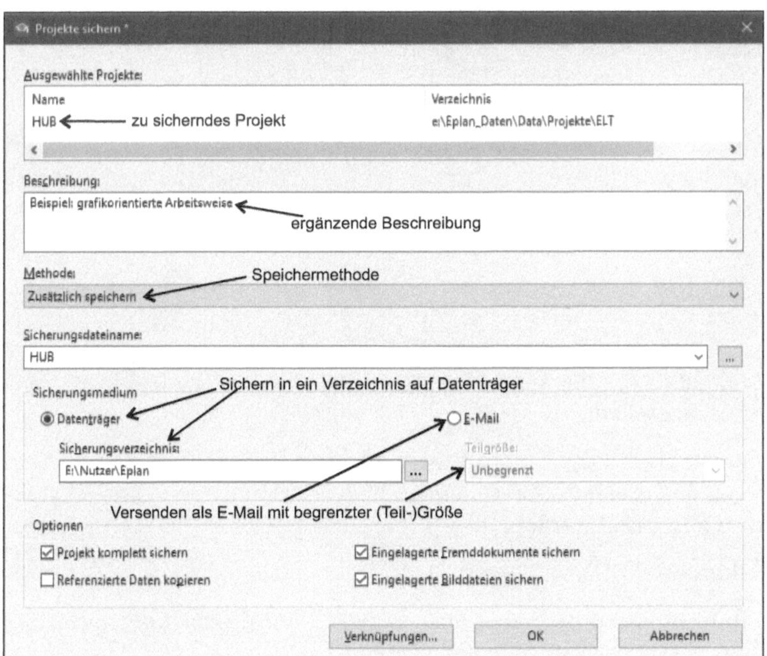

Bild 7.7 Projekt sichern

Gesichertes Projekt wiederherstellen

Projekt → **Wiederherstellen** → **Projekt** → <Projekt wiederherstellen>

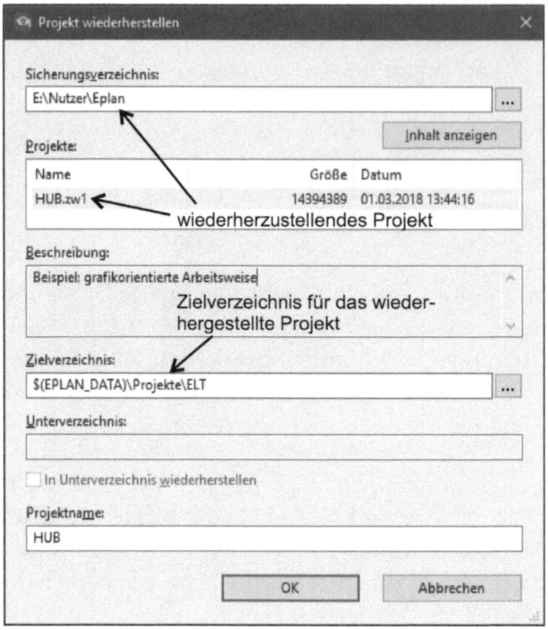

Bild 7.8 Projekt wiederherstellen

Bei der Wiederherstellung kann sowohl ein anderes Verzeichnis als auch ein anderer Projektname festgelegt werden.

notwendige Einstellungen ausführen → [OK]

Möglicherweise wird vor dem Überschreiben eines bereits vorhandenen Projektes gewarnt. Der Wiederherstellungsfortschritt wird angezeigt und die Wiederherstellung nach Abschluss bestätigt. Das Projekt ist danach im Seitennavigator eingetragen.

7.1.4 Parametereinstellungen

Die Arbeitsweise von EPLAN und die Darstellung der Projektunterlagen lassen sich mit einer Vielzahl von Parametern auf die speziellen Anforderungen der Projektierungsaufgabe oder des Anwenders einstellen.

Alle Einstellungen sind vorbelegt oder wurden bereits aus dem Basisprojekt oder der Projektvorlage beim Anlegen des Projektes übernommen. Jedoch sollten diese Einstellungen überprüft und bei Bedarf angepasst werden.

Optionen → **Einstellungen** → <Einstellungen>

Viele Parametereinstellungen lassen sich aber auch während der Bearbeitung verändern und sind hierzu auch aus den Unterfunktionen erreichbar.

Die Einstellungen sind in vier Hauptkategorien eingeteilt, die in mehrere Unterkategorien mit den Einstellungsbereichen verzweigen (Bild 7.9). Die Inhalte der Einstellungsbereiche sind nach dem Anklicken jeweils auf der rechten Seite des Menüfensters zu sehen und können dort verändert werden. Die Hauptkategorien enthalten firmenspezifische, stationsspezifische, benutzerspezifische und projektspezifische Einstellungen.

- **Firmenspezifische Einstellungen**
  Es ist möglich, für ein Unternehmen einheitliche Einstellungen für alle Arbeitsplätze festzulegen. Ein Beispiel dafür ist die Festlegung von Verzeichnissen der Projektverwaltungsdaten.
- **Stationsspezifische Einstellungen**
  Mit diesen Parametern können Druckereinstellungen oder der Dateipfad für die Ausgabedatei der Systemmeldungen festgelegt werden.
- **Benutzereinstellungen**
  Hier kann die Arbeitsweise des Systems an persönliche Wünsche angepasst werden.
- **Projektspezifische Einstellungen**
  Die projektspezifischen Parameter sind einem (geöffneten) Projekt zugeordnet. Damit wirken sich Änderungen ausschließlich auf dieses Projekt aus.

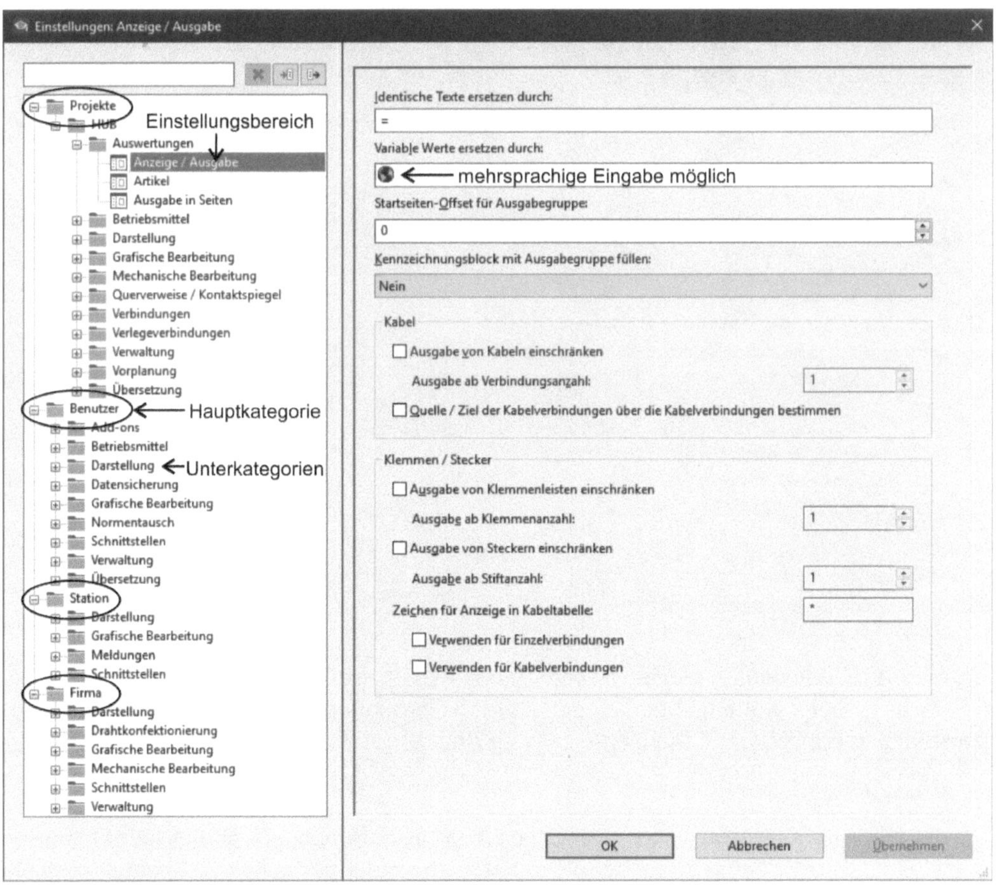

Bild 7.9 Parametereinstellungen

Das Prüfen und eventuelle Verändern von Einstellungen wird parallel zu der Projekterarbeitung angezeigt, wodurch eine bessere Verständlichkeit der Wirkung einzelner Einstellungen erreicht werden kann. Im Moment sollen noch keine Einstellungen verändert werden.

Das Dialogfenster kann mit [Abbrechen] wieder geschlossen werden.

7.1.5 Strukturkennzeichen vorbereiten

Für die Strukturierung der Anlage und der Projektunterlagen werden der Funktions- und Ortsaspekt (Anlage und Einbauort) laut Bild 7.1 benutzt. Zusätzlich wird die Anlagenbezeichnung *=DOKU* für ergänzende Unterlagen vorbereitet. Nachdem das Projekt fertiggestellt ist, wird es die Struktur von Bild 7.10 aufweisen.

> Die hier gezeigte Vordefinition der Strukturkennzeichen ist nicht unbedingt notwendig, da die Einträge auch bei erstmaliger Benutzung eines Kennzeichens erfolgen.

Zur Verwaltung der Strukturkennzeichen für Anlage, Einbauort und weiteren Kriterien steht ein Editor zur Verfügung.

Projektdaten → **Strukturkennzeichen-Verwaltung** → <Kennzeichen>

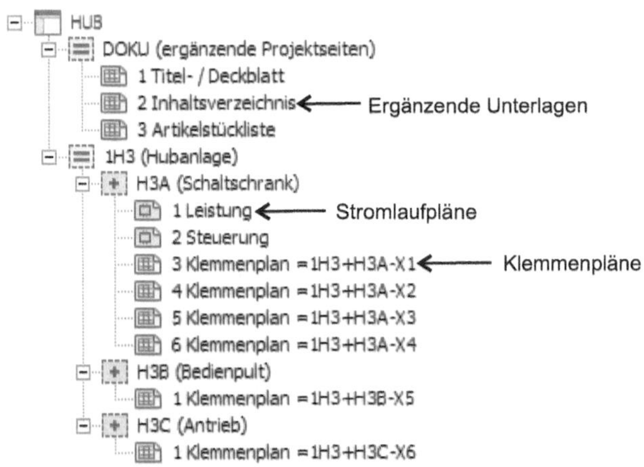

Bild 7.10 Projektstruktur

Die Strukturkennzeichen können sowohl in einer Baumstruktur als auch in Tabellenform (Liste) dargestellt werden. Die Baumstruktur ist besonders für geschachtelte Strukturkennzeichen geeignet. Die Tabellenform zeigt Bild 7.11.

→ /Liste/ → *Anlage* wählen

Die Tabelle zeigt die (noch leere) Liste der Strukturkennzeichen, die nun gefüllt werden muss. Ein „Leeres Kennzeichen" wird benutzt, wenn auf einer der Projektseiten in einem verfügbaren Kennzeichenblock kein Kennzeichen eingetragen wird, dieser also leer bleibt. Diese Zeile der Strukturkennzeichen-Übersicht bleibt unverändert.

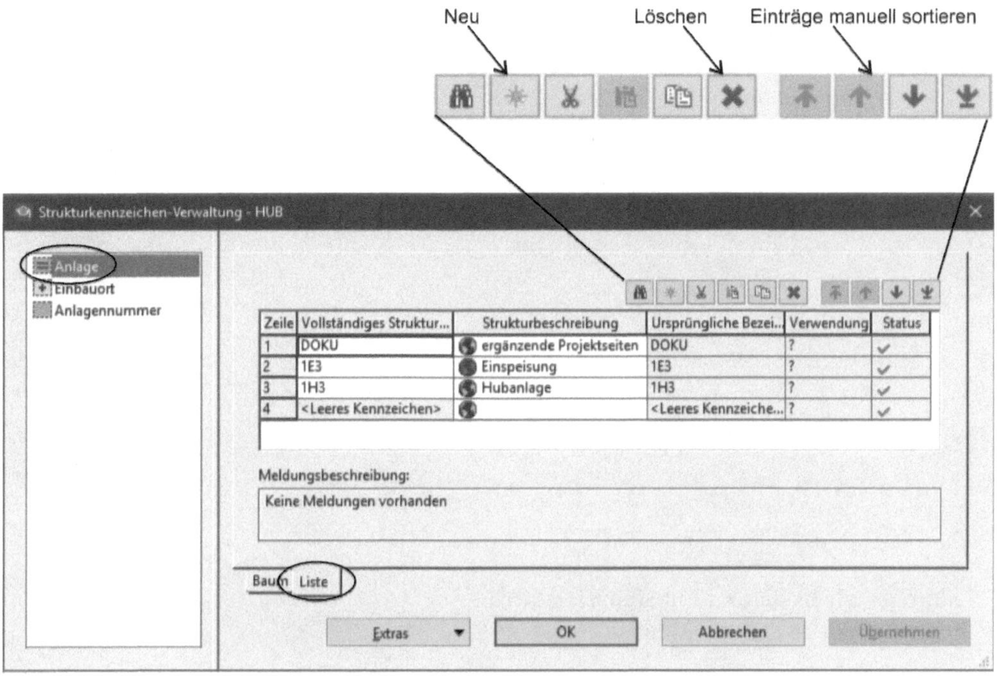

Bild 7.11 Strukturkennzeichen Anlage

Für neue Einträge werden zunächst mit dem Icon „Neu" weitere Zeilen ergänzt, deren Felder danach mit Texten gefüllt werden können. Eventuell ist es noch notwendig, die Reihenfolge der Einträge zu verändern, damit die Projektstruktur den Anforderungen entspricht.

Einträge wie in Bild 7.11 ausführen → Einbauort wählen → <Hinweise zur Projektaktualisierung> → [Ja]

Möglicherweise ist beim Ausfüllen der Beschreibungen die Funktion „AutoVervollständigen" wirksam geworden. EPLAN bietet bei Texteinträgen passende Begriffe aus einem Wörterbuch für Übersetzungen an.

Wenn die Funktion „AutoVervollständigen" nicht gewünscht ist, kann sie in den Parametereinstellungen deaktiviert werden.

Optionen → Einstellungen → <Einstellungen>

→ in der Baumstruktur „Benutzer\Übersetzung\Wörterbuch" wählen
→ den Haken an der Option „AutoVervollständigen" entfernen
→ [OK]

Die Einträge für den Einbauort müssen in gleicher Weise festgelegt werden.

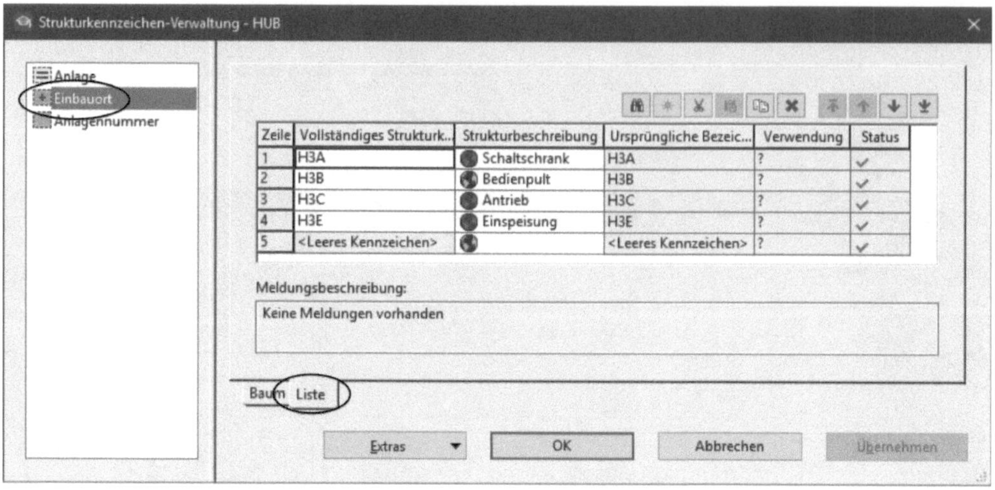

Bild 7.12 Strukturkennzeichen Einbauort

Einträge wie in Bild 7.12 ausführen → [OK]
→ <Hinweis zur Projektaktualisierung> → [Ja]

Die Struktur ist im Seitennavigator nicht sofort sichtbar, da Strukturelemente erst dargestellt werden, wenn sie Projektseiten enthalten.

7.1.6 Projektseiten

Im nächsten Schritt der Projekterarbeitung müssen die Seiten für die interaktive grafische Bearbeitung vorbereitet werden. Es ist möglich, Seiten auch während der Bearbeitung noch zu ergänzen. In diesem Beispiel sollen die beiden notwendigen Stromlaufplanseiten jedoch vorher angelegt werden.

Seiten anlegen

Der Seitennavigator (siehe Bild 7.5) sollte noch sichtbar sein, anderenfalls muss er geöffnet werden.

Seite → **Navigator** → <Seitennavigator>

Im Seitennavigator ist zunächst nur das Projekt *HUB* eingetragen, dem neue Seiten hinzugefügt werden sollen.

Projekt markieren → rechte Maustaste → <Kontextmenü> → **Neu** → <Neue Seite>

Im vollständigen Seitennamen sind die Strukturkennzeichen Anlage und Einbauort mitenthalten. Diese bestimmen die Position der Seite in der Projektstruktur und werden im Schriftfeld eingetragen. Die Kennzeichen können direkt in das Dialogfeld geschrieben oder nach dem Drücken der Taste [...] neben dem Dialogfeld aus der Vordefinition ausgewählt werden.

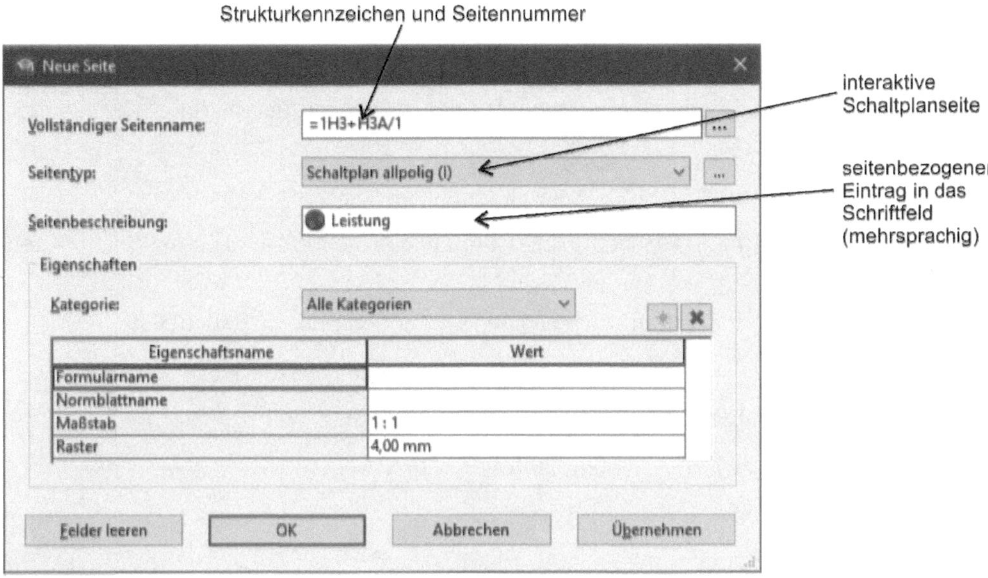

Bild 7.13 Seite neu anlegen

Es werden zwei Seiten mit folgenden Eigenschaften angelegt:

Tabelle 7.1 Seiteneigenschaften Projekt *HUB*

Seite	1	2
Vollständiger Seitenname	*=1H3+H3A/1*	*=1H3+H3A/2*
Seitentyp	Schaltplan allpolig (I)	Schaltplan allpolig (I)
Seitenbeschreibung	*Leistung*	*Steuerung*
	[Übernehmen]	[OK]

Projektseiten verwalten

Im Seitennavigator stehen Funktionen zum Ändern der Seiteneigenschaften sowie zum Umbenennen, Verschieben, Kopieren und zum Löschen zur Verfügung. Die betreffenden Menüpunkte sind am einfachsten über das Kontextmenü erreichbar.

Seiteneintrag markieren → rechte Maustaste → <Kontextmenü>

Mit [Esc] lässt sich das Kontextmenü wieder schließen.

Das Dialogfenster für die Seiteneigenschaften kann auch mit einem Doppelklick auf das Schriftfeld geöffnet werden.

7.1.7 Grafische Bearbeitung

Die gesamte interaktive Zeichnungserstellung sowie das Betrachten und Ändern automatisch generierter Pläne und Listen werden mit der grafischen Bearbeitung (Grafikeditor) ausgeführt.

Oberfläche

Die Bedienoberfläche der grafischen Bearbeitung (siehe auch Bild 7.4) besteht aus folgenden Komponenten:

- Überschriftszeile mit Strukturkennzeichen und Nummer der aktuellen Seite,
- Pull-Down-Menü,
- Icon-Leisten, die individuell angeordnet werden können,
- Zeichenfläche für die grafische Bearbeitung,
- Seitenübersicht (kann ausgeblendet werden),
- Vorschaufenster (kann ausgeblendet werden),
- Statuszeile mit der Erläuterung zum gewählten Menüpunkt oder der aktuellen Kursor-Position.

Zwischen den Schaltplanseiten des Projektes kann mit dem Seitennavigator gewechselt oder mit den Tasten [Bild auf] und [Bild ab] geblättert werden.

> Es ist auch möglich, mehrere Grafikfenster gleichzeitig zu öffnen. Alle Fenster können auf dem Bildschirm nach persönlichen Wünschen angeordnet werden. ■

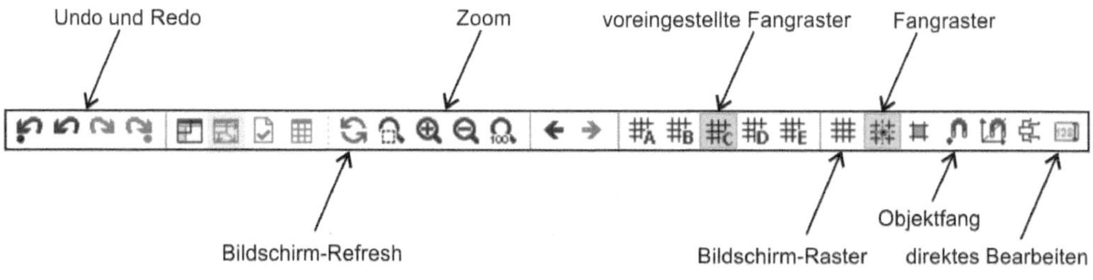

Bild 7.14 Einige Icons der grafischen Bearbeitung

Zoomfunktionen sind über die entsprechenden Icons verfügbar. Leicht handhabbar sind auch die Zoom- und Pan-Funktionen mit dem Scroll-Rad der Maus. Ein Doppelklick auf das Scroll-Rad stellt den Zoom auf 100 % zurück. Das Fangraster muss eingeschaltet bleiben und sollte auf einen Abstand von 4 mm (Raster C) eingestellt bleiben. Der Objektfang hat höhere Priorität als das Fangraster und sollte deaktiviert bleiben, um Fehlplatzierungen der Symbole zu vermeiden. Eine Auswahl der Icons zeigt Bild 7.14.

Schaltzeichen einfügen

Zunächst sollen Begriffe und Zusammenhänge erläutert werden. In einigen Fällen weichen die in EPLAN verwendeten Begriffe von den genormten Definitionen ab.

Ein *Symbol* ist in EPLAN eine Grafik zur Darstellung einer elektrischen Funktion. Es enthält jedoch selbst keine logischen Daten.

Ein *Schaltzeichen* besteht aus einem Symbol mit grafischen und logischen Daten der elektrischen Funktion.

Das *Betriebsmittel* ist ein Schaltzeichen, welchem Artikeldaten zugeordnet sind.

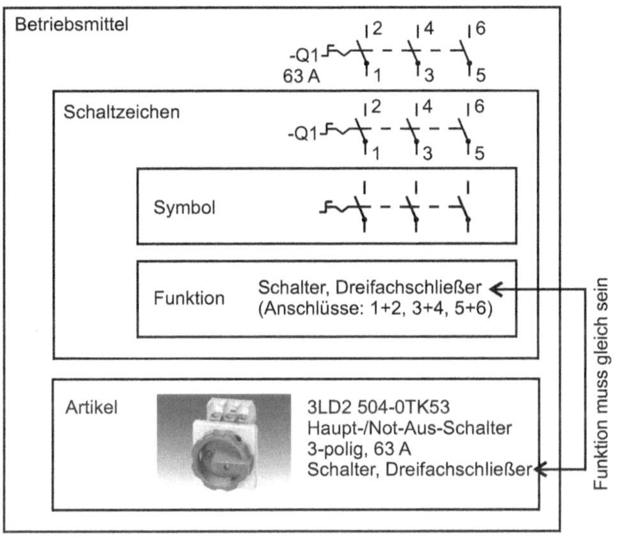

Bild 7.15 Betriebsmittel in EPLAN

Systemstammdaten sind projektübergreifende Daten, die in einer zentralen Stammdatenbibliothek enthalten sind. Diese lassen sich mit speziellen Stammdateneditoren verändern.

Projektstammdaten sind die in dem Projekt verwendeten und in dieses eingelagerte Stammdaten.

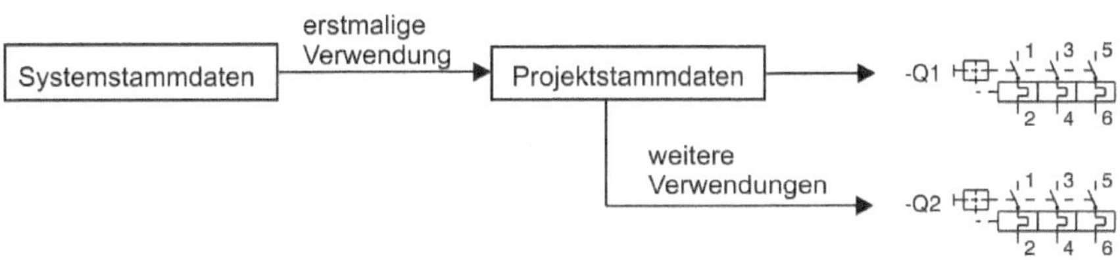

Bild 7.16 Systemstammdaten und Projektstammdaten

Symbole, Funktionsdefinitionen und Artikel werden aus den Systemstammdaten bezogen und bei erstmaliger Benutzung in die Projektstammdaten kopiert. Bei wiederholter Benutzung dieser Daten werden sie danach immer den Projektstammdaten entnommen. Diese Vorgehensweise hat den Vorteil, dass im Projekt alle benutzten Stammdaten enthalten sind und diese damit auch nach der Übergabe des Projektes auf einen Fremdrechner zur Verfügung stehen.

Wenn Stammdaten mit einem Stammdateneditor geändert werden, wirkt sich diese Änderung jedoch nicht auf die Projektstammdaten und damit auch nicht auf den Projektinhalt aus. Selbst neu in die Zeichnung eingefügte Elemente haben noch den alten Stand, da sie weiter aus den Projektstammdaten bezogen werden. Erst nach einem Stammdatenabgleich sind die Änderungen auch in den Projektstammdaten und damit in der Zeichnung ausgeführt.

Die Bearbeitung beginnt auf der Seite 1. Als erstes Schaltzeichen wird die Netztrenneinrichtung (-*Q1*) eingefügt.

Einfügen → Symbol → <Symbolauswahl>

oder

[Einfg] → <Symbolauswahl>

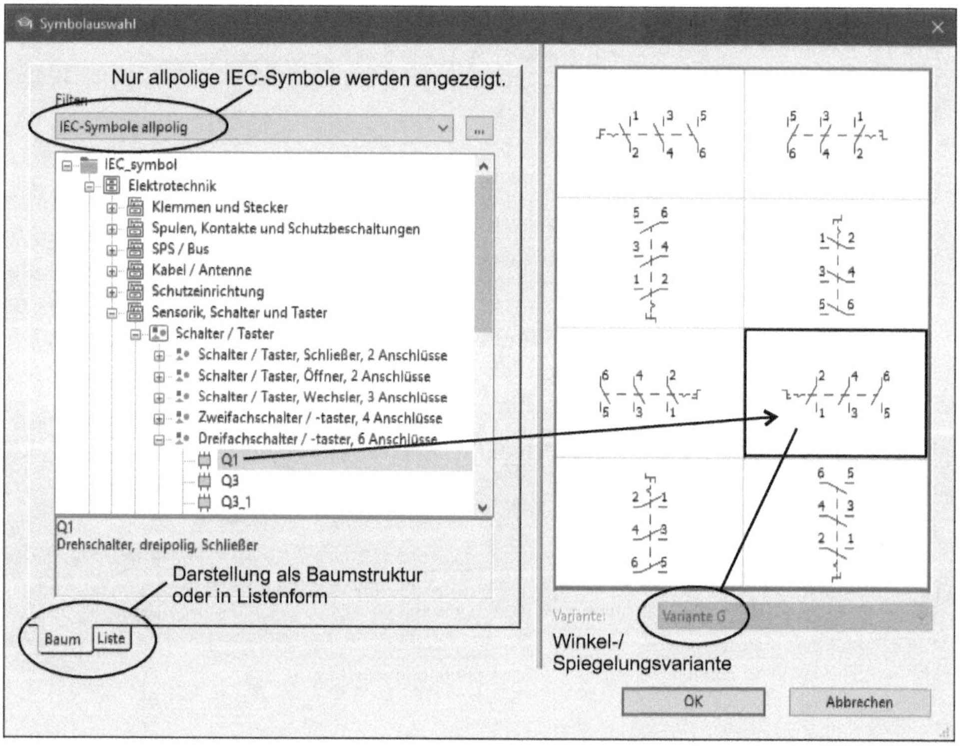

Bild 7.17 Symbolauswahl

Wie in Bild 7.17 zu sehen ist, wurde der Filter für die Symbolauswahl genutzt. Es werden jetzt nur noch allpolige IEC-Symbole angezeigt, was Verwechslungen z. B. mit ähnlichen einpoligen Symbolen (wie bei Klemmen) vermeidet.

> Neben der Darstellung als Baumstruktur ist auch eine Listenanzeige möglich. In der Listenanzeige kann das Symbol bei bekanntem Namen auch mit der Tastatur ausgewählt werden. Für die schnellere Auswahl kann so der teilweise oder vollständige Symbolname eingegeben werden. ■

In dem Vorschaufenster werden alle verfügbaren Winkel- und Spiegelungsvarianten angezeigt. Aus diesem Vorrat ist das gewünschte Symbol auszuwählen. Ein manuelles Drehen oder Spiegeln auf der Stromlaufplanseite ist nicht möglich.

→ *Q1*, Variante *G* auswählen → [OK] → Symbol platzieren
→ <Eigenschaften (Schaltzeichen)> → /Schalter/Taster/

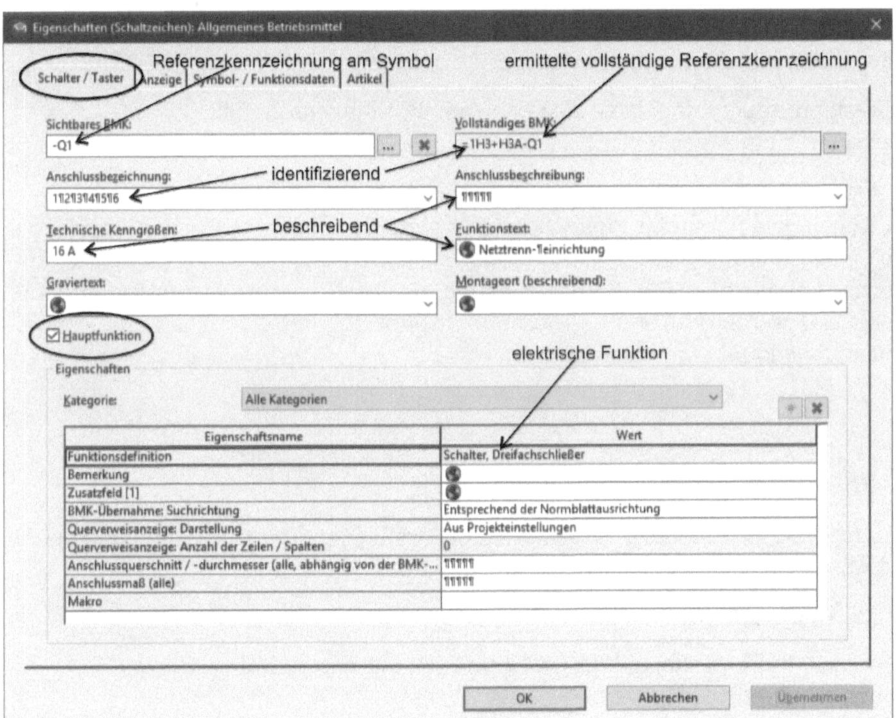

Bild 7.18 Eigenschaften des Schaltzeichens

Bei einzelnen Einträgen kann mit der Taste [...] oder [↓] aus einer Liste möglicher Einträge ausgewählt werden.

Als sichtbares BMK (Betriebsmittelkennzeichen) wird das Referenzkennzeichen eingetragen und bei Bedarf durch den Funktions- oder Ortsaspekt ergänzt. Unter Verwendung der Einträge im Schriftfeld (aus den Seiteneigenschaften) oder in einem Strukturkasten wird daraus das vollständige BMK ermittelt und angezeigt.

Die Anschlussbezeichnung ist aus den Informationen der elektrischen Funktion vorbelegt, kann aber auch geändert und evtl. durch die Anschlussbeschreibung ergänzt werden.

Das Trennzeichen ¶ wird mit der Tastenkombination [Strg]+[Enter] erzeugt und dient auch dem Zeilenumbruch, z. B. in dem Funktionstext *Netztrenn-¶einrichtung*.

Für die ausgewählte Netztrenneinrichtung werden die Eigenschaften wie in Bild 7.18 festgelegt. Der Vorgang der Symbolplatzierung ist zyklisch und muss mit [Esc] abgebrochen werden.

→ Eigenschaften eintragen → [OK] → nächstes Symbol ist am Kursor → [Esc]

Damit enthält der Stromlaufplan ein erstes Schaltzeichen, an dem einige der Editieroperationen gezeigt werden können.

Schaltzeichen editieren

Ändern der Eigenschaften

Doppelklick mit linker Maustaste auf das Symbol[2] → <Eigenschaften>
→ Eigenschaften eintragen → [OK]

In Abhängigkeit von der Einstellung dieser Funktionalität werden alternativ die *übergreifenden Eigenschaften* angezeigt. Diese betreffen bei verteilt dargestellten Betriebsmitteln alle (Teil-)Symbole mit der gleichen Referenzkennzeichnung. Anderenfalls werden nur die Eigenschaften des markierten Symbols geändert. Die Einstellung kann umgeschaltet werden mit:

Optionen → Eigenschaften (übergreifend) ■

Andere Editieroperationen

Viele Editieroperationen sind schon aus anderen Grafikprogrammen unter Windows bekannt und werden deshalb hier nur genannt.

Einfachklick mit rechter Maustaste auf das Symbol → <Kontextmenü>

→ **Kopieren** in die Zwischenablage oder **Einfügen** aus der Zwischenablage,
→ **Löschen** (auch mit [Entf] aufrufbar),
→ **Verschieben** (auch mit drag & drop möglich),
→ **Duplizieren** (auch mit [Strg] + drag & drop möglich),
→ **Text → Eigenschaftstext verschieben,**
→ **Objekte gleichen Typs markieren** (Objekte des gewählten Typs auf der aktuell geöffneten Seite),

2) Die Funktion „Direktes Bearbeiten" darf nicht aktiv sein.

→ **Tabellarisch bearbeiten** (Daten der markierten Objekte werden in tabellarischer Form angezeigt),
→ **Eigenschaften** oder **Eigenschaften (übergreifend)** u. a.

Die Editieroperationen sind auch auf mehrere Schaltzeichen zugleich anwendbar (Mehrfachselektion). Hierzu werden die gewünschten Symbole mit gedrückter [Strg]-Taste einzeln markiert oder mit einem Auswahlrahmen festgelegt. Sollen die Eigenschaften mehrerer Schaltzeichen gleichzeitig geändert werden, ist dies nur für gleichartige Elemente sinnvoll. Unterschiedliche Einträge in den Eigenschaften werden dann mit <<...>> angegeben. Mit [Esc] kann die Selektion wieder aufgehoben werden.

In der gezeigten Weise sind nun Schaltzeichen auf der Seite 1 entsprechend der Vorgabe in Bild 7.19 zu platzieren. Zur Vereinfachung sind die jeweiligen Symbolnamen genannt. Wenn keine Variante angegeben ist, ist jeweils die Winkelvariante A gemeint.

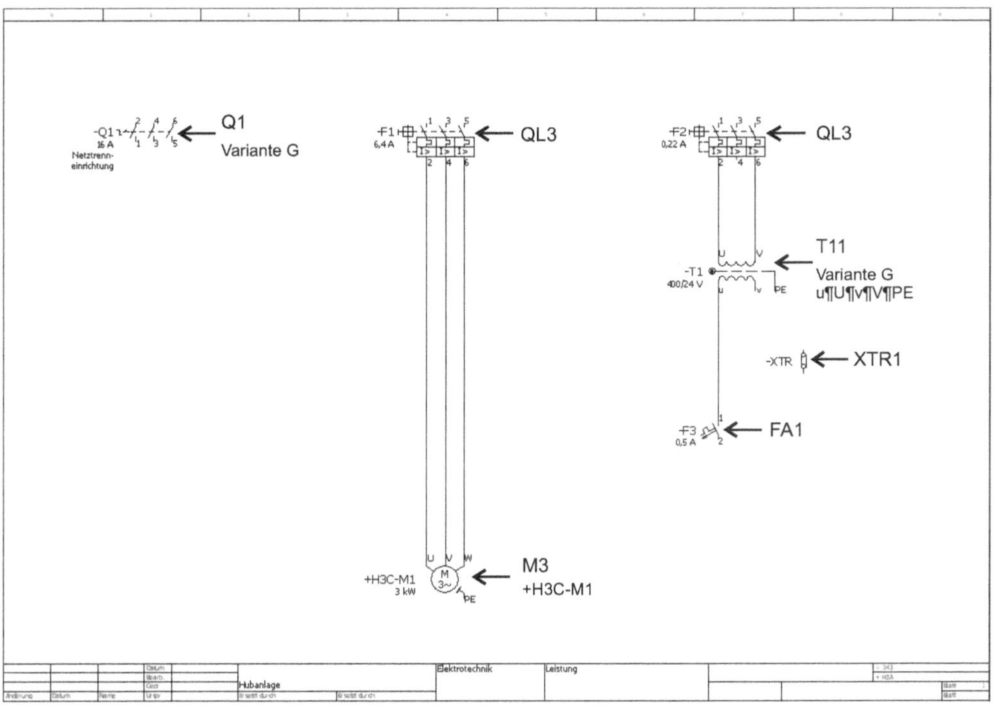

Bild 7.19 Arbeitsstand mit selbständig ergänzten Schaltzeichen

Autoconnecting

Nachdem Leistungsschalter und Drehstrommotor platziert sind, wurden deren Anschlüsse automatisch verbunden. Gleiches gilt für die Verbindungen am Steuertrafo. Diese Verbindungen werden hergestellt, sobald Anschlüsse von Symbolen einander senkrecht oder waagerecht gegenüberliegen.

Mit Winkeln und Verbindungsabzweigungen (T-Stücke, Kreuzungen) können die Verbindungen gestaltet und verzweigt werden. Hinsichtlich der Verdrahtungsreihenfolge ist besonders beim Einsetzen von T-Stücken auf die korrekte Leitungsführung zu achten. Bild 7.20 zeigt hierzu ein Beispiel. Bei Anwendung der hier gezeigten zielorientierten Verdrahtung statt der Punktverdrahtung ist die Reihenfolge der Verdrahtung auch in der Grafik erkennbar und soll deshalb weiterhin genutzt werden.

Möglicherweise ist es notwendig, in den Optionseinstellungen die hier benutzte Zielverdrahtung zu aktivieren.

Optionen → Einstellungen → <Einstellungen>

auf den Benutzer bezogen:
→ in der Baumstruktur „Benutzer\Grafische Bearbeitung\Verbindungssymbole" wählen

oder auf das Projekt bezogen:
→ in der Baumstruktur „Projekte*HUB*\Grafische Bearbeitung\Allgemein" wählen

danach:
→ die Option „Mit Zielfestlegung" markieren
→ [OK]

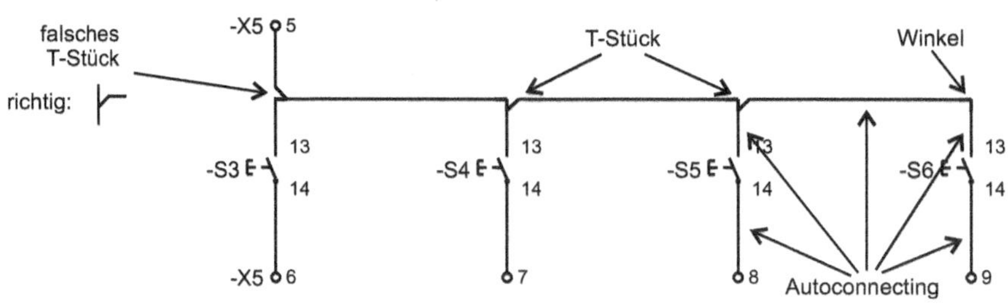

Bild 7.20 Autoconnecting

Die Winkel, Verbindungsabzweigungen und weitere Verbindungssymbole sind am leichtesten über die Icon-Leiste am rechten Fensterrand erreichbar. In den folgenden Abbildungen ist die Icon-Leiste gedreht abgebildet.

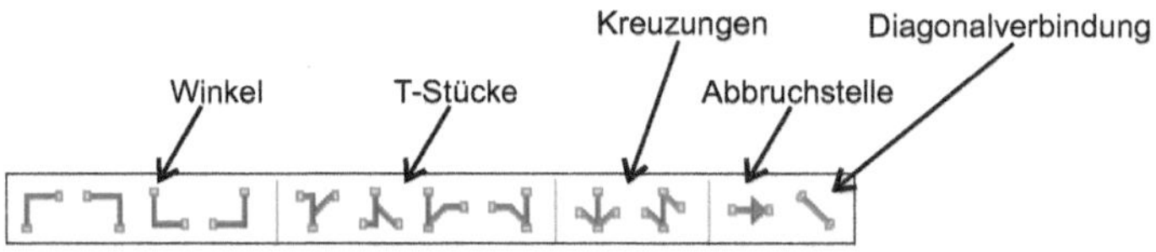

Bild 7.21 Verbindungssymbole

Die Winkel, T-Stücke und Kreuzungen sind, wie die Symbole, in Winkelvarianten verfügbar. Durch diese Varianten lässt sich während des Platzierens bei gedrückter [Strg]-Taste, mittels Kursorbewegung kreisförmig um das Symbol, blättern. Dieses scheinbare Drehen ist bei allen Symbolen mit Winkelvarianten nutzbar.

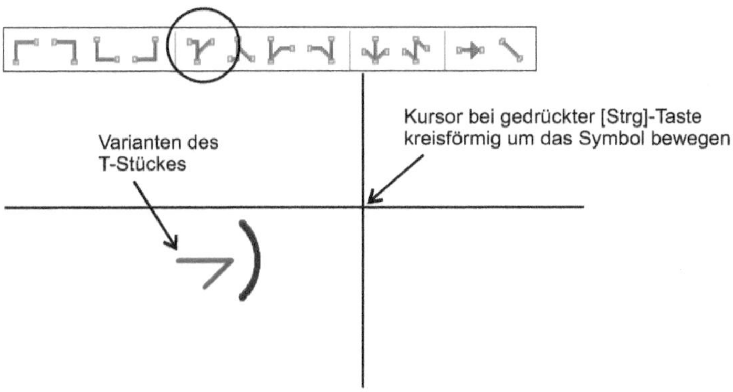

Bild 7.22 Winkelvarianten der Verbindungssymbole

Es ist auch möglich, mehrere Verbindungssymbole gleichzeitig zu platzieren, indem mit gedrückter Maustaste eine Hilfs- oder Platzierungslinie über die Platzierungspositionen gezogen wird. Voraussetzung ist aber, dass bereits mindestens ein Partneranschluss für das Autoconnecting vorhanden ist. Diese Mehrfachplatzierung ist ebenfalls für alle Symbole anwendbar.

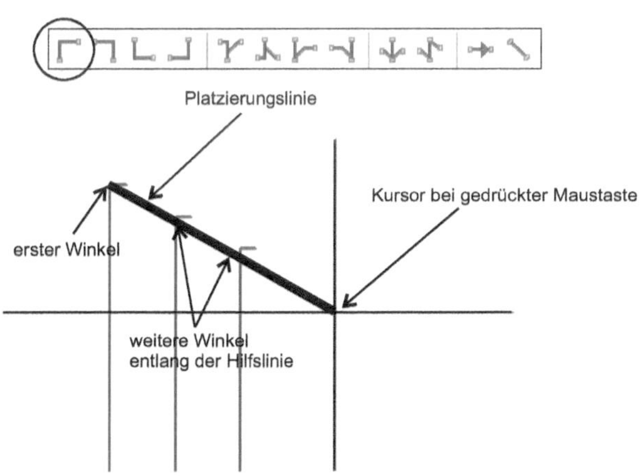

Bild 7.23 Mehrere Verbindungssymbole gleichzeitig platzieren

Nun kann die Seite 1, wie in Bild 7.24 dargestellt, weiter vervollständigt werden. Sollte ein bestimmtes T-Stück nicht als Winkelvariante verfügbar sein, so helfen Doppelklick auf das T-Stück und anschließende Zielauswahl weiter.

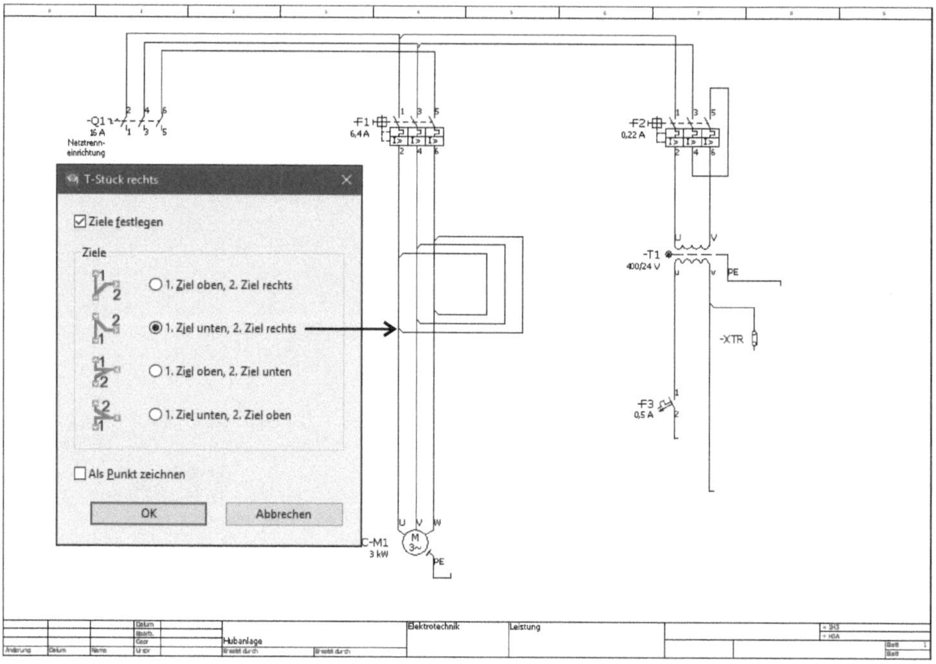

Bild 7.24 Arbeitstand nach Vervollständigung der Verbindungen

Schütz-Hauptkontakte einfügen

Die Hauptkontakte der Schütze *-Q2* und *-Q3* setzen sich aus jeweils drei Symbolen für die Leistungsschließer und einer mechanischen Wirkverbindung zusammen.

Beim Einfügen der Schließerkontakte kann wieder (wie bei den Verbindungssymbolen) mit gedrückter Maustaste eine Platzierungslinie gezogen werden.

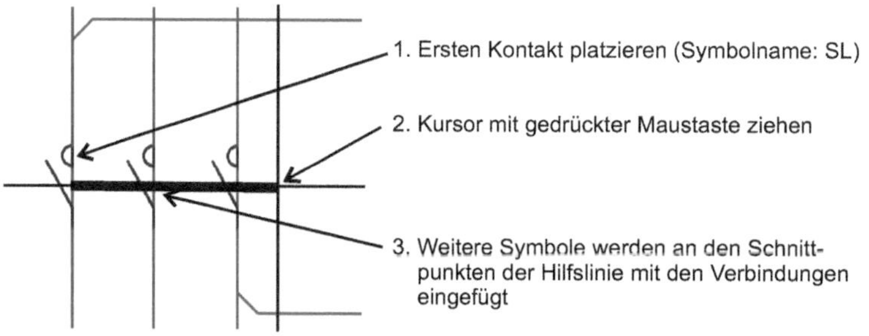

Bild 7.25 Schütz-Hauptkontakte

[Einfg] → <Symbolauswahl> → *SL*, Variante *A* auswählen → [OK]

→ Symbol für ersten Kontakt platzieren und mit gedrückter Maustaste die Platzierungslinie ziehen → drei Symbole werden eingefügt
→ nächstes Symbol ist am Kursor → [Esc]

Das Eigenschaftenfenster öffnet sich nach einer Mehrfachplatzierung nicht.

Im nächsten Schritt müssen die Eigenschaften für das Schaltzeichen eingestellt werden. Das Referenzkennzeichen von Schaltzeichen, die sich aus mehreren Symbolen zusammensetzen, wird stets an dem Symbol eingetragen, das am weitesten links liegt und gilt für das gesamte Schaltzeichen. Die Anschlussbezeichnung wird dagegen nicht verknüpft und muss an jedem Symbol einzeln eingetragen werden.

Das sichtbare BMK soll *-Q2* sein und als Anschlussbezeichnung wird jeweils *1¶2*, *3¶4* und *5¶6* an den Symbolen eingetragen oder mit [↓] aus der Vorgabe ausgewählt.

Doppelklick auf den Kontakt → <Eigenschaften> → /Schließer/ → Eigenschaften eintragen → [OK]

Die mechanische Wirklinie zwischen den Kontakten wird als grafische Linie gezeichnet.

Einfügen → **Grafik** → **Linie** → Anfangspunkt → Endpunkt → [Esc]

Die Linienart *gestrichelt*, die Linienbreite *0,25 mm* und weitere Eigenschaften können eingestellt werden.

Doppelklick auf die Linie → <Eigenschaften> → Doppelklick auf Format

→ Eigenschaften eintragen oder aus der Vorgabe auswählen → [OK]

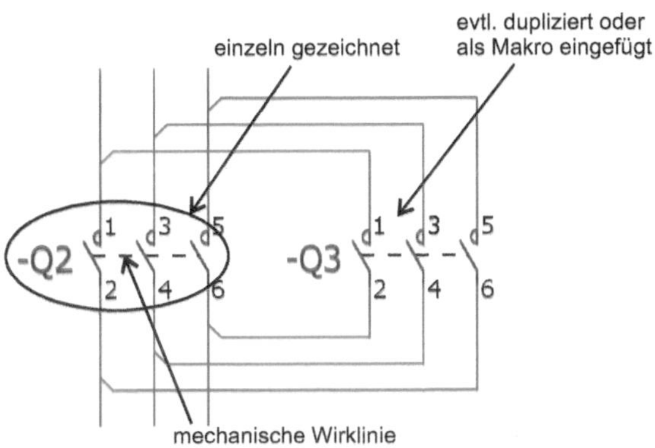

Bild 7.26 Wendeschützschaltung

Diese Zusammenstellung wird häufig benötigt. Für die erneute Nutzung dieses zusammengesetzten Symbols ist es deswegen sinnvoll, es als Symbolmakro zu speichern.

Bearbeiten → **Fenster-/Symbolmakro erstellen** → Elemente markieren
→ <Speichern unter>
→ [Extras] → **Anfasspunkt**[3] **definieren** → Koordinate festlegen
→ <Speichern unter>
→ Verzeichnis, Dateiname und Beschreibung eintragen → [OK]

Für den zweiten Satz Hauptkontakte lässt sich das Symbolmakro wieder aufrufen.

Einfügen → **Fenster-/Symbolmakro** → <Makro auswählen> → Makro wählen
→ [Öffnen] → Makro platzieren → <Einfügemodus>

[3] Bezugspunkt des Makros: Mit diesem Punkt befindet sich beim Einfügen das Makro am Kursor (Einfügepunkt).

→ Übernahme des Betriebsmittelkennzeichens festlegen → [OK]
→ nächstes Makro ist am Kursor → [Esc]

Für das Erstellen und Verwalten von Makros können Makroprojekte angelegt werden.

Klemmenleisten einfügen

Der Handlungsablauf entspricht dem Einfügen von Schaltzeichen, wobei das Klemmensymbol den Symbolnamen *X* hat. Bei der Symbolwahl muss unbedingt darauf geachtet werden, dass die allpolige Darstellung benutzt wird.

Auch das Einfügen mit Platzierungslinie ist möglich. Es werden jedoch nur die Klemmen eingefügt, die einen Verbindungspartner haben (Klemmen *1 - 3*). Die anderen Klemmen (*N* und *PE*) müssen einzeln platziert werden. Die Eigenschaften der Klemmen werden nachträglich festgelegt.

Begonnen wird mit der Einspeiseklemmenleiste *-X1*.

[Einfg] → <Symbolauswahl> → *X*, Variante *A* auswählen → [OK]

→ erste Klemme platzieren und mit gedrückter Maustaste die Platzierungslinie ziehen
→ drei Klemmen (*1-3*) werden eingefügt
→ nächste Klemme (*N*) ist am Kursor → platzieren → <Eigenschaften> → [OK]
→ nächste Klemme (*PE*) ist am Kursor → platzieren → <Eigenschaften> → [OK]
→ nächste Klemme ist am Kursor → [Esc]

Die Eigenschaften einer Klemme beinhalten andere Merkmale als sonstige Symbole. Für die weitere Bearbeitung des Projektes und für die nachfolgenden Auswertungen müssen die Bezeichnung und weitere Eigenschaften der Klemmen, insbes. die interne Seite und die Funktionsdefinition, spezifisch festgelegt werden.

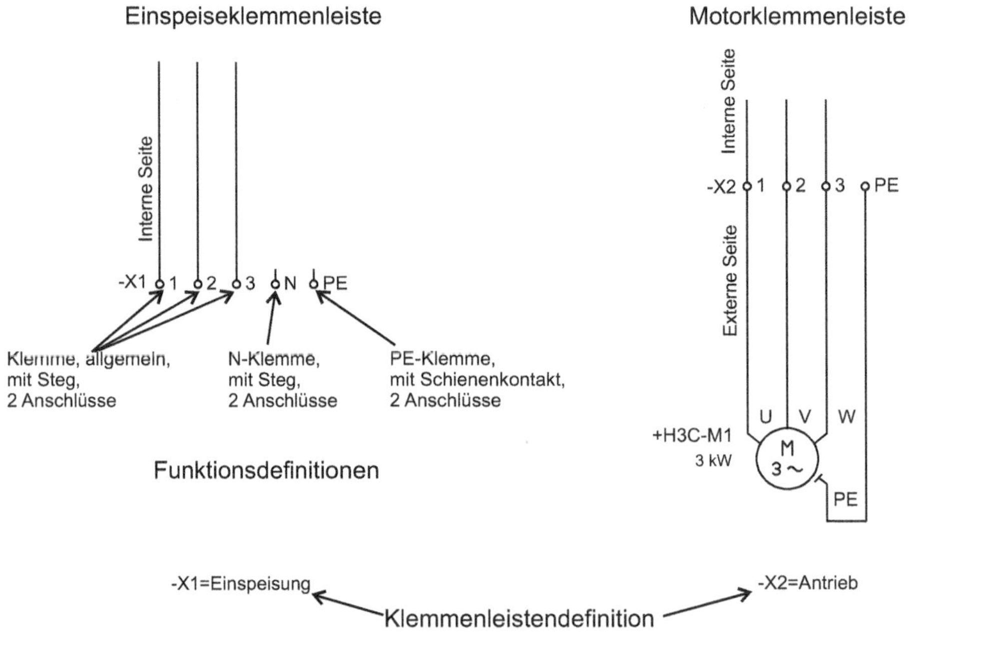

Bild 7.27 Klemmenleisten

Interne Seite der Klemme

Eine sehr wichtige Eigenschaft der Klemme ist die interne Seite. Diese Eigenschaft kann bereits beim Platzieren oder auch nachträglich in den Klemmeneigenschaften eingestellt werden. Hier ist zu bestimmen, in welche Richtung (nach oben oder unten im Stromlaufplan) die interne Seite der Klemme zeigt. Dies hat Auswirkungen auf den Eintrag der Klemme im Klemmenplan.

Es gibt mehrere Möglichkeiten die interne Seite einzustellen, wobei die Nutzung der Winkelvarianten beim Platzieren leicht handhabbar ist. Die Winkelvarianten können durch Kursorbewegung bei gedrückter [Strg]-Taste gewählt werden. Die Richtung der internen Seite ist in der Grafik als kleine Linie erkennbar.

Bild 7.28 Interne Seite einer Klemme (Winkelvariante A)

Bezeichnung

Für die erste Klemme der Leiste sind die vollständige Bezeichnung, wie z.B. sichtbares BMK: *-X1* und Bezeichnung: *1*, eingetragen. Die nächsten Klemmen rechts neben der ersten Klemme auf der gleichen gedachten waagerechten Linie enthalten nur die Bezeichnungen. Das vollständige BMK wird aus der links liegenden Klemme automatisch ermittelt. Es können zusätzlich weitere Beschreibungen eingetragen werden, was hier jedoch nicht erfolgt.

Für die Steuerung der Klemmenanordnung auf der Leiste und für Mehrstockklemmen stehen weitere Funktionen zur Verfügung, die für dieses Beispiel jedoch nicht benötigt werden.

Funktionsdefinition

Die Funktionsdefinition legt fest, wie sich die Funktion eines Symbols verhält und wie das Schaltzeichen bei Auswertungen behandelt wird. An den Symbolen sind Funktionsdefinitionen bereits vorgegeben, die beim Platzieren automatisch am Schaltzeichen eingetragen werden. In den meisten Fällen (den bisher platzierten Schaltzeichen und den Klemmen *1* bis *3*) ist die Voreinstellung der Funktionsdefinition korrekt und muss nicht verändert werden. Dies gilt jedoch nicht immer.

Für die korrekte Auswertung der Stromlaufpläne muss deshalb die Funktionsdefinition der Klemmen (*allgemeine Klemme*, *N-Klemme* oder *PE-Klemme*) überprüft und ggf. verändert werden. In diesem Projekt ist es notwendig, an den N- und PE-Klemmen nicht nur die Bezeichnung *N* oder *PE*, sondern auch die Funktionsdefinition *N-Klemme, mit Steg, 2 Anschlüsse* beziehungsweise *PE-Klemme mit Schienenkontakt, 2 Anschlüsse* einzutragen. Die Vorgehensweise zeigt Bild 7.29. Im weiteren Verlauf der Projekterstellung werden den

Klemmen noch Artikel zugewiesen. Die Funktionsdefinition muss dann mit dem Klemmentyp in der Funktionsschablone des Artikels übereinstimmen (siehe Bild 7.15). Alle Klemmen, denen später Artikeldaten zugeordnet werden sollen, sind Hauptklemmen.

Eigenschaften ändern

Die beschriebenen Eigenschaften können auch nachträglich verändert werden. Zum Bearbeiten kann genauso wie bei den sonstigen Schaltzeichen verfahren werden.

Doppelklick mit linker Maustaste auf das Klemmensymbol → <Eigenschaften>

→ /Klemme/ → Bezeichnung und Funktionsdefinition eintragen bzw. auswählen
→ /Symbol-/Funktionsdaten/ → Variante ggf. ändern
→ [OK]

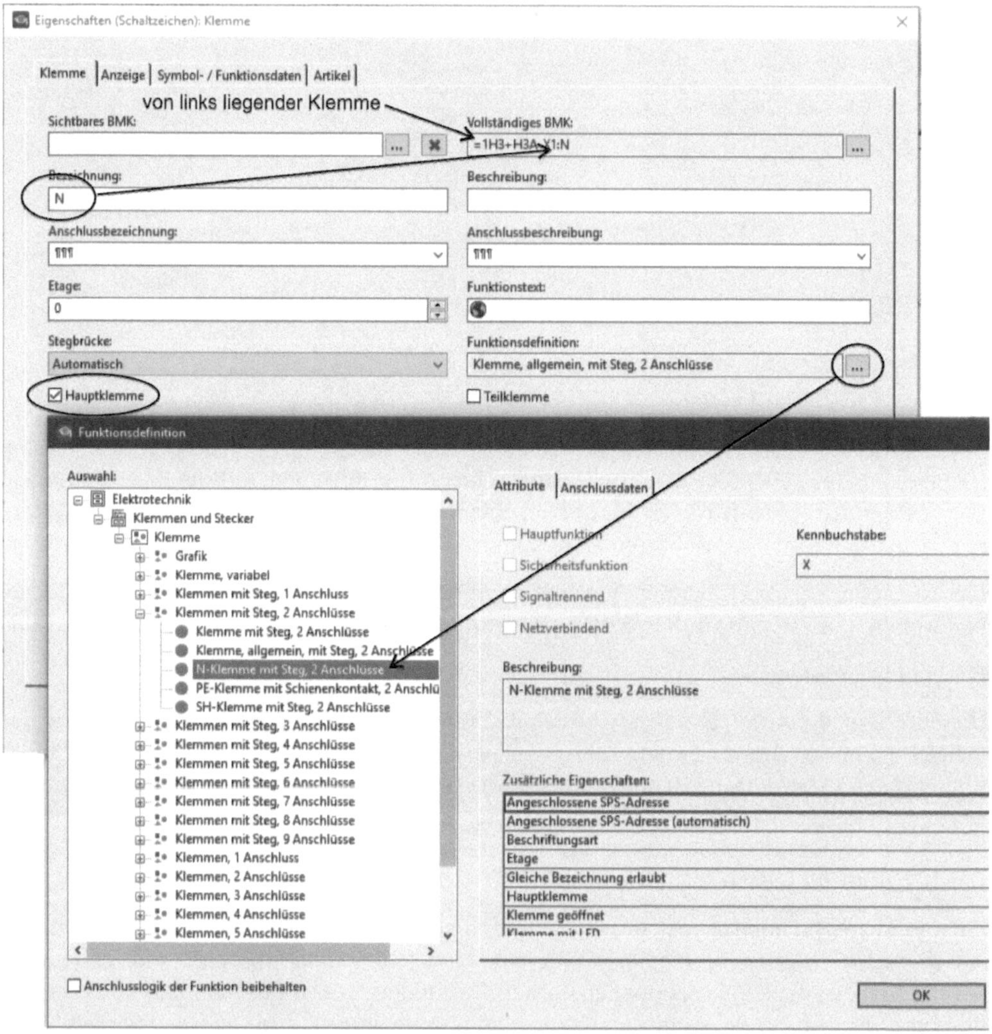

Bild 7.29 Klemmeneigenschaften am Beispiel *-X1:N*

Das Einstellen gleicher Merkmale (z. B. Winkelvariante für die interne Seite) ist auch mittels Mehrfachselektion möglich.

Die Klemmenleiste *-X2* kann in der gleichen Weise eingefügt oder von *-X1* dupliziert werden.

Klemmenleistendefinition

Die Klemmenleistendefinition beschreibt eine Klemmenleiste mittels Referenzkennzeichen und einem zugeordneten Funktionstext. Neben dieser Kommentierung erlaubt sie die Zuordnung von Artikeleinträgen für Zubehör zur Klemmenleiste.

Einfügen → **Klemmenleistendefinition** → platzieren → <Eigenschaften>

→ /Klemmenleistendefinition/ → Einstellungen vornehmen → [OK]

Es werden für *-X1* das sichtbare BMK *-X1* und der Funktionstext *Einspeisung* eingetragen. Die Klemmenleiste *-X2* erhält den Funktionstext *Antrieb*.

Potenziale platzieren

Potenziale werden sehr unterschiedlich und mit verschiedenen Grafiken benutzt.

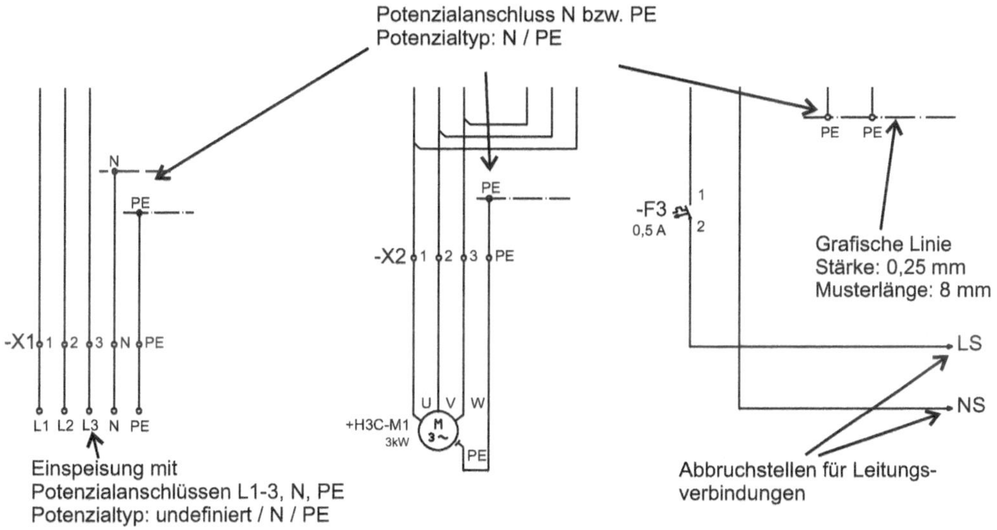

Bild 7.30 Anwendung von Potenzialen

Abbruchstellen für Leitungsverbindungen

Die Steuerspannung wird mittels Steuertrafo auf der Seite 1 des Projektes erzeugt, jedoch erst auf der Seite 2 verwendet. Hierzu müssen zwei Potenzialverbindungen über Seitengrenzen (Abbruchstellen) definiert werden.

Einfügen → **Verbindungssymbol** → **Abbruchstelle** → platzieren

→ <Eigenschaften> → /Abbruchstelle/
→ notwendige Einträge ausführen → [OK]
→ nächste Abbruchstelle am Kursor → [Esc]

Der Potenzialname wird entsprechend den Standardvorgaben rechts neben den Pfeil geschrieben. Diese Eigenschaftenanordnung muss deshalb hier nicht geändert werden. Dagegen soll auf der Seite 2 des Projektes der Name links neben die Abbruchstellengrafik platziert werden. Dafür kann dann unter /Anzeige/ die Eigenschaftenanordnung *Links, 0°* gewählt werden (Bild 7.31).

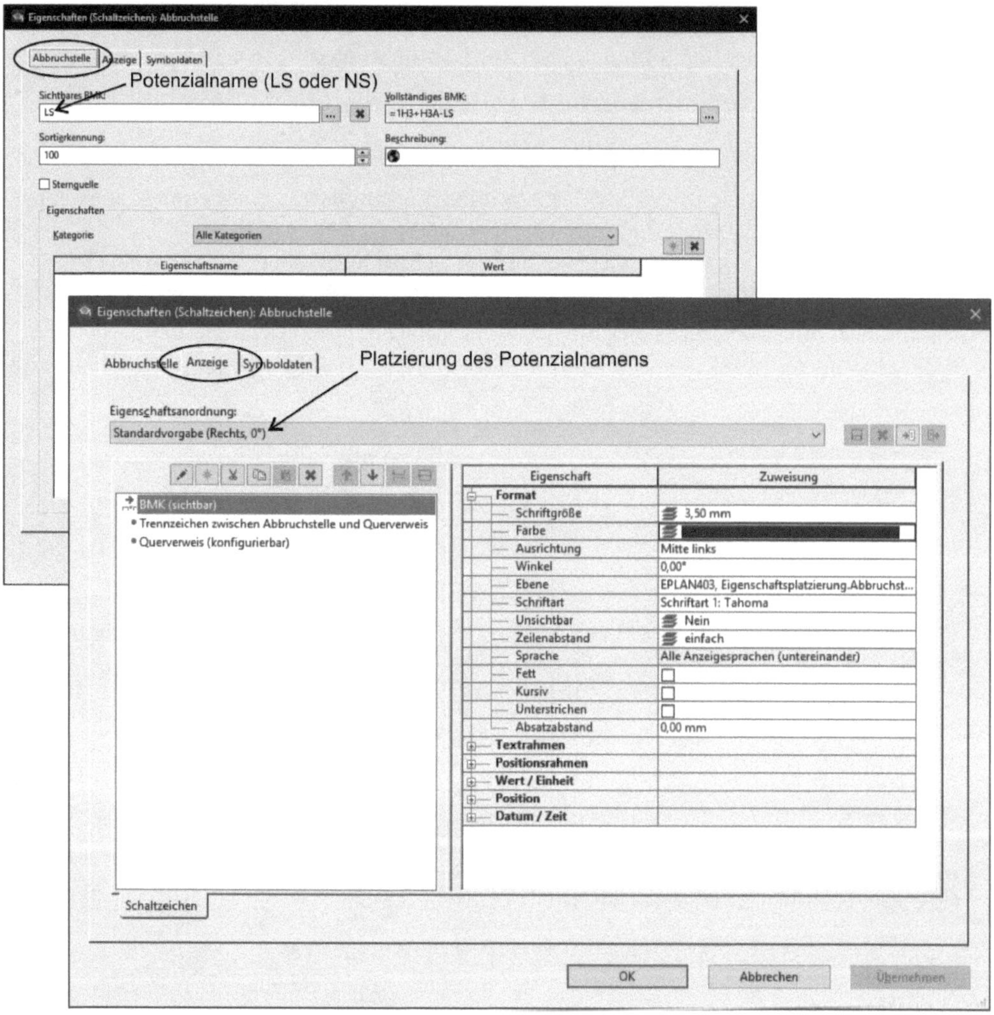

Bild 7.31 Symboleigenschaften für Abbruchstellen

Einspeisung mit Potenzialanschlüssen

Die Einspeisung ist nicht Bestandteil dieses Projektes. Dennoch müssen diese Potenziale definiert werden, wobei hier Potenzialanschlüsse genutzt werden sollen.

Einfügen → **Potenzialanschluss** → ersten Anschluss platzieren und mit gedrückter Maustaste die Platzierungslinie ziehen (Mehrfachplatzierung)

→ fünf Potenzialanschlüsse werden eingefügt
→ nächster Anschluss ist am Kursor → [Esc]

Danach müssen noch die Potenzialeigenschaften eingetragen werden.

Doppelklick auf das Symbol → <Eigenschaften> → /Potenzialdefinition/

→ Potenzialname und Potenzialtyp festlegen → [OK]

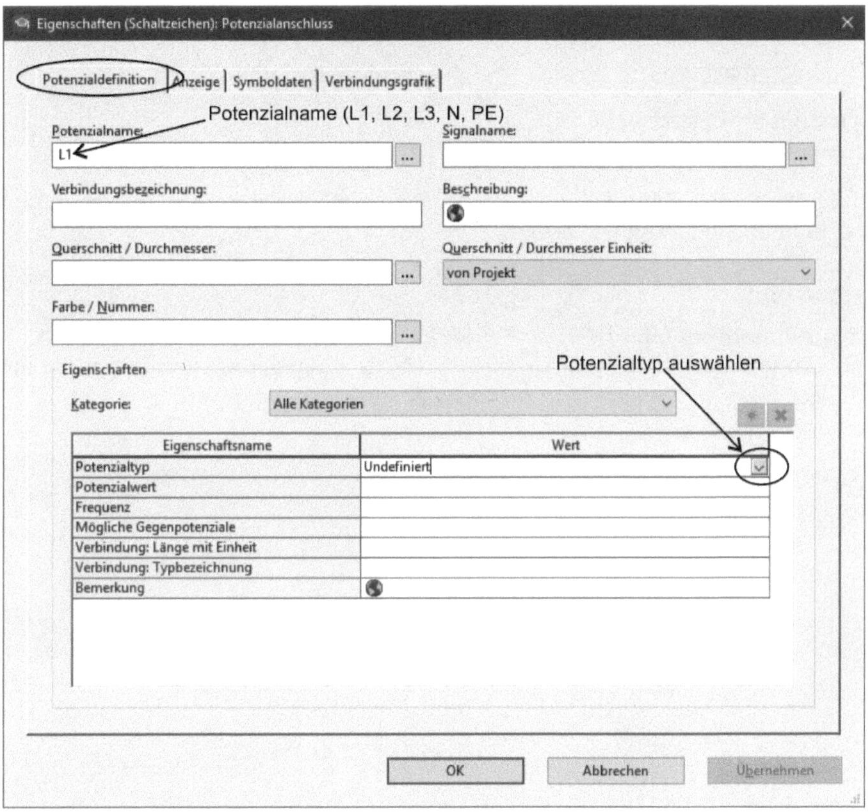

Bild 7.32 Symboleigenschaften der Einspeisepotenziale

N- und PE-Potenziale mit Potenzialklemmen

Für N und PE sollen hier ebenfalls Potenzialanschlüsse, ergänzt durch eine Strich- oder Strich-Punkt-Linie, benutzt werden. Das Abrufen der Winkelvarianten ist wieder mit gedrückter [Strg]-Taste und Kursorbewegung möglich.

Alternativ können aber auch der Sammelschienenanschluss oder das Symbol ERDE eingesetzt werden. ■

Einfügen → **Potenzialanschluss** → platzieren unter Beachtung der Anschlussrichtung

→ <Eigenschaften> → /Potenzialdefinition/
→ Potenzialname und Potenzialtyp festlegen → [OK]

N- und PE-Linie als Grafik

Für die Symbolisierung der N- und PE-Potenziale wird jeweils ein kurzes Linienstück als Strich- bzw. Strich-Punkt-Linie gezeichnet.

Einfügen → **Grafik** → **Linie** → Linien zeichnen → [Esc]

Das Einstellen der vorgesehenen Linienart kann per Mehrfachselektion für alle gleichen Linien ausgeführt werden.

Linien (mit [Strg]) markieren → rechte Maustaste → <Kontextmenü>

→ **Eigenschaften** → <Eigenschaften>
→ Einträge vornehmen → [OK] → [Esc]

Weitere Editieroperationen können, wie bereits beschrieben, auch auf die grafischen Zeichnungsbestandteile angewendet werden.

Strukturkasten benutzen

Für die Angabe von Aspekten der Referenzkennzeichnung an mehreren Schaltzeichen im Stromlaufplan können diese mit einer Strich-Punkt-Linie eingerahmt[4] und ihnen die gemeinsamen Funktions- oder Ortsaspekte zugeordnet werden.

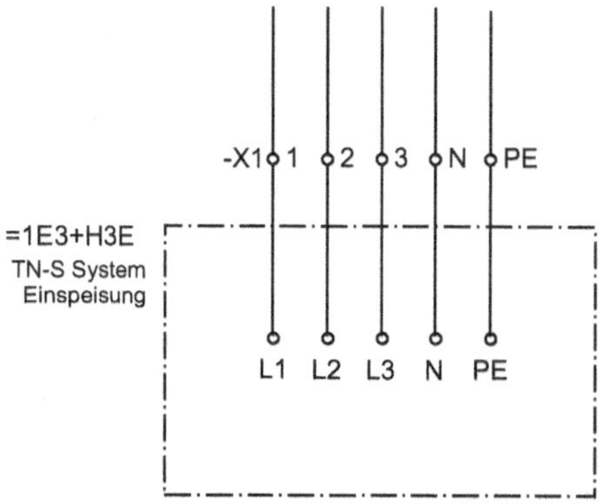

Bild 7.33 Strukturkasten für Einspeisung

Auf der Seite 1 des Beispieles werden mit dem Strukturkasten für die Einspeisepotenziale gemeinsame Funktions- und Ortsaspekte sowie weitere Beschriftungen festgelegt.

Einfügen → **Kasten/Anschluss/Montageplatte** → **Strukturkasten**

→ mit zwei Eckpunkten zeichnen → <Eigenschaften> → /Kennzeichen/
→ notwendige Einträge ausführen → [OK] → [Esc]

---

[4] genormter Begriff: Umfahrung

Wenn gewünscht, kann zusätzlich auf der Registerkarte /Anzeige/ eine andere Position des Eigenschaftstextes und auf der Karte /Format/ eine andere Musterlänge der Strich-Punkt-Linie (z. B. *10 mm*) eingestellt werden.

Der Eigenschaftstext eines gewählten Schaltzeichens oder auch des Strukturkastens kann mit der Befehlsfolge

Schaltzeichen markieren → **Bearbeiten** → **Text** → **Eigenschaftstext verschieben** erst vom Symbol getrennt und danach mit drag & drop verschoben werden.

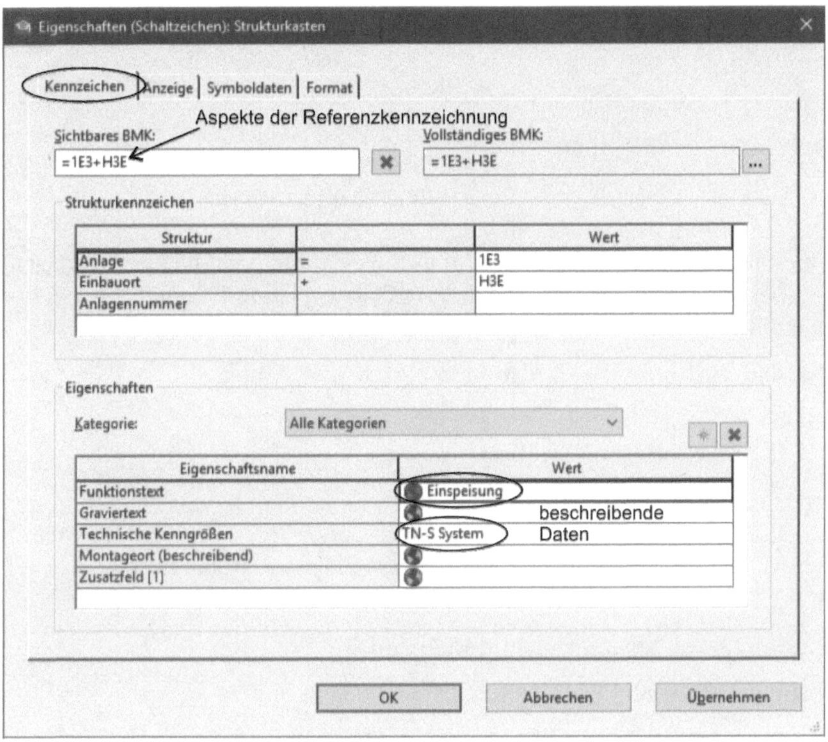

Bild 7.34 Symboleigenschaften für Strukturkasten

Kabeldefinition anwenden

Die Kabeldefinition[5] soll mit einer sichtbaren Kabellinie ausgeführt werden.

Für dieses Beispiel werden benötigt:

- H07RN-F mit vier Adern BN, BK, GY und GNYE als PE-Ader,
- H05VV5-F mit fünf Adern 1 bis 4 und GNYE als PE-Ader,
- H05VV5-F mit zwölf Adern 1 bis 11 und GNYE als PE-Ader.

[5] In EPLAN wird nicht zwischen Kabel und Leitung unterschieden.

Kabellinie

Das Eintragen der Kabellinie kann erst ausgeführt werden, wenn alle künftigen Adern als Verbindung dargestellt sind. Die Kabellinie muss bei ihrer Definition diese Verbindungen kreuzen. Jeder Kreuzungspunkt entspricht einer Kabelader.

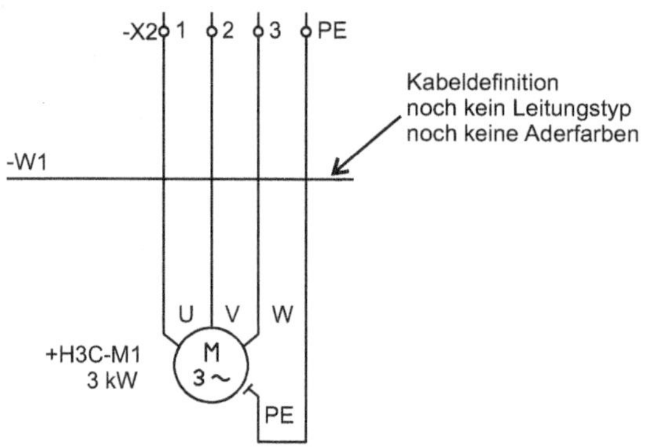

Bild 7.35 Kabeldefinition

Die Aderfarben und der Leitungstyp werden zu diesem Zeitpunkt noch nicht eingetragen, da diese Angaben bei der später auszuführenden Artikelzuweisung automatisch aus der Artikeldefinition ergänzt werden.

Einfügen → **Kabeldefinitionen** → Linie mit zwei Punkten zeichnen

→ <Eigenschaften> → /Kabel/
→ Sichtbares BMK eintragen → [OK] → [Esc]

Das Editieren einer Kabeldefinition entspricht der bereits für Symbole gezeigten Vorgehensweise. Dabei ist zu beachten, dass an allen Kreuzungspunkten zwischen Kabeldefinition und Verbindung bereits Adern mit Platzhaltern für die Aderfarben vorhanden sind. Ohne Eintrag für die Aderfarbe sind diese nur an ihren Einfügepunkten erkennbar.

Die Einfügepunkte können sichtbar gemacht werden mit

Ansicht → **Einfügepunkte** oder [I].

Die gleiche Befehlsfolge deaktiviert die Sichtbarkeit der Einfügepunkte wieder.

Mit diesem Schritt ist die erste Seite für das Beispiel *HUB* fertiggestellt worden. Es ist im Vergleich zur Darstellung in Bild 7.2 zu beachten, dass die Aderfarben und die Kabeldaten an der Motorleitung noch fehlen. Diese werden später automatisch ausgefüllt, wenn der Kabelartikel zugewiesen wird. Ebenfalls fehlen noch zahlreiche Querverweise, da die zweite Seite, auf welche verwiesen wird, noch nicht entworfen ist.

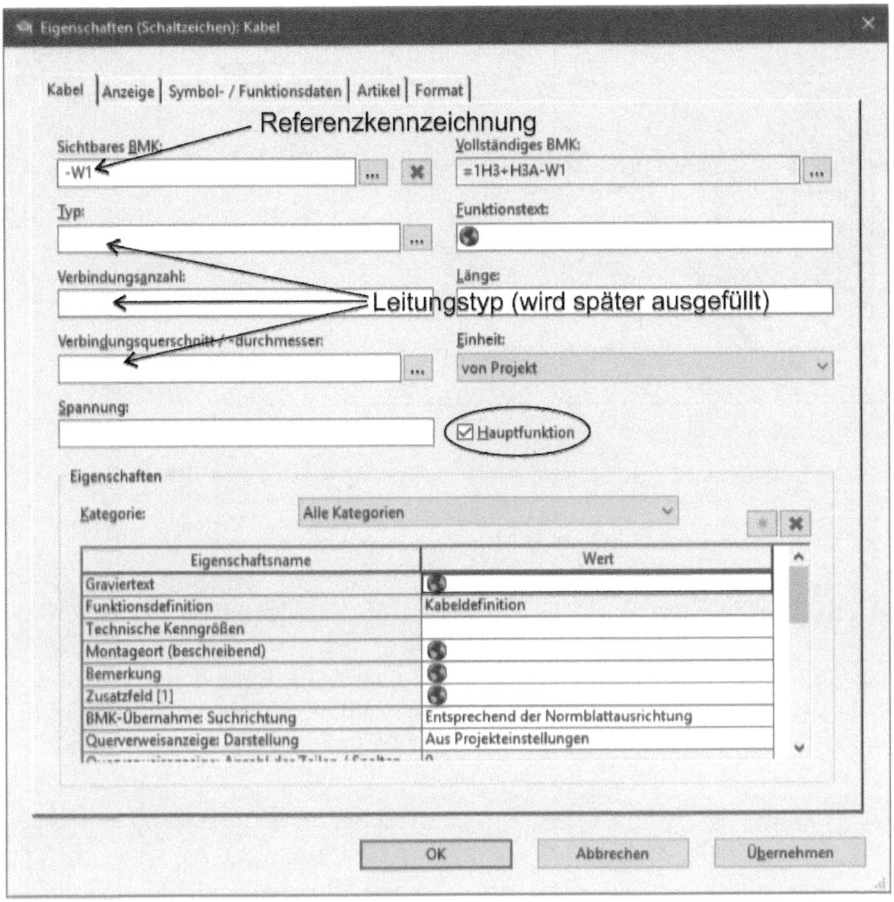

Bild 7.36 Symboleigenschaften des Kabels *-W1*

Mit der Anfertigung der Seite 2 kann jetzt begonnen werden.

Seite → Nächste Seite oder [Bild ab]

Viele Funktionen und Vorgehensweisen sind bereits von Seite 1 bekannt, weshalb im Folgenden nur die neu hinzukommenden Elemente erläutert werden.

Komplexe Betriebsmittel darstellen

Komplexe Betriebsmittel, für die es kein Symbol gibt (Schützsicherheitskombinationen, Spannungsversorgungen, Steuerungen, Busanschaltbaugruppen), können vereinfacht mit einem Rechteck (Gerätekasten) und den notwendigen Anschlüssen (Geräteanschluss) dargestellt werden.

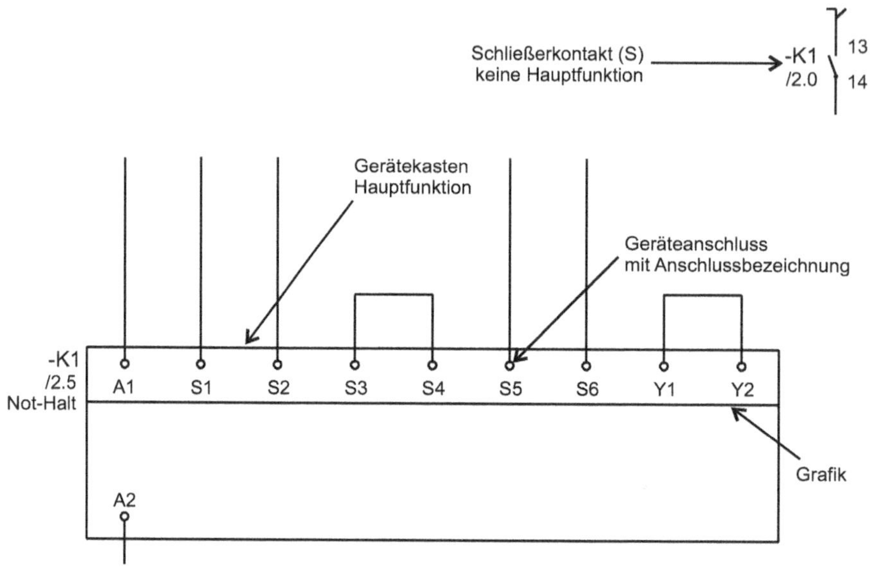

Bild 7.37 Not-Halt-Gerät

Im vorliegenden Fall wird das Not-Halt-Gerät in verteilter Darstellung genutzt. In diesem Fall besteht die Grafik aus mehreren Elementen, hier aus einem Gerätekasten mit Anschlüssen (Hauptfunktion[6]) und einem zugeordneten Schließerkontakt (keine Hauptfunktion).

Verteilt dargestellte Betriebsmittel dürfen nur ein Element als Hauptfunktion haben (Gerätekasten des Not-Halt-Gerätes, Spule eines Schützes, Tasterkontakt mit Betätigung), die anderen Elemente sind keine Hauptfunktion (zum Beispiel zugehörige Kontakte).

Das gleiche Referenzkennzeichen an allen Elementen und die richtige Zuweisung der Hauptfunktion sind für das Erkennen der Zusammengehörigkeit und damit für das automatische Ergänzen der gegenseitigen Querverweise notwendig.

Kasten zeichnen

Einfügen → Kasten/Anschluss/Montageplatte → Gerätekasten

→ mit zwei Eckpunkten zeichnen → <Eigenschaften>
→ /Gerätekasten/ → notwendige Einträge ausführen
→ [OK] → [Esc]

[6] erhält später die Artikelzuweisung

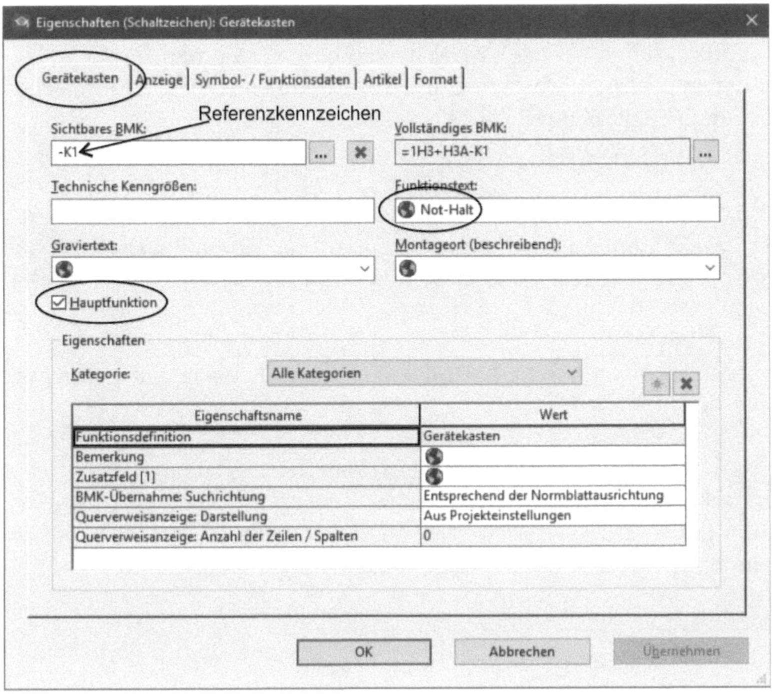

Bild 7.38 Symboleigenschaften für Gerätekasten

Eine grafische Linie der Breite *0,25 mm* kann den Gerätekasten ergänzen.

Geräteanschlüsse platzieren

Einfügen → Kasten / Anschluss / Montageplatte → Geräteanschluss

→ platzieren unter Beachtung der Anschlussrichtung → <Eigenschaften>
→ /Geräteanschluss/ → Anschlussbezeichnung eintragen → [OK]

→ weitere Geräteanschlüsse unter Beachtung der Anschlussrichtung platzieren und deren Eigenschaften einstellen
→ Zyklus mit [Esc] beenden

Im Eigenschaftenfenster wird nur die Anschlussbezeichnung (*A1*, *S1*, *S2*, ...) eingetragen, das Eingabefeld für das sichtbare BMK bleibt leer. Die Anschlussrichtung des Anschlusses *A2* lässt sich wie die Winkelvariante durch Kursorbewegung bei gedrückter [Strg]-Taste beeinflussen.

Kontakt zuordnen

Der Kontakt *-K1* mit dem Symbolnamen S wird wie die anderen Schaltzeichen platziert. Er stellt keine Hauptfunktion dar. Die Querverweise werden automatisch ergänzt.

Sollten sie jedoch nicht sofort erscheinen, kann eine Aktualisierung des Projektinhaltes angewiesen werden.

Projektdaten → Verbindungen → Aktualisieren

Diese Aktualisierung ist auch mit dem entsprechenden Icon möglich.

Schütze platzieren

Die Zuordnung der Hauptfunktion muss auch bei Schützen beachtet werden, da auch diese in verteilter Darstellung angeordnet werden und die Zusammengehörigkeit zwischen Spule, Hauptkontakten und Hilfskontakten gewährleistet sein muss.

Schützspule

Die Schützspule (Symbolname K) wird wie andere Schaltzeichen platziert und ist die Hauptfunktion. Sofern bereits Kontakte vorhanden sind, wird der Kontaktspiegel mit den Querverweisen an der voreingestellten Position unter der Spule ergänzt.

Hauptkontakte

Die Hauptkontakte wurden bereits auf der Seite 1 des Beispieles platziert und erscheinen deshalb im Kontaktspiegel.

Hilfskontakte

Die Schließer- und Öffnerkontakte (Symbolname S bzw. O) werden nach Bedarf platziert. Sie sind keine Hauptfunktionen. Die Querverweise werden automatisch ergänzt, wenn die Schützspule bereits vorhanden ist und der Kontaktspiegel wird vervollständigt.

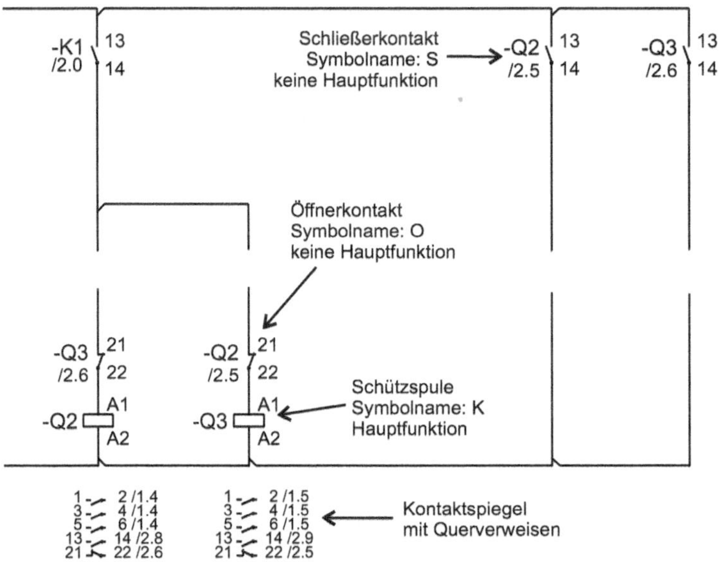

Bild 7.39 Schütze auf Seite 2

Die Position des automatisch ergänzten Kontaktspiegels kann im Eigenschaftenfenster (Registerkarte/Anzeige/) der Schützspule oder manuell mit dem Menüpunkt „Eigenschaftstext verschieben" geändert werden.

Schützspule markieren → **Bearbeiten** → **Text** → **Eigenschaftstext verschieben**

Danach ist der Kontaktspiegel von der Schützspule abgetrennt und kann einzeln mit drag & drop verschoben werden.

Sollten die Querverweise oder der Kontaktspiegel nicht korrekt dargestellt werden, müssen wieder die Verbindungen aktualisiert werden.

Taster mit zwei und mehr Kontakten einfügen

Taster mit mehreren Kontakten werden ebenfalls verteilt dargestellt und bestehen jeweils aus dem Taster mit der Betätigung, die die Hauptfunktion ist, und den zugeordneten Kontakten.

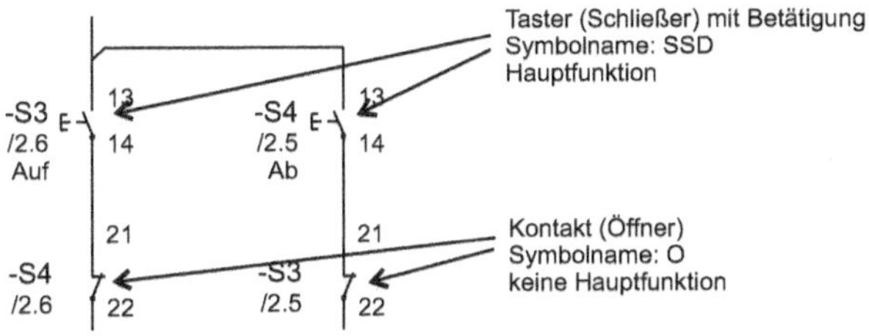

Bild 7.40 Taster mit zwei Kontakten

Nach diesem Schritt kann die Seite 2 selbstständig nach Bild 7.41 weiter vervollständigt werden.

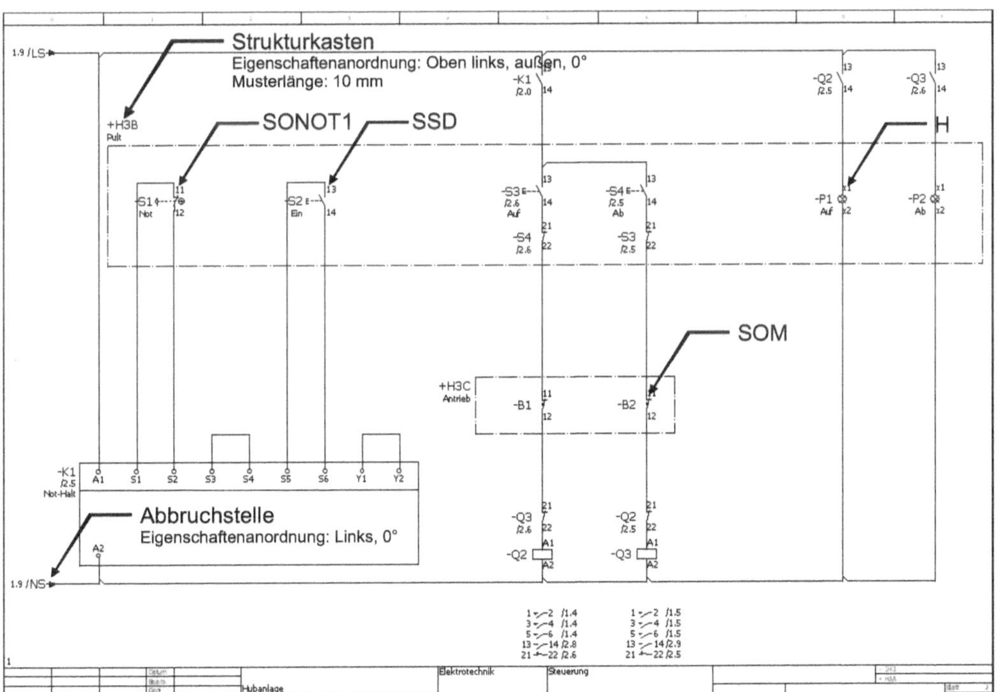

Bild 7.41 Arbeitsstand

Ergänzt werden nun im Einzelnen:

- die dargestellten Schaltzeichen,
- noch fehlende Verbindungen,
- fehlende Potenziale am linken Blattrand,
- Ortskästen für Pult und Antrieb.

Klemmen und Steuerleitungen werden in den nächsten Schritten ergänzt.

Klemmen einsetzen

Klemmen wurden bereits auf der ersten Projektseite genutzt. Die dort angegebenen Hinweise gelten auch hier. Dies betrifft insbes. die Beachtung der internen Seite sowie der Funktionsdefinition (*Klemme, allgemein, mit Steg, 2 Anschlüsse*).

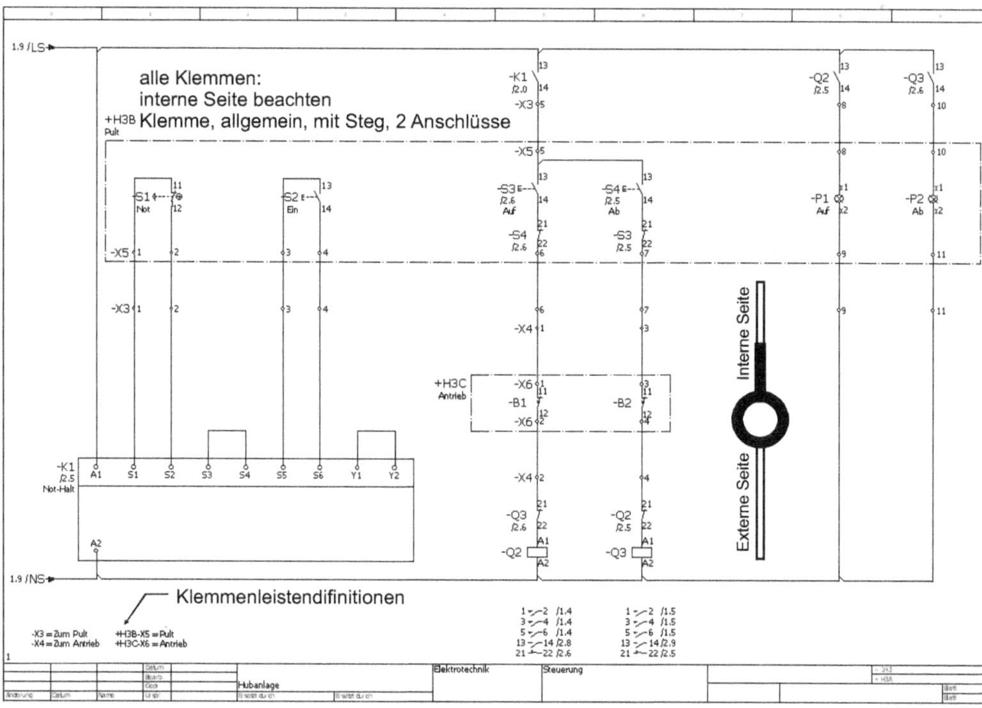

Bild 7.42 Arbeitsstand mit Klemmenleisten

Im Unterschied zur ersten Stromlaufplanseite sind jetzt jedoch viele Klemmen mit unterschiedlicher Lage der internen Seite und mit nicht fortlaufender Klemmennummer einzusetzen. Damit dies effizient ausgeführt werden kann, stehen alternativ zwei Vorgehensweisen zur Auswahl:

a) Klemmen einzeln in der Reihenfolge ihrer Nummerierung und in der richtigen Winkelvariante (mit [Strg] und Kursorbewegung) platzieren.

b) Klemmen einer Reihe bei gedrückter Maustaste mit Platzierungslinie einfügen. Die Klemmen werden fortlaufend nummeriert, was die nachträgliche Korrektur der Klemmennummern erfordert.

Für den vorliegenden Fall ist sicher die Variante a) am leichtesten handhabbar.

Sollten Sie sich jedoch für die Variante b) entscheiden, so können Sie die Nummerierung der Klemmen leichter editieren, wenn die Funktion „Direktes Bearbeiten" aktiv ist.

Optionen → Direktes Bearbeiten

Ein Einfachklick auf die Klemmennummer ermöglicht danach den Eintrag zu editieren. Anschließend sollte die Funktion „Direktes Bearbeiten" wieder deaktiviert werden.

Zur Kontrolle können die externen Richtungen an den Klemmen angezeigt werden. Ein kleiner Pfeil zeigt jeweils diese Richtung an.

Ansicht → Externe Ziele

Die gleiche Befehlsfolge deaktiviert die Pfeile wieder.

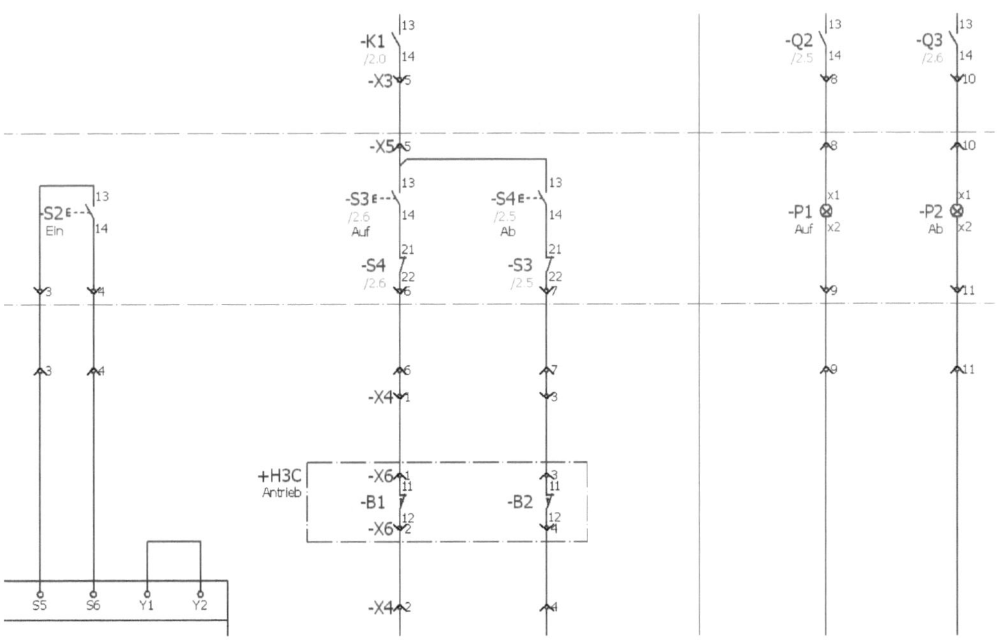

Bild 7.43 Externe Richtungen an den Klemmen

Klemmenleistendefinitionen ergänzen

Die Klemmenleistendefinitionen für *-X3* bis *-X6* (siehe Bild 7.42) werden wie auf der ersten Projektseite eingetragen. Die Leisten *-X5* und *-X6* sind jedoch einem anderen Ortsaspekt zugeordnet, weshalb der entsprechende Eintrag an der Referenzkennzeichnung ergänzt wird.

Steuerleitungen eintragen

Die Steuerleitungen *-W2* und *-W3* werden ebenfalls in verteilter Darstellung mit jeweils zwei Kabeldefinitionslinien eingetragen. Auch hier ist die Zuordnung der Hauptfunktion zu nur einer der beiden Linien zu beachten.

> Wenn Kabel durch mehrere Kabeldefinitionslinien dargestellt werden, darf nur eine Definitionslinie die Hauptfunktion sein.

Wie auf Seite 1 werden der Kabeltyp und die Adernummern noch nicht eingetragen, da diese bei der Artikelzuweisung automatisch ergänzt werden.

Die automatisch ergänzten Querverweise zwischen den beiden Definitionslinien einer Steuerleitung können im Eigenschaftenfenster unsichtbar gemacht werden.

Doppelklick auf Definitionslinie → <Eigenschaften> → /Anzeige/

→ „Querverweis“ wählen → Eigenschaft „Unsichtbar“ auf „Ja“ stellen
→ [OK]

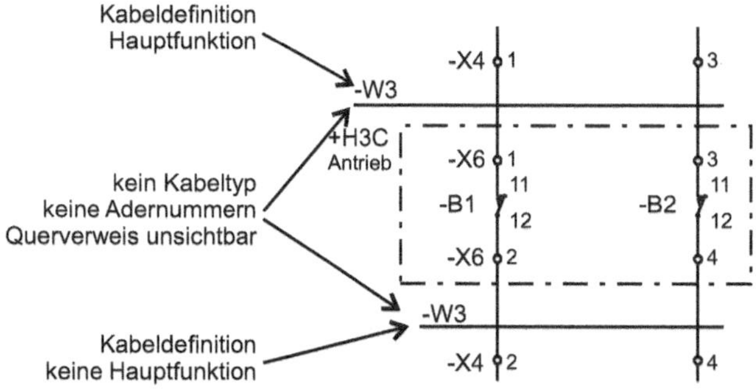

Bild 7.44 Kabeldefinition für *-W3*

Nach diesem Schritt ist auch die zweite Projektseite mit Ausnahme der Artikelzuweisung fertig.

7.1.8 Artikelverwaltung

Der Stromlaufplan enthält in seinem jetzigen Entwurfsstand Symbole mit Funktionszuweisung, die Betriebsmittel repräsentieren (vgl. Bild 7.15), denen aber noch keine konkreten Artikel zugewiesen wurden. Für diese Zuweisung kann auf eine Artikeldatenbank[7]

[7] auch: Betriebsmittelbibliothek

zurückgegriffen werden, welche elektrotechnische, mechanische und kaufmännische Daten zu einzelnen Betriebsmitteln bereitstellt.

Bevor jedoch aus der Bibliothek Artikel abgerufen werden können, muss sie zunächst gefüllt und später auf aktuellem Stand gehalten werden. Die Artikelverwaltung stellt dafür die notwendigen Funktionen bereit. Das Eintragen neuer Artikel und die fortlaufende Aktualisierung sind sehr arbeitsaufwändig.

Zunehmend mehr Betriebsmittelhersteller stellen jedoch ihre Artikeldaten für die Übernahme in die Artikeldatenbank bereit. In EPLAN kann für den Zugriff auf Daten von Betriebsmitteln das EPLAN Data Portal [EPLAN21] genutzt werden.

Artikel anlegen

Die Artikel, die für das Beispielprojekt notwendig sind, müssen neu in die Artikeldatenbank eingegeben werden. Für das Beispiel werden fiktive Daten eines Herstellers mit dem Namen *BSP* (für *Beispielfirma*) benutzt. In realen Projekten müssen selbstverständlich Daten aus aktuellen Herstellerkatalogen benutzt werden.

Dienstprogramme → **Artikel** → **Verwaltung** → <Artikelverwaltung>

→ /Allgemein/

Artikelverwaltung

Aufbau und Inhalt der Artikelverwaltung werden zunächst am Beispiel eines bereits enthaltenen Artikels (*SIE.3RT2015-1BB41-1AA0*) gezeigt.

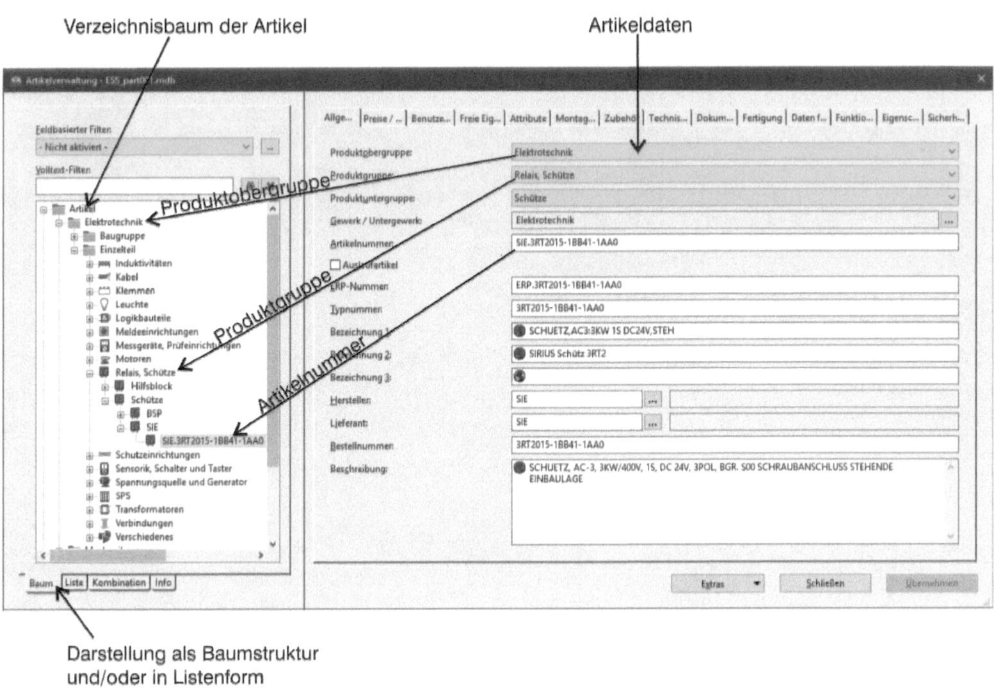

Bild 7.45 Artikelverwaltung

Auf der Registerkarte /Allgemein/ wird der Artikel mit seiner Artikelnummer benannt und mittels Produktobergruppe/Produktgruppe in die Baumstruktur der Artikelverwaltung eingeordnet. Weitere Einträge bezeichnen den Hersteller und Lieferanten sowie dessen Artikelnummer und Bestellnummer.

→ /Montagedaten/

Hier können Einträge für die Darstellung des Betriebsmittels bei der Montageplattenkonstruktion oder für die Schaltschrankgestaltung ergänzt werden.

→ /Technische Daten/

Diese Daten ermöglichen die Charakterisierung des Artikels nach technischen Gesichtspunkten.

→ /Sicherheitskennwerte/

An dieser Stelle können Sicherheitskennwerte für die Risikobeurteilung (siehe Abschnitt 2.3) hinterlegt werden. Neben der manuellen Erfassung ist auch das Einlesen von Herstellerdaten nach VDMA 66413 im XML-Format möglich.

→ /Funktionsschablonen/

Diese Einträge beschreiben die (elektrischen) Funktionen. Sie werden bei der Artikelzuordnung mittels *Geräteauswahl* benutzt, um bereits in der Zeichnung vorhandene Einträge zu kontrollieren oder diese zu ergänzen.

Bei der Zuordnung durch *Artikelauswahl* werden die Einträge für das Automatikfilter genutzt. Es werden dann nur funktional geeignete Artikel zur Auswahl angezeigt. Es ist wichtig, dass die Funktionsdefinition am Schaltzeichen mit dem Inhalt der Funktionsschablone eines zugewiesenen Artikels übereinstimmt.

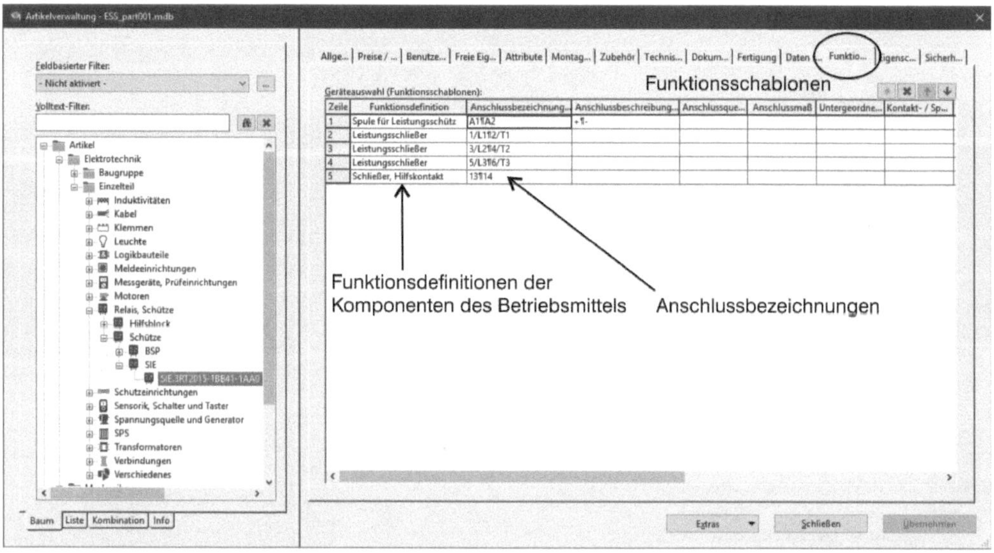

Bild 7.46 Funktionsschablonen

Nach der Betrachtung der bereits vorhandenen Artikel, die als Beispiel dienen können, sollen nun eigene Artikel angelegt werden.

Hersteller/Lieferant

Als Erstes wird im Verzeichniszweig Hersteller/Lieferanten ein neuer Hersteller eingetragen, der für alle im Beispiel verwendeten Betriebsmittel gültig ist.

Hersteller/Lieferant markieren → rechte Maustaste → <Kontextmenü>

→ **Neu** → neuer Eintrag unter dem Namen *Neu(1)*

In die Dialogzeilen werden als Kurzname *BSP* und als Langname *Beispielfirma* eingegeben. Weitere Einträge sind bei Bedarf möglich. In den Bildern 7.45 und 7.46 ist dieser Hersteller bereits enthalten.

→ Einträge ausführen → [Übernehmen]
→ bei Bedarf Baumstruktur mit [F5] aktualisieren

Artikel

In der gleichen Weise können auch neue Artikel hinzugefügt werden.

Zweig im Artikelbaum wählen (*Artikel\Elektrotechnik\Einzelteil*)

→ rechte Maustaste → <Kontextmenü>
→ **Neu** → neuer Eintrag unter dem Namen *Neu(1)* in der Produktgruppe *Undefiniert*
→ Einträge in die Dialogzeilen der Artikeldaten können ausgeführt werden
→ [Übernehmen]

Für das Beispiel werden nur einige Daten vorgegeben, um den Schreibaufwand nicht unnötig zu erhöhen. Die weitere Vervollständigung ist möglich und für reale Projekte auch notwendig. Bild 7.47 und Bild 7.48 zeigen als Beispiel das Motorschütz *MS 3-24V*.

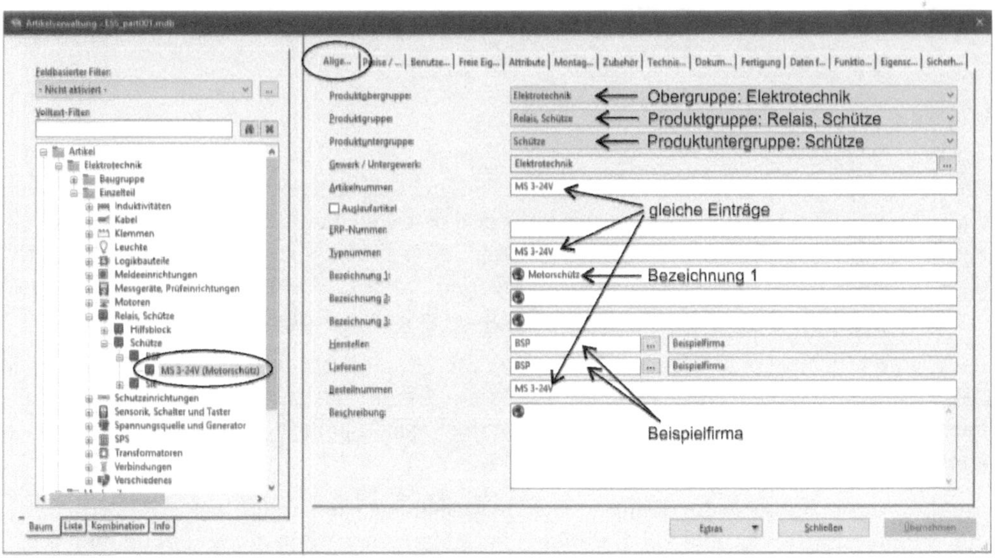

Bild 7.47 Artikeldaten für das Motorschütz

Die Produktobergruppe ist für dieses Beispiel stets *Elektrotechnik*, die Produktgruppe und die Produktuntergruppe müssen passend zu den Betriebsmitteln gewählt werden. Für Hersteller und Lieferant wird der Kurzname *BSP* eingetragen oder mittels [...] ausgewählt. Der vollständige Hersteller- oder Lieferantenname wird nach dem Eintrag des Kurznamens automatisch ergänzt. Artikelnummer, Typenbezeichnung und Bestellnummer erhalten gleichlautende Einträge (Zwischenablage nutzen).

Weitere Angaben können den Stromlaufplänen entnommen oder nach eigenem Ermessen festgelegt werden. Die Funktionsdefinition (in /Funktionsschablonen/) kennzeichnet das elektrische Verhalten des jeweiligen Artikels.

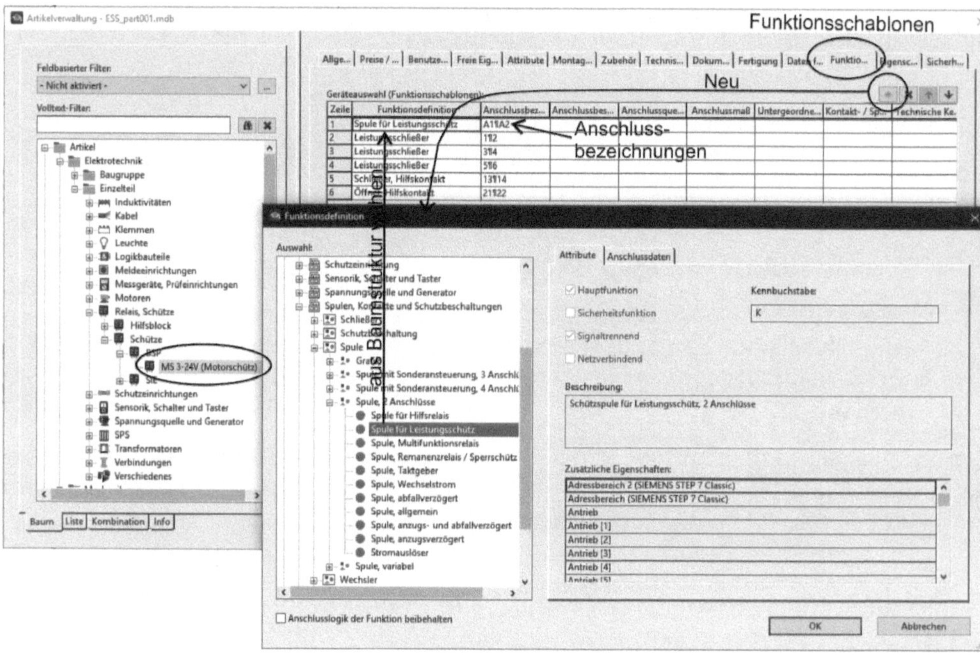

Bild 7.48 Funktionsschablone für das Motorschütz

Die Tabelle für die Funktionsschablonen ist anfangs noch leer und es müssen mit dem Icon „Neu“ Einträge hinzugefügt werden. Bei der ersten Betätigung des Icons wird ein Fenster mit den verfügbaren Funktionsschablonen geöffnet. Aus der Baumstruktur kann eine geeignete Funktion (*Elektrotechnik\Spulen, Kontakte und Schutzbeschaltungen\Spule\Spule, 2 Anschlüsse\Spule für Leistungsschütz*) ausgewählt werden.

Bei weiteren Betätigungen des Icons „Neu“ werden Kopien der ersten oder der markierten Zeile angelegt. Bei mehrfach gleichen Funktionen kann das nützlich sein. Anderenfalls muss die Funktion geändert werden, was mit der Taste [...] am rechten Rand des Tabellenfeldes möglich ist.

Der Eintrag muss noch durch die jeweilige Anschlussbezeichnung ergänzt werden, die den Stromlaufplänen in Bild 7.2 und Bild 7.3 entnommen werden können. Klemmen erhalten hier keine Anschlussbezeichnung.

Tabelle 7.2 Einzelteile für Artikelverwaltung

Produktgruppe	Artikelnummer, Typnummer, Bestellnummer	Bezeichnung 1	Funktionsdefinition
Meldeeinrichtungen	ML24WT	Leuchtmelder	▪ Lampe, einfach
Motoren	DSM 3KW	DS-Motor	▪ Drehstrommotor
Relais, Schütze	MS 3-24V	Motorschütz	▪ Spule für Leistungsschütz ▪ Leistungsschließer (3x) ▪ Schließer, Hilfskontakt ▪ Öffner, Hilfskontakt
Sensorik, Schalter und Taster	DT-GN-1S	Taster	▪ Taster, Schließer
Sensorik, Schalter und Taster	DT-GN-1S1O	Taster	▪ Taster, Schließer ▪ Öffner, Hilfskontakt
Sensorik, Schalter und Taster	DT-Not-1O	Not-Halt-Taster	▪ Taster, Öffner
Sensorik, Schalter und Taster	HS 16A	Hauptschalter	▪ Schalter, Dreifachschließer
Sensorik, Schalter und Taster	PES-1O	Positionsschalter	▪ Endschalter, Öffner
Schutzeinrichtungen	LSS-D 0,5A	Leitungsschutz-schalter	▪ Sicherungsautomat
Schutzeinrichtungen	MSS 1A	Motorschutz-schalter	▪ Motorschutzschalter dreipolig
Schutzeinrichtungen	MSS 10A	Motorschutz-schalter	▪ Motorschutzschalter dreipolig
Schutzeinrichtungen	NOT-HALT-SG	Not-Halt	▪ Gerätekasten[8] ▪ Geräteanschluss (10x) ▪ Schließer, Hilfskontakt
Transformatoren	ST100-400/24	Steuertrafo	▪ Transformator, 5 Anschlüsse mit PE
Klemmen	N2,5 BU	Klemme blau	▪ N-Klemme mit Steg, 2 Anschlüsse
Klemmen	N2,5 GNYE	Klemme PE	▪ PE-Klemme mit Schienenkontakt, 2 Anschlüsse
Klemmen	N2,5 GY	Klemme grau	▪ Klemme, allgemein, mit Steg, 2 Anschlüsse
Klemmen	NXTR	Trennklemme	▪ Trennklemme, 2 Anschlüsse
Klemmen	EH	Endhalter[9]	

8) in Elektrotechnik\Elektrotechnik Sonderfunktion

9) keine Funktionsdefinition

Damit bei der Artikelzuweisung zu den Motor- und Steuerleitungen die Aderfarben und Kabeltypen ergänzt werden, sind in den Artikeldaten zusätzliche Angaben notwendig.

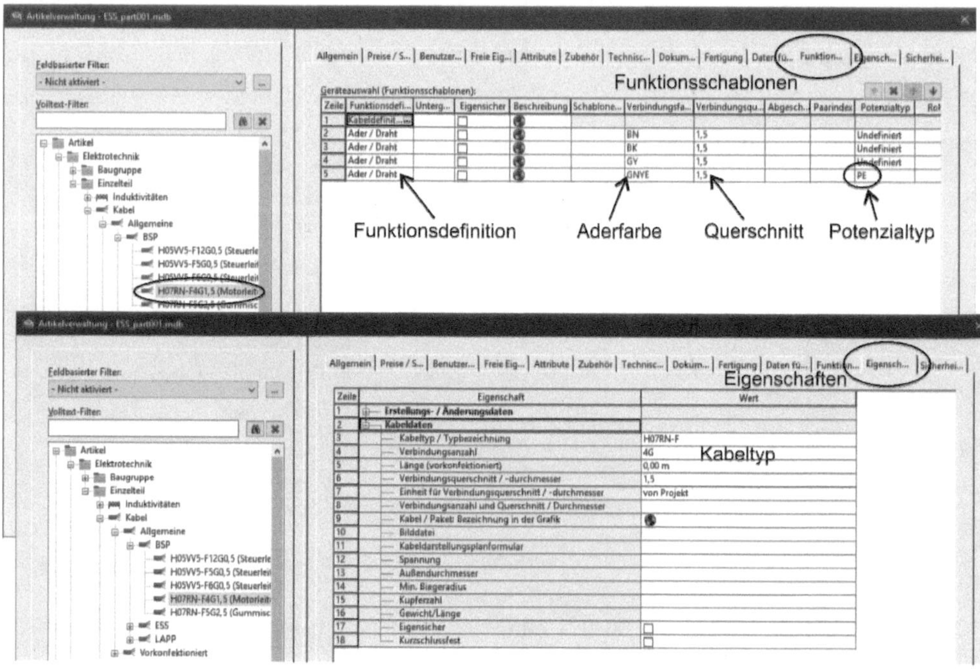

Bild 7.49 Funktionsschablone und Kabeldaten für die Motorleitung

Tabelle 7.3 Kabel für Artikelverwaltung

Produktgruppe	Artikelnummer, Typnummer, Bestellnummer	Bezeichnung 1	Funktionsdefinition
Kabel	H07RN-F4G1,5	Motorleitung	▪ Kabeldefinition ▪ Ader/Draht[10] (4x)
Kabel	H05VV5-F12G0,5	Steuerleitung	▪ Kabeldefinition ▪ Ader/Draht (12x)
Kabel	H05VV5-F5G0,5	Steuerleitung	▪ Kabeldefinition ▪ Ader/Draht (5x)

Funktionen für das Ändern, Umbenennen, Löschen u. a. sind über das Kontextmenü erreichbar. Die ursprünglich eingetragenen Artikel werden nicht mehr benötigt und könnten auch gelöscht werden. Gegebenenfalls muss der Verzeichnisbaum der Artikelverwaltung mit [F5] aktualisiert werden.

Wenn alle Einträge ausgeführt sind, kann die Artikelverwaltung mit [Schließen] wieder verlassen werden. Für die Anpassung der Projektstammdaten an die geänderten System-

[10] in Allgemein\Allgemeine Sonderfunktionen\Verbindung\Verbindungsdefinition

stammdaten wird ein Artikeldatenabgleich angeboten. Dieser muss mit [Ja] bestätigt werden. Dies ist besonders bei nachträglichen Änderungen notwendig, da erst nach der Aktualisierung der Projektstammdaten die Änderungen im Projekt wirksam werden (vgl. Bild 7.16).

Artikeldaten sichern und wiederherstellen

Zur *Sicherung* der Artikeldaten kann ähnlich der Projektsicherung vorgegangen werden.

Projekt → Sichern → Artikeldaten → <Artikeldaten sichern>

→ aktuelle Artikeldatei (*ESS_part001.mdb*) auswählen[11]
→ Sicherungsdateiname eintragen → Sicherungsverzeichnis festlegen
→ [OK]

Je nach gewähltem Speichermedium werden Bestätigungen abgefragt. Der Sicherungsfortschritt wird angezeigt und die Sicherung nach Abschluss bestätigt.

Das *Wiederherstellen* der Artikeldatei ist möglich mit der Befehlsfolge

Projekt → Wiederherstellen → Artikeldaten → <Artikeldaten wiederherstellen>

→ Sicherungsverzeichnis auswählen → Sicherungsdateiname auswählen
→ [OK]

Möglicherweise wird vor dem Überschreiben bereits vorhandener Artikeldaten gewarnt. Dies kann mit [Ja für alle] bestätigt werden. Der Wiederherstellungsfortschritt wird angezeigt und die Wiederherstellung nach Abschluss bestätigt.

Artikel mittels Artikelauswahl zuweisen

Die Zuweisung von Artikeldaten ist nur an Hauptfunktionen sinnvoll und auch nur dort möglich. Schaltzeichen, die keine Hauptfunktion sind (z. B. Kontakt eines Schützes), sind Bestandteil eines verteilt dargestellten Betriebsmittels. Die Hauptfunktion ist in diesem Fall ein anderer Bestandteil (z. B. die Schützspule).

Die Artikelzuweisung zu den Schaltzeichen im Stromlaufplan wird im Eigenschaftenfenster, Registerkarte/Artikel/, ausgeführt.

Doppelklick auf Schaltzeichen[12] → <Eigenschaften> → /Artikel/

Die Tabelle für die Artikeleinträge ist zunächst noch leer. Mit dem Drücken der Taste [...] am rechten Rand des Eingabefeldes wird die Artikelauswahl aufgerufen. Deren Aufbau entspricht der Artikelverwaltung, wobei hier jedoch das Editieren der Einträge nicht möglich ist.

Wenn das Editieren der Einträge an dieser Stelle dennoch gewünscht wird, lässt sich dies mit der Option „Änderung während der Auswahl erlaubt“ in den benutzerspezifischen Einstellungen verfügbar machen. ■

[11] Eventuell vorhandene Backup-Dateien brauchen nicht gesichert werden.

[12] Die Funktion „Direktes Bearbeiten“ darf nicht aktiv sein.

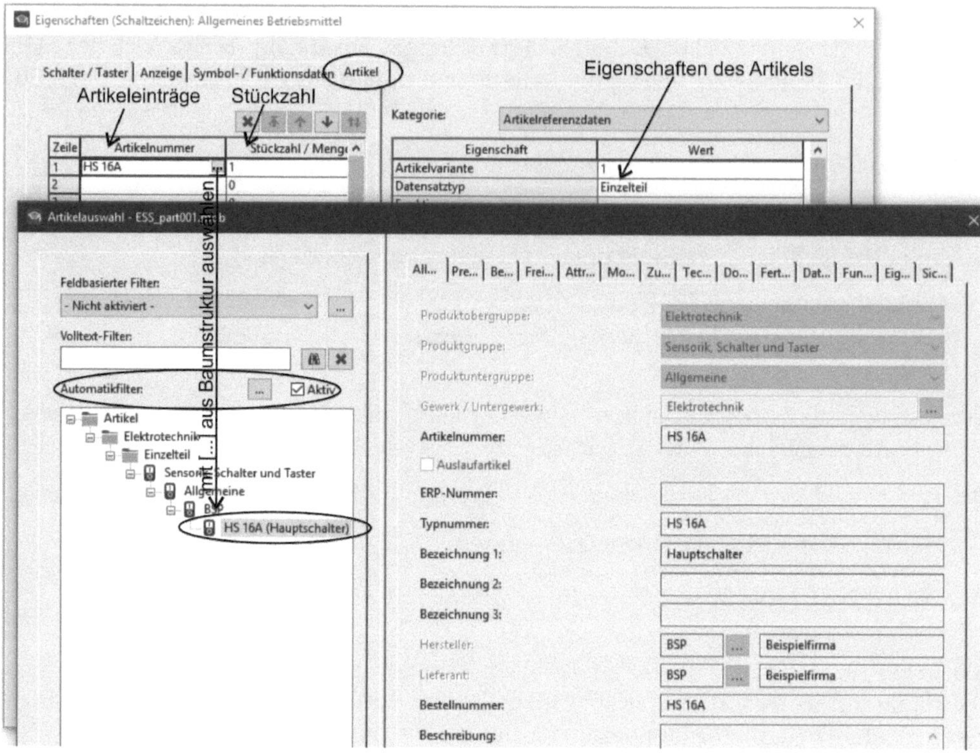

Bild 7.50 Artikel zuweisen (Artikelauswahl)

Empfehlenswert ist die Nutzung der Filter, insbes. des *Automatikfilters,* um nur Artikel mit gleichen Funktionsschablonen anzuzeigen und so den Verzeichnisbaum der Artikel übersichtlicher einzustellen.

Artikel in der Baumstruktur markieren → [OK]

In vielen Fällen erscheint nach der Artikelauswahl eine Konfliktanzeige. Diese weist auf Differenzen zwischen den Eigenschaften am Schaltzeichen (Funktion) und Eigenschaften für die Geräteauswahl aus der Artikeldatenbank hin. Es besteht die Möglichkeit, den Eintrag am Schaltzeichen beizubehalten, ihn zu überschreiben oder die neue Eigenschaft anzuhängen. In den meisten Fällen kann der Vorschlag der Konfliktanzeige angewendet werden.

Nach dieser Vorgehensweise können nun die Artikel den Hauptfunktionen folgender Schaltzeichen zugewiesen werden:

- Netztrenneinrichtung,
- beide Motorschutzschalter,
- Drehstrommotor,
- Leitungsschutzschalter,
- Steuertrafo,

- Trennklemme,
- Schützsicherheitskombination (am Gerätekasten),
- Taster (an Hauptfunktion),
- Leuchtmelder,
- Positionsschalter.

Jede Klemme erhält einzeln ihre Artikelzuweisung (Mehrfachselektion nutzen). An der Klemmenleistendefinition wird das Zubehör für die Klemmenleiste, zum Beispiel Endhalter, eingetragen. Falls hier keine Artikel zugeordnet werden sollen, kann die Hauptfunktion deaktiviert werden.

Die Schütze sowie Motor- und Steuerleitungen erhalten ihre Artikelzuweisung im folgenden Abschnitt mit der Geräteauswahl.

Artikel mittels Geräteauswahl zuweisen

Alternativ zur Artikelauswahl kann für die Artikelzuweisung die Geräteauswahl genutzt werden. In dieser Auswahl werden für das betreffende Schaltzeichen nur solche Artikel aus der Datenbank angezeigt, deren Funktionsschablone den im Stromlaufplan genutzten Funktionen entspricht. Diese Vorgehensweise ist besonders für Schütze und Kabel vorteilhaft. Voraussetzung sind jedoch korrekte Einträge in den Funktionsschablonen der Artikeldatenbank.

Die Geräteauswahl soll am Beispiel der Motorleitung *-W1* demonstriert werden. Im Eigenschaftenfenster der Leitung, Registerkarte /Artikel/, wird jetzt die Taste [Geräteauswahl] gedrückt.

> Doppelklick auf Kabeldefinition → <Eigenschaften> → /Artikel/
>
> → [Geräteauswahl] → <Geräteauswahl>

Nach der Markierung des passenden Artikels (*H07RN-F4G1,5*) erhalten die Funktionen einen Haken für die erfolgte Zuweisung.

> → Artikel markieren → [OK] → <Eigenschaften> → [OK]

Im Stromlaufplan sind danach an der Kabeldefinition der Kabeltyp und an den Adern die Farben eingetragen. Die Steuerleitungen, die zwei Kabeldefinitionslinien haben, erhalten die Artikelzuweisung nur am ersten Teilstück, der Hauptfunktion.

Die Geräteauswahl für die beiden Motorschütze, die an den Schützspulen ausgeführt wird, unterscheidet sich nicht von der gezeigten Vorgehensweise und kann selbständig ausgeführt werden.

Nach diesem Schritt sind die beiden Stromlaufplanseiten nun vollständig.

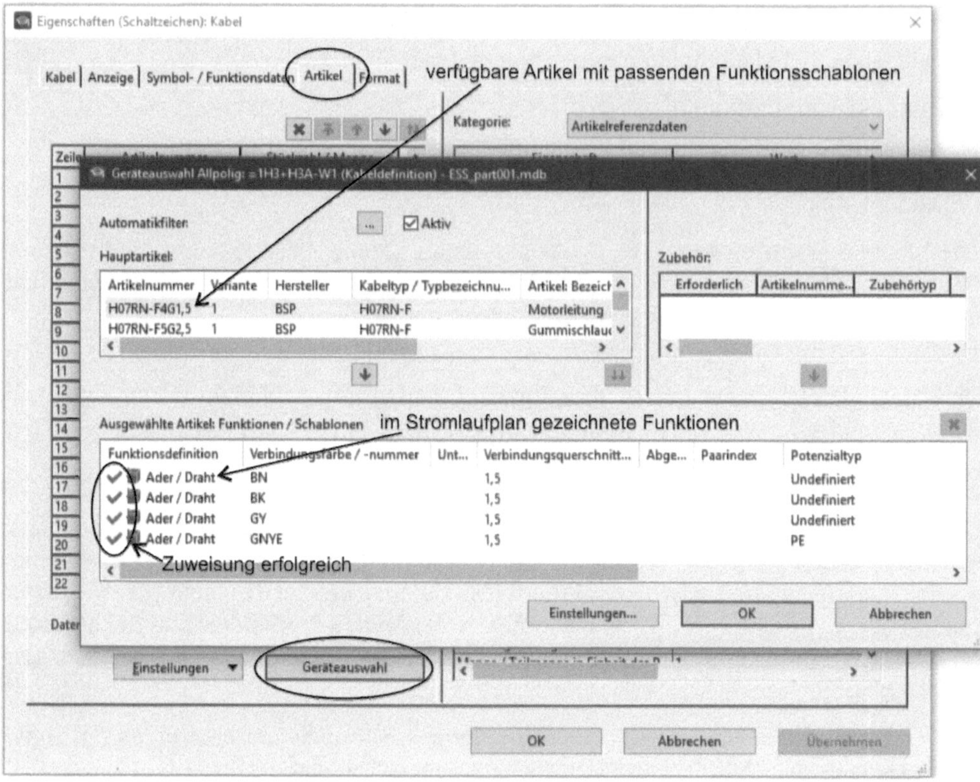

Bild 7.51 Artikel zuweisen (Geräteauswahl)

7.1.9 Projekt prüfen

An dieser Stelle ist es sinnvoll, das bisherige Projekt auf Fehler zu prüfen. Dies kann sowohl interaktiv unter Nutzung der Navigatoren als auch mit einem Prüflauf erfolgen.

Navigatoren

Die Navigatoren sind für die objektorientierte Arbeitsweise vorgesehen, können aber auch während der grafikorientierten Arbeitsweise aufgerufen werden. Sie ermöglichen die übersichtliche Darstellung der Projektinhalte in Form von Baumstrukturen, was Fehler leichter als in der Grafik erkennen lässt.

Klemmenleistennavigator

Projektdaten → Klemmenleisten → Navigator → <Klemmenleisten>

Die Klemmenleisten sind nach den Funktions- und Ortsaspekten in die Baumstruktur eingeordnet. Zu jeder Klemmenleiste werden die Komponenten (Klemmenleistendefinition und alle Klemmen) mit Klemmenbezeichnung, Funktionsdefinition und Querverweis angezeigt.

Hier können vor allem Vollständigkeit, Reihenfolge der Klemmen und die korrekte Vergabe der Funktionsdefinition kontrolliert werden.

Wenn der Cursor auf ein Icon der Baumstruktur gestellt wird, zeigt ein kurzer Informationstext (QuickInfo) die Bedeutung des Icons an.

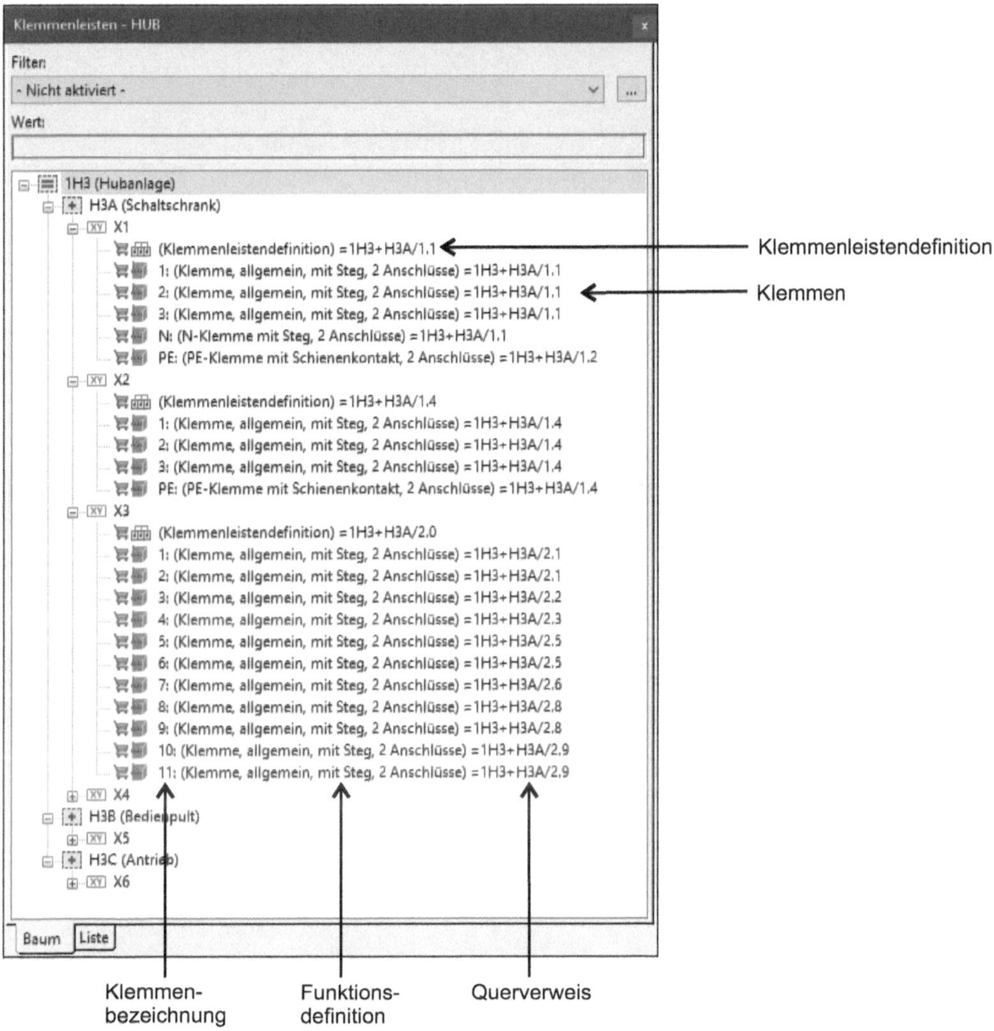

Bild 7.52 Klemmenleistennavigator

Kabelnavigator

Projektdaten → Kabel → Navigator → <Kabel>

Alle Kabel sind in der Baumstruktur unter dem Ortsaspekt *+H3A* platziert, da dies der im Schriftfeld eingetragene Ort ist. Für die Kabel sind die Kabeldefinitionen (*-W2* und *-W3* aus zwei Teilen bestehend) und alle Adern angegeben. Die Adern *GNYE* von *-W2* und *-W3* werden nicht benutzt.

Neben der Vollständigkeit kann die richtige Aderbenutzung leicht kontrolliert werden.

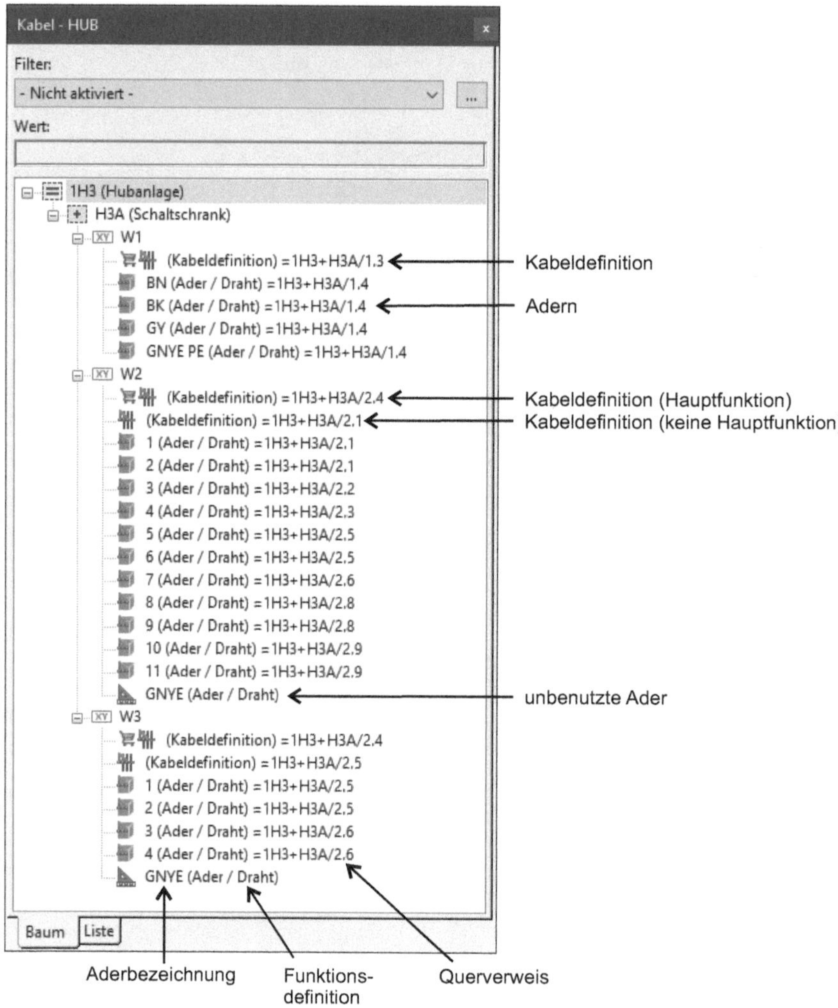

Bild 7.53 Kabelnavigator

Stückliste-Navigator

Projektdaten → **Geräte/Artikel** → **Stückliste-Navigator** → <Stückliste>

Der Stückliste-Navigator enthält alle Betriebsmittel des Projektes, sortiert nach der Artikelnummer. In den Navigator-Einstellungen wird der Umfang des Navigator-Inhaltes festgelegt. Hierzu gehört die Möglichkeit auch Betriebsmittel ohne Artikelnummer anzeigen zu lassen.

→ rechte Maustaste → <Kontextmenü>
→ **Einstellungen** → <Einstellungen: Artikel>
→ Markierungen wie in Bild 7.54 setzen → [OK]

Die in dem Zweig „Ohne Artikelnummer" enthaltenen Betriebsmittel wurden sicher bei der Artikelzuweisung vergessen.

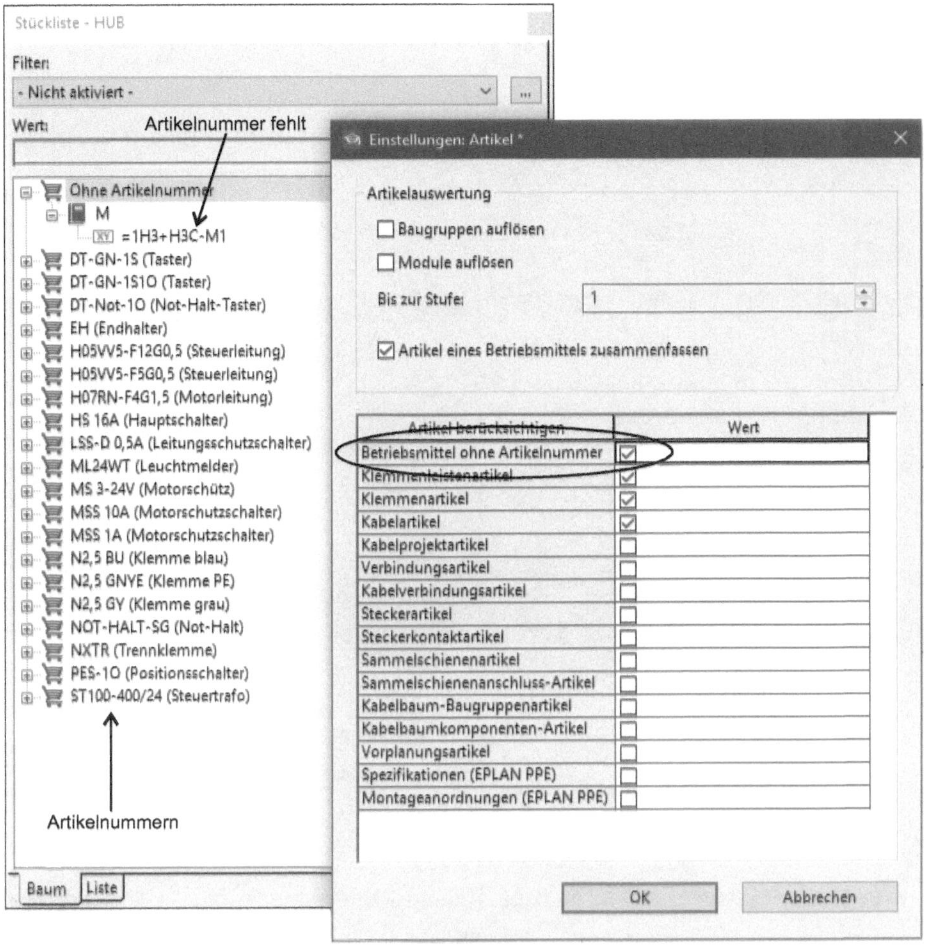

Bild 7.54 Stückliste-Navigator

Prüflauf

Die Projekterstellung in EPLAN kann nach unterschiedlichen Kriterien überwacht oder geprüft werden. Das ist sowohl während der Arbeit (online) als auch nachträglich mit einem Prüflauf (offline) möglich. Die online ausgeführte Überwachung, die sofort jeden Fehler meldet, wurde bei der Projekterstellung nicht genutzt.

Für den Prüflauf muss zunächst die Meldungsverwaltung von EPLAN aktiviert werden.

Projektdaten → **Meldungen** → **Verwaltung** → <Meldungsverwaltung>

Ein neuer Prüflauf wird konfiguriert mit

Projektdaten → **Meldungen** → **Prüflauf ausführen** → <Prüflauf ausführen>

→ [...] → <Einstellungen: Meldungen und Prüfläufe>.

Für den Prüflauf kann eingestellt werden, auf welche Fehler das Projekt geprüft wird und mit welcher Kategorie (Hinweis, Warnung, Fehler) eine Meldung angezeigt wird.

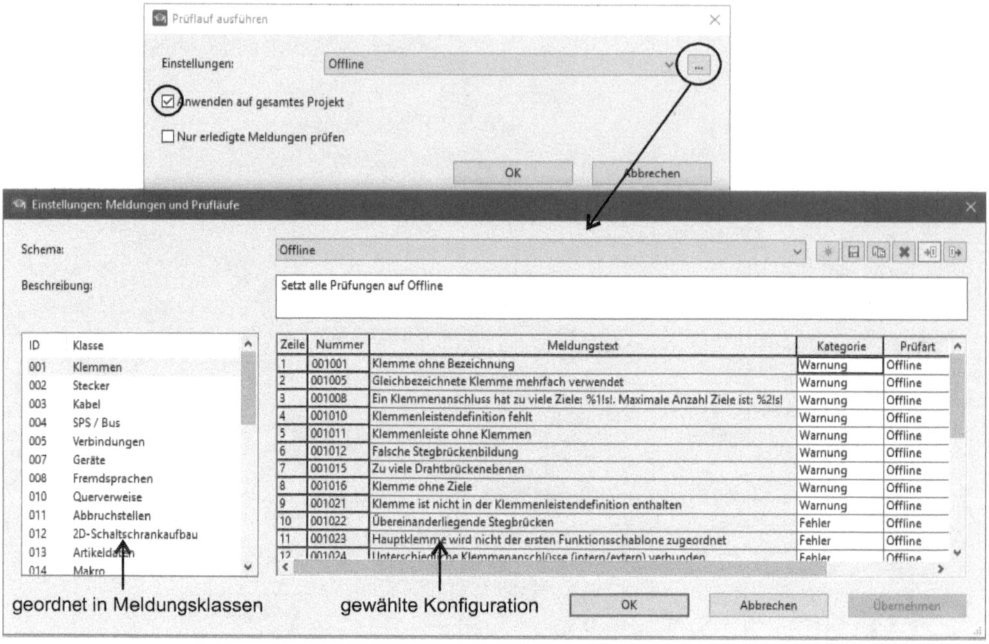

Bild 7.55 Prüflauf konfigurieren

→ [OK] → <Prüflauf ausführen> → [OK]

Damit wurde der Prüflauf gestartet und gefundene Fehler sind in der Tabelle der Meldungsverwaltung eingetragen. Art und Umfang der Meldungen sind von den Konfigurationseinstellungen abhängig, weshalb andere Meldungen als in folgenden Beispielen angezeigt werden können.

Genauere Informationen zu den Fehlern und deren Behebung erhält man über das Hilfesystem, indem die betreffende Fehlernummer markiert und die Taste [F1] gedrückt wird. Ebenfalls kann das Fehler verursachende Schaltzeichen mit einem Doppelklick auf den Fehlereintrag „angesprungen“ werden.

In Bild 7.56 sind als Beispiele vier Meldungen enthalten.

- Zeilen 1 und 2 - Widerspruch zwischen gleichen Potenzialdefinitionen:
  An den markierten Potenzialen wurde vergessen, den Potenzialtyp auf *PE* zu stellen. Dadurch haben diese Potenziale einen anderen Typ als die restlichen Potenziale mit gleichem Namen.
- Zeilen 3 und 4 - Funktion ohne Anschlussbezeichnung:
  An der Trennklemme *-XTR* fehlen die Anschlussbezeichnungen. Das war so beabsichtigt und wird nicht geändert.
- Zeile 5 - Hauptfunktion/Hauptklemme ohne Artikel:
  Am Motor *+H3C-M1* fehlt die Artikelzuweisung.

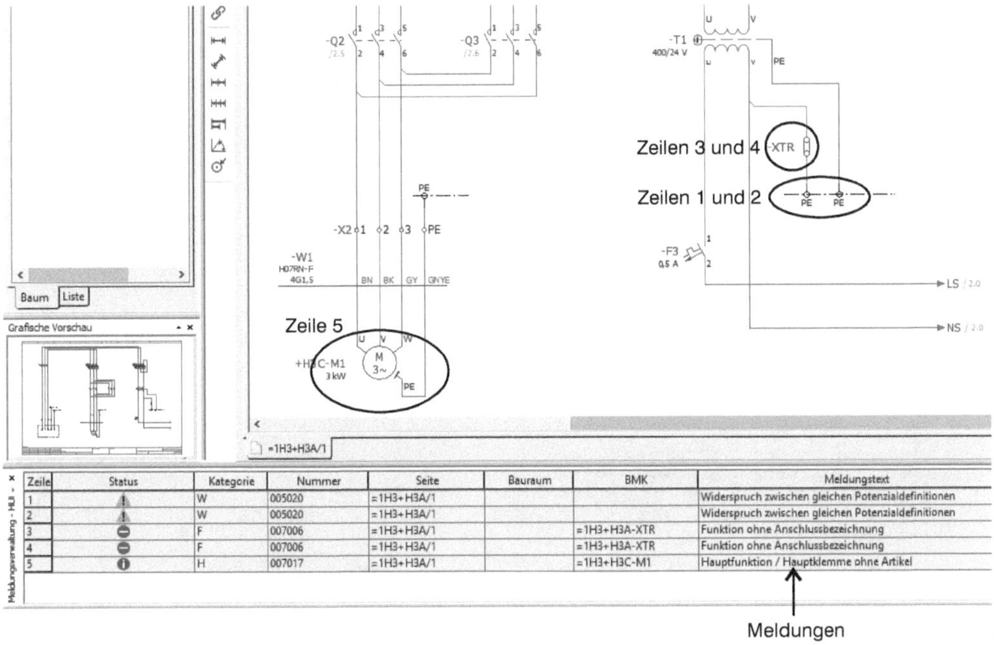

Bild 7.56 Meldungen des Prüflaufes

Nicht alle Meldungen sind in jedem Fall relevant, wie z. B. in Zeile 3 gezeigt wird. Nicht jede Meldung hat immer einen Fehler als Ursache. Das betrifft z. B. folgende Meldungen:

- Der Querschnitt/Durchmesser ist nicht in den Projekteinstellungen ... enthalten:
  In den Projekteinstellungen wurden keine zulässige Querschnitte festgelegt.
- Kabellänge nicht angegeben:
  Kabellängen wurden im Projekt nicht festgelegt, was auch nicht in jedem Fall notwendig ist.
- Falscher Kennbuchstabe:
  In den Systemeinstellungen sind für einzelne Symbole andere Kennbuchstaben zur Referenzkennzeichnung festgelegt, als in diesem Beispiel verwendet wurden.

Generell kann gesagt werden, dass das Ergebnis auf den Projektseiten, nicht in der Meldungsverwaltung entscheidend ist. Der Prüflauf ist als ein Werkzeug zu verstehen, welches der Vermeidung von Fehlern dient.

7.1.10 Pläne und Listen erstellen (Auswertungen)

Aus der Vielfalt möglicher Pläne und Listen wird deren Erstellung an den Beispielen

- Klemmenplan,
- Artikelstückliste,
- Titel-/Deckblatt und
- Inhaltsverzeichnis

demonstriert. Die Anfertigung weiterer Pläne, Listen und Verzeichnisse unterscheidet sich nicht grundlegend von der im Folgenden gezeigten Vorgehensweise.

Die erzeugten Pläne und Listen sollen nach Bild 7.57 in die Projektstruktur eingebunden werden. Maßgeblich dafür sind die Anlagen- und Ortskennzeichnungen (Aspekte).

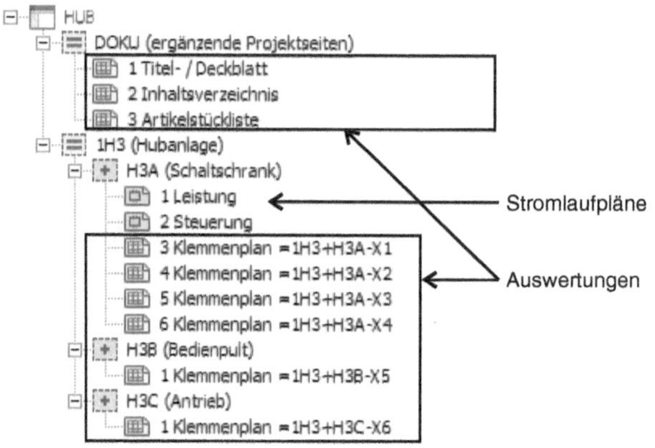

Bild 7.57 Projekt mit Auswertungen

Alle Auswertungen werden mit demselben Dienstprogramm erzeugt und hinsichtlich ihrer Eigenschaften verwaltet.

Dienstprogramme → Auswertungen → Erzeugen → <Auswertungen>

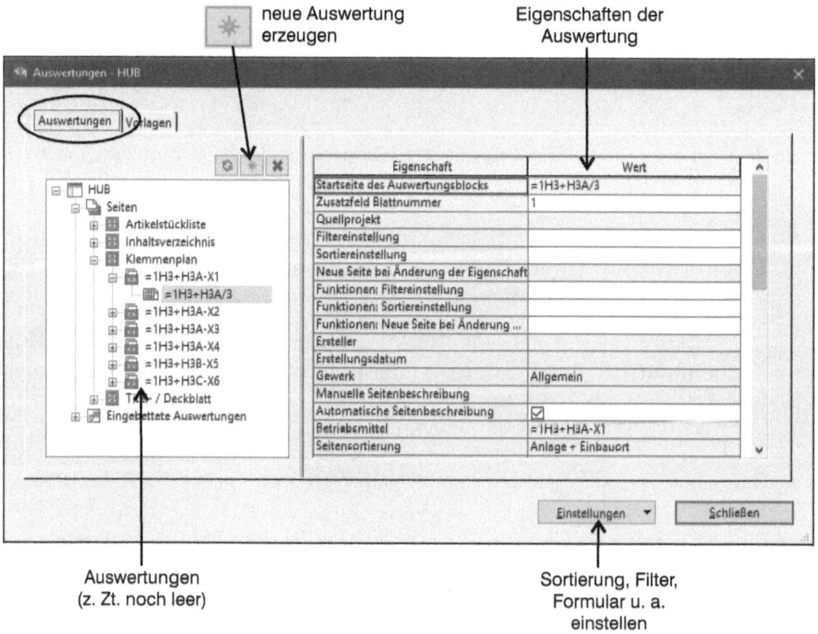

Bild 7.58 Auswertungen nach Fertigstellung

Klemmenplan

Die Einordnung der Klemmenpläne in die Projektstruktur kann unterschiedlich gewählt werden. Für dieses Beispiel sollen die Pläne entsprechend der Kennzeichnung für Anlage und Einbauort der Klemmenleiste abgelegt werden. Dafür muss der Eintrag für die Seitensortierung in den Auswertungseinstellungen geändert werden.

> [Einstellungen] → **Ausgabe in Seiten** → <Einstellungen: Ausgabe in Seiten>
> → Einträge vornehmen → [OK]

In der Zeile 14 (Klemmenplan), Spalte „Seitensortierung“, wird der Eintrag auf „Anlage + Einbauort“ geändert. Hierzu muss in dem betreffenden Feld auf [...] am rechten Rand gedrückt werden. In dem Dialogfenster wird erst der Haken für „Gesamt“ entfernt, damit danach „Anlage“ und „Einbauort“ markiert werden können. Das Fenster wird mit [OK] geschlossen.

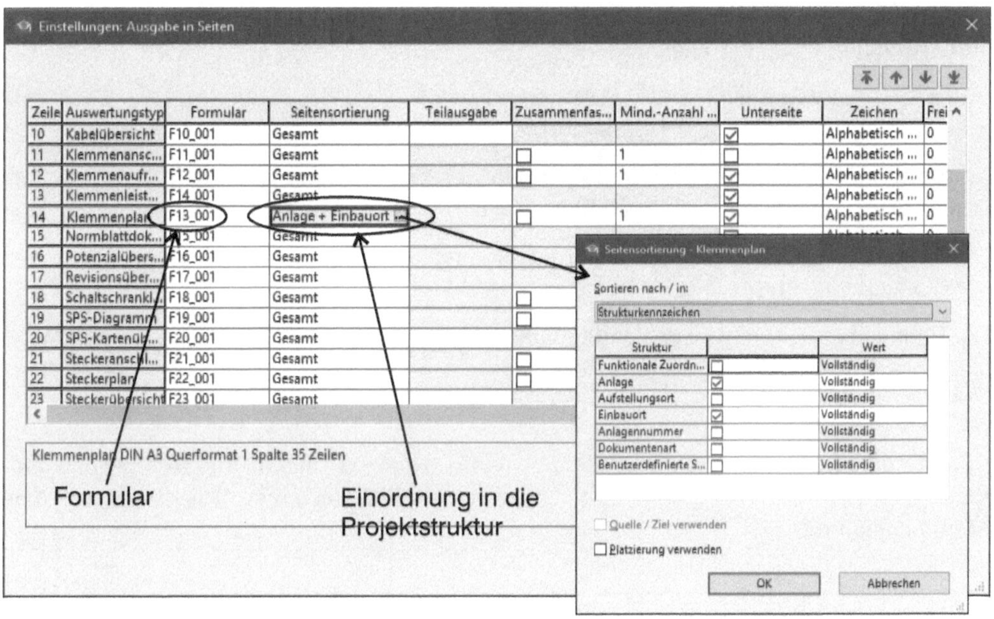

Bild 7.59 Einstellungen zur Seitenausgabe

In der Einstellungsübersicht sind weitere Einstellungen zur Seitenausgabe, insbes. das zu verwendende Formular (Standard: *F13_001.f13*), möglich. Nach der Bestätigung der Einstellungen mit [OK] können die Auswertungen für die Klemmenpläne erzeugt werden.

> [Icon für Neu] → <Auswertung festlegen>

Als Ausgabeform wird „Seite“ festgelegt.

> Wird als Ausgabeform „Manuelle Platzierung“ gewählt, kann der Klemmenplan auf einer bereits vorhandenen Stromlaufplanseite platziert werden. Voraussetzung ist die Nutzung eines passenden (kleineren) Formulars (z. B. *F13_006.f13*). Die manuelle Platzierung ist auch für andere Auswertungen möglich. ■

Der Auswertungstyp ist „Klemmenplan“, und es sollen die Klemmenpläne für alle Klemmenleisten ausgegeben werden, weshalb kein Haken für die „manuelle Auswahl“ gesetzt wird.

Einträge vornehmen → [OK] → <Einstellungen - Klemmenplan>

Hier sind keine weiteren Einträge notwendig, da diese Möglichkeiten nicht genutzt werden.

[OK] → <Klemmenplan (Anlage + Einbauort)>

Die Strukturmerkmale Anlage und Einbauort sind gemäß der soeben eingestellten Seitensortierung bereits eingetragen.

[OK] → Auswertungen für *+H3A* werden erzeugt
→ <Klemmenplan (Anlage + Einbauort)>

Als Einbauort ist jetzt *+H3B* eingetragen. Für den Seitennamen wird die „3“ vorgegeben. Das ist falsch und muss auf „1“ geändert werden.

[OK] → Auswertungen für *+H3B* werden erzeugt
→ <Klemmenplan (Anlage + Einbauort)>

Der Einbauort ist *+H3C* und der Seitenname ist korrekt.

[OK] → Auswertungen für *+H3C* werden erzeugt
→ [Schließen]

Damit sind die Klemmenpläne in dem Seitennavigator enthalten und können auf ihre Richtigkeit kontrolliert werden. Bild 7.60 zeigt als Beispiel einen Ausschnitt aus dem Klemmenplan für *-X2*.

-W1	Kabelname	Leiste =1H3+H3A-X2 Antrieb					
H07RN-F	Kabeltyp	Zielbezeichnung	Anschluss	Klemme	Brücke	Zielbezeichnung	Anschluss
BN		+H3C-M1	U	1	•	-Q2	2
BK		+H3C-M1	V	2	•	-Q2	4
GY		+H3C-M1	W	3	•	-Q2	6
GNYE		+H3C-M1	PE	PE	•	PE	

Bild 7.60 Klemmenplan

Alle Klemmenpläne sollten aufmerksam kontrolliert werden, da inhaltliche Fehler in den Schaltplanseiten, wie falsch eingestellte interne Richtungen, oft erst hier erkannt werden. Treten Fehler auf, so müssen diese in den Stromlaufplänen beseitigt werden. Danach ist die Auswertung zu aktualisieren.

Auswertung im Seitennavigator markieren → **Dienstprogramme** → **Auswertungen** → **Aktualisieren**

Artikelstückliste

Das Eintragen von Daten in die Artikelverwaltung und die Zuordnung der Artikel zu den Schaltzeichen des Stromlaufplanes sind Voraussetzungen für das automatische Generieren der Artikelstückliste. Beides ist in den vorhergehenden Abschnitten bereits ausgeführt worden, womit diese Voraussetzungen erfüllt sind.

Dienstprogramme → **Auswertungen** → **Erzeugen** → <Auswertungen>

Bei der Auswertung sollen folgende Artikel zusätzlich berücksichtigt werden:

- Betriebsmittel ohne Artikelnummer,
- Klemmenleistenartikel, wenn Artikelzuweisungen (z. B. für Zubehör) an der Klemmenleistendefinition ausgeführt wurden,
- Klemmenartikel, für die Artikelzuweisungen an den Klemmen,
- Kabelartikel, wenn Artikel an den Kabellinien zugewiesen wurden.

Es kann ebenfalls eingestellt werden, wie mit Baugruppen verfahren werden soll, was hier jedoch nicht relevant ist. Das Dialogfenster wurde bereits zur Einstellung des Stückliste-Navigators genutzt. Für das Beispiel müssen die Haken wie in Bild 7.54 gesetzt werden bzw. sind noch so gesetzt.

[Einstellungen] → **Artikel** → <Einstellungen: Artikel> → Einträge vornehmen → [OK]

Die Artikelstückliste soll als Seite 3 zur Anlage *=DOKU* gehören und keine Kennzeichnung für den Einbauort haben.

[Icon für Neu] → <Auswertung festlegen>

Als Ausgabeform ist „Seite“ festgelegt. Der Auswertungstyp ist „Artikelstückliste“.

Auswahl vornehmen → [OK] → <Einstellungen - Artikelstückliste>

Hier ist es möglich, die Ausgabe z. B. nach einem vorgegebenen Hersteller bzw. Lieferanten zu filtern oder die Liste, ggf. mit Seitenwechsel, nach verschiedenen Kriterien zu sortieren.

In diesem Beispielprojekt soll nach *BMK* + *Einbauort* + *Anlage* sortiert werden.

→ Auswahl für Sortierung vornehmen → [OK] → <Artikelstückliste> → Anlage *DOKU* und Seite 3 eintragen

Der Einbauort bleibt leer. Wenn gewünscht, kann die automatische Seitenbeschreibung deaktiviert und ein eigener Text eingetragen werden.

[OK] → Auswertungen werden erzeugt → [Schließen]

Betriebsmittelkennzeichen	Menge	Bezeichnung	Typnummer
=1H3+H3C-B1	1	Positionsschalter	PES-1O
=1H3+H3C-B2	1	Positionsschalter	PES-1O
=1H3+H3A-F1	1	Motorschutzschalter	MSS 10A
=1H3+H3A-F2	1	Motorschutzschalter	MSS 1A
=1H3+H3A-F3	1	Leitungsschutzschalter	LSS-D 0,5A
=1H3+H3A-K1	1	Not-Halt	NOT-HALT-SG
=1H3+H3C-M1	1	DS-Motor	DSM 3KW
=1H3+H3B-P1	1	Leuchtmelder	ML24WT
=1H3+H3B-P2	1	Leuchtmelder	ML24WT
=1H3+H3A-Q1	1	Hauptschalter	HS 16A
=1H3+H3A-Q2	1	Motorschütz	MS 3-24V
=1H3+H3A-Q3	1	Motorschütz	MS 3-24V
=1H3+H3B-S1	1	Not-Halt-Taster	DT-Not-1O
=1H3+H3B-S2	1	Taster	DT-GN-1S
=1H3+H3B-S3	1	Taster	DT-GN-1S1O
=1H3+H3B-S4	1	Taster	DT-GN-1S1O
=1H3+H3A-T1	1	Steuertrafo	ST100-400/24

Bild 7.61 Artikelstückliste (Ausschnitt)

Damit ist auch die Artikelstückliste im Seitennavigator enthalten und kann auf ihre Richtigkeit kontrolliert werden. Bild 7.61 zeigt als Beispiel einen Ausschnitt aus der Artikelstückliste.

Inhaltsverzeichnis, Titel-/Deckblatt

Das Anlegen des Inhaltsverzeichnisses sollte der letzte Schritt der Auswertungen sein, da sich der Verzeichnisinhalt nach den vorhandenen Projektseiten richtet und dafür alle Seiten vorhanden sein müssen. Es ist jedoch auch möglich, das Inhaltsverzeichnis nachträglich zu aktualisieren.

Aufgabe 7.1

Erzeugen Sie das Titel-/Deckblatt als Seite 1 unter *=DOKU.*

Aufgabe 7.2

Erzeugen Sie das Inhaltsverzeichnis für das Projekt *HUB* als Seite 2 unter *=DOKU.* ■

Projekt sichern und ausgeben

Nachdem alle Auswertungen und Listengenerierungen abgeschlossen sind, ist die Arbeit an diesem Beispielprojekt beendet. Das Projekt kann nun gesichert und auf vielfältige Weise ausgegeben oder per E-Mail versendet werden.

■ 7.2 Transporttisch

Mit dem Projekt *HUB* in konventioneller Schaltungstechnik (Abschnitt 7.1) wurden die wichtigsten Funktionen der grafikorientierten Arbeitsweise in EPLAN demonstriert. Für aktuelle Anforderungen ist jedoch die in diesem Projekt genutzte Schaltungstechnik nicht ausreichend. Komplexe Steuerungsaufgaben sind nur noch durch speicherprogrammierbare Steuerungen (SPS) und Bussysteme mit entsprechenden Anschaltbaugruppen sinnvoll realisierbar.

Das zweite Beispiel, das einen Transporttisch zum Inhalt hat, soll die Projekterstellung unter Anwendung von Busanschaltbaugruppen zeigen und damit die bereits erläuterten Grundlagen in diese Richtung erweitern.

Zusätzlich wird die ergänzend mögliche *objektorientierte Arbeitsweise* demonstriert. Anders als im ersten Beispiel werden jetzt Zeichnungskomponenten in Navigatoren vordefiniert und danach in die Stromlaufpläne eingefügt. Navigatoren und die bereits erläuterten Funktionsschablonen spielen dabei eine zentrale Rolle.

Bereits bekannte Bedienvorgänge werden in diesem Beispiel nicht nochmals erläutert und dienen der selbständigen Übung.

7.2.1 Überblick

Der Transporttisch ist Bestandteil einer Montagestrecke. Je nach Montageauftrag wird der Tisch auf der Rollenbahn weiterbewegt oder auf eine zweite Ebene gehoben.

Mit dem Projekt *TISCH* sollen zwei Funktionen dieses Transporttisches realisiert werden:

1. Horizontale Bewegung des Tisches auf einer Rollenbahn und Erkennung der korrekten Position für die Hubbewegung.
2. Vertikale Bewegung des Tisches mit einem Kettenheber, ausgelöst durch ein externes Steuersignal. Induktive Näherungsschalter werden zur Endlagenerkennung benutzt.

Neben dem automatischen Betrieb kann die Anlage auch von einem Bedienpult aus mittels Leuchtdrucktaster gesteuert werden.

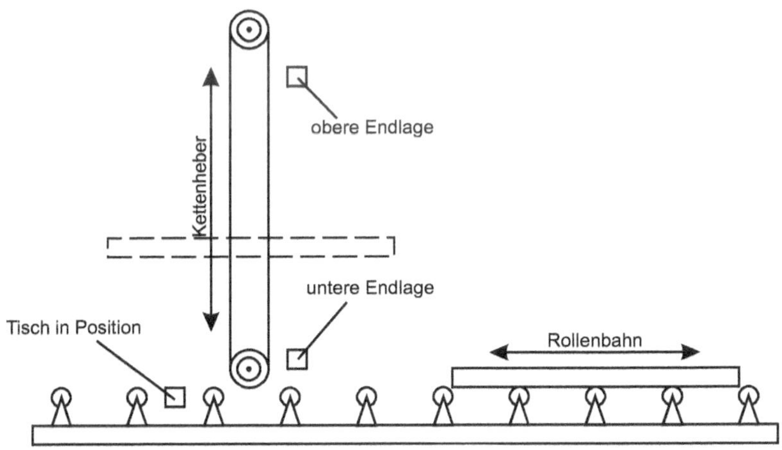

Bild 7.62 Transporttisch - Aufbau

Zur Vereinfachung wird nur jeweils ein Antrieb für die Rollenbahn und für den Kettenheber betrachtet. Die Steuerung des Ablaufes wird von einer SPS übernommen, die außerhalb dieses (Teil-)Projektes liegt und hier nicht enthalten ist.

Für die Gestaltung des Projektes werden Baugruppen ähnlich der Reihe *SIMATIC ET200* genutzt [SIEMENS12].

Für die Vermittlung eines ersten Überblickes über das Elektroprojekt ist der Verbindungsplan wieder ein geeignetes Darstellungsmittel.

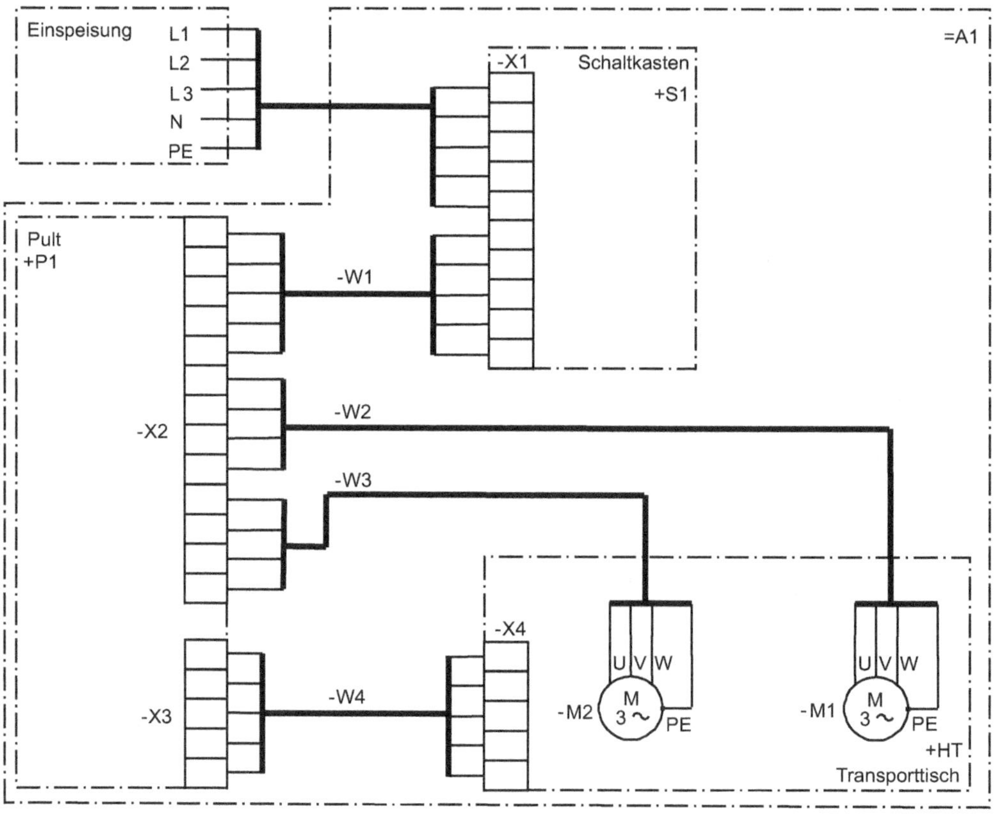

Bild 7.63 Transporttisch – Übersicht

Über den Schaltkasten (*+S1*) werden der Anlage die Einspeisepotenziale übergeben. Der Schaltkasten enthält die Netztrenneinrichtung und einen Leistungsschalter für den Schutz der Leitung *-W1*, über die die Anlage angeschlossen ist.

Im Bedienpult (*+P1*) sind die meisten Betriebsmittel eingebaut, weshalb dieser Ortsaspekt im Schriftfeld eingetragen wird. Das Bedienpult enthält neben den Bedienelementen auch die Motorstarter, die Not-Halt-Funktion und die Busanschaltbaugruppen für diese Anlage.

Beide Antriebe und die Positionsschalter gehören zum Transporttisch (*+HT*). Die Antriebe sind über die Motorleitungen *-W2* und *-W3* mit den Motorstartern und die Positionsschalter sind über die Steuerleitung *-W4* mit der Busanschaltbaugruppe verbunden. Wegen der begrenzten Länge der Anschlussleitungen an den Positionsschaltern wurden die Zwischenklemmenleisten *-X5* bis *-X7* eingesetzt.

Die Einspeisung ist nicht Bestandteil dieser Anlage *TISCH* (*=A1*).

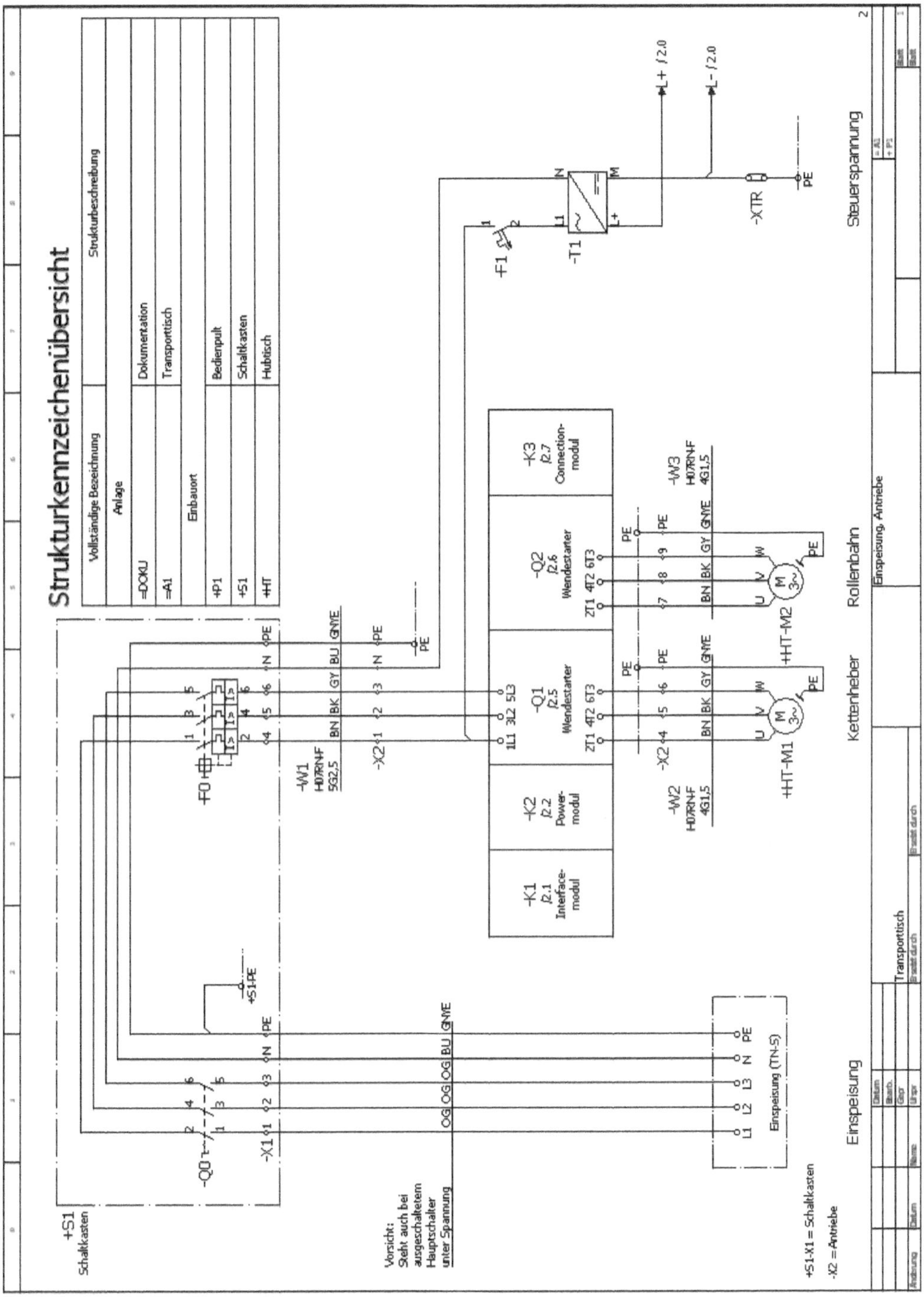

Bild 7.64 Transporttisch – Einspeisung und Antriebe

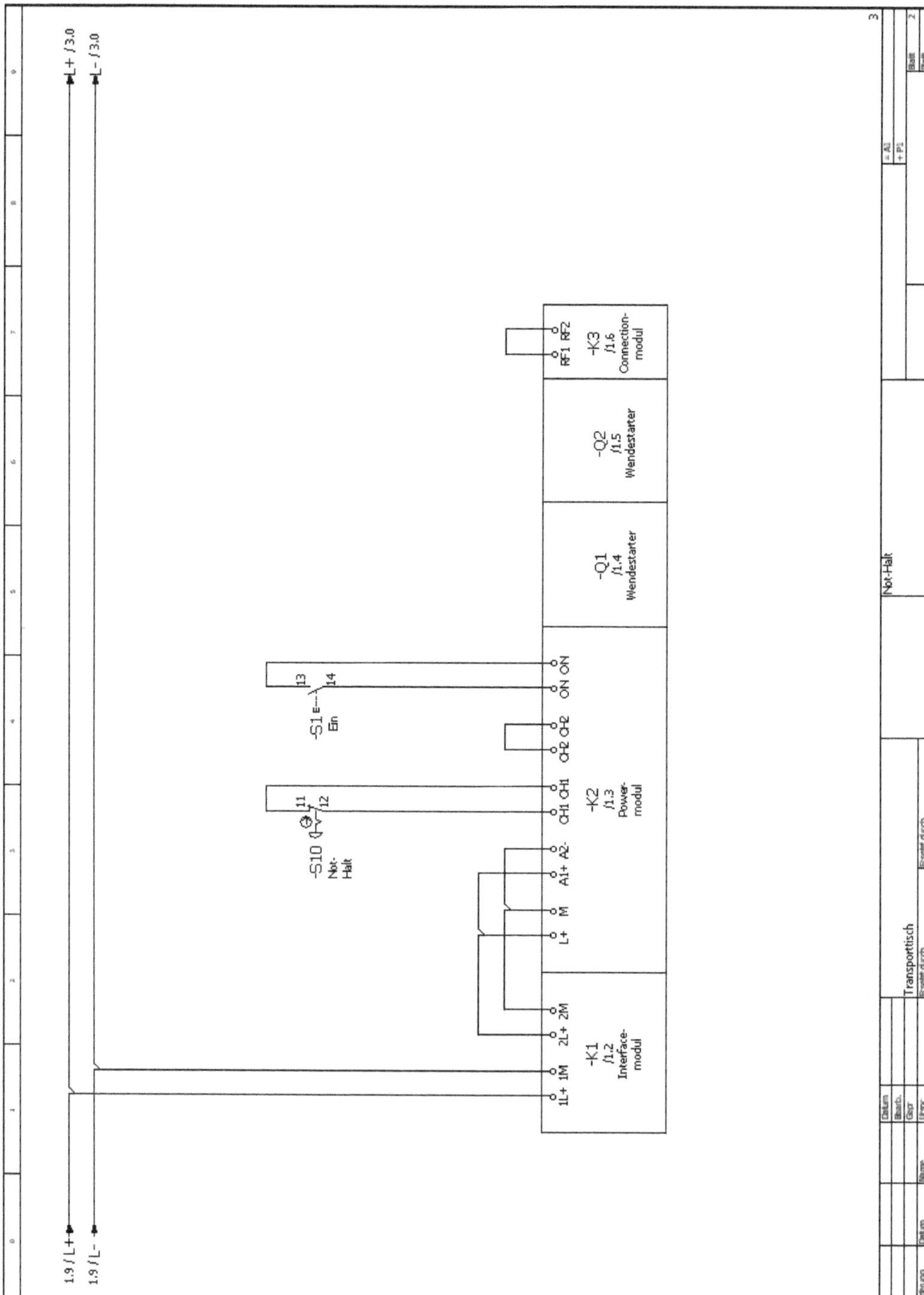

Bild 7.65 Transporttisch – Notfunktion

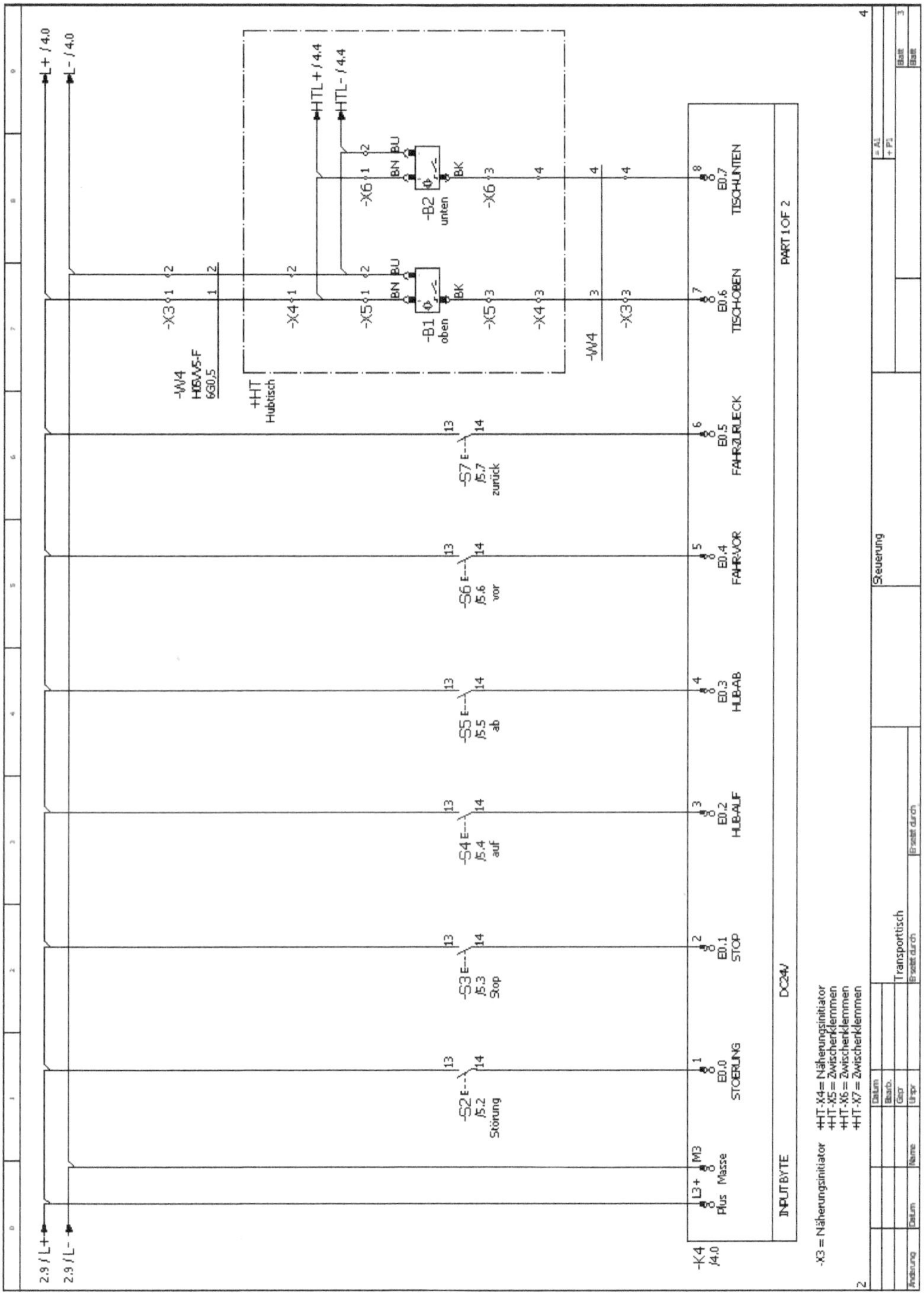

Bild 7.66 Transporttisch – Eingänge Teil I

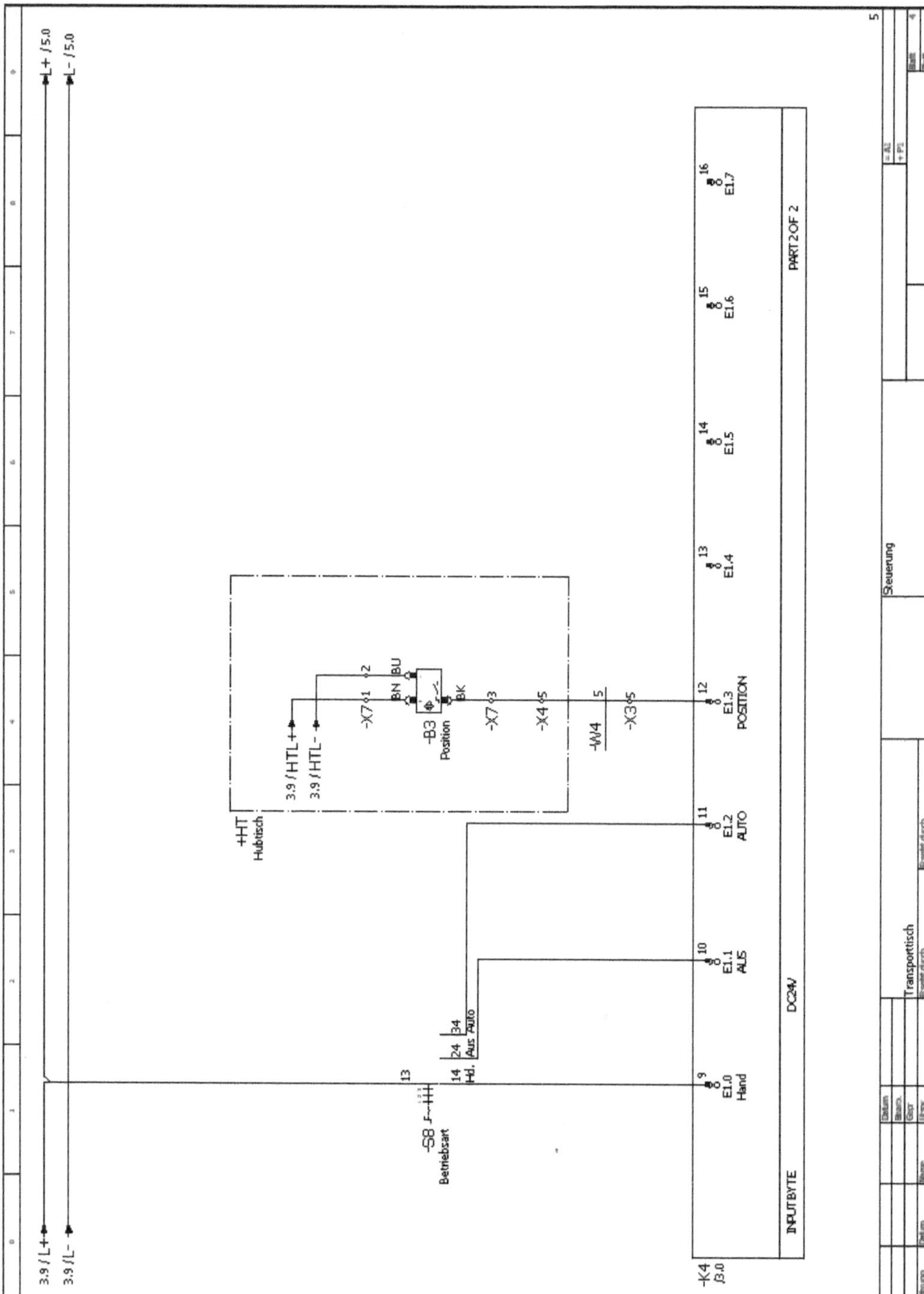

Bild 7.67 Transporttisch – Eingänge Teil II

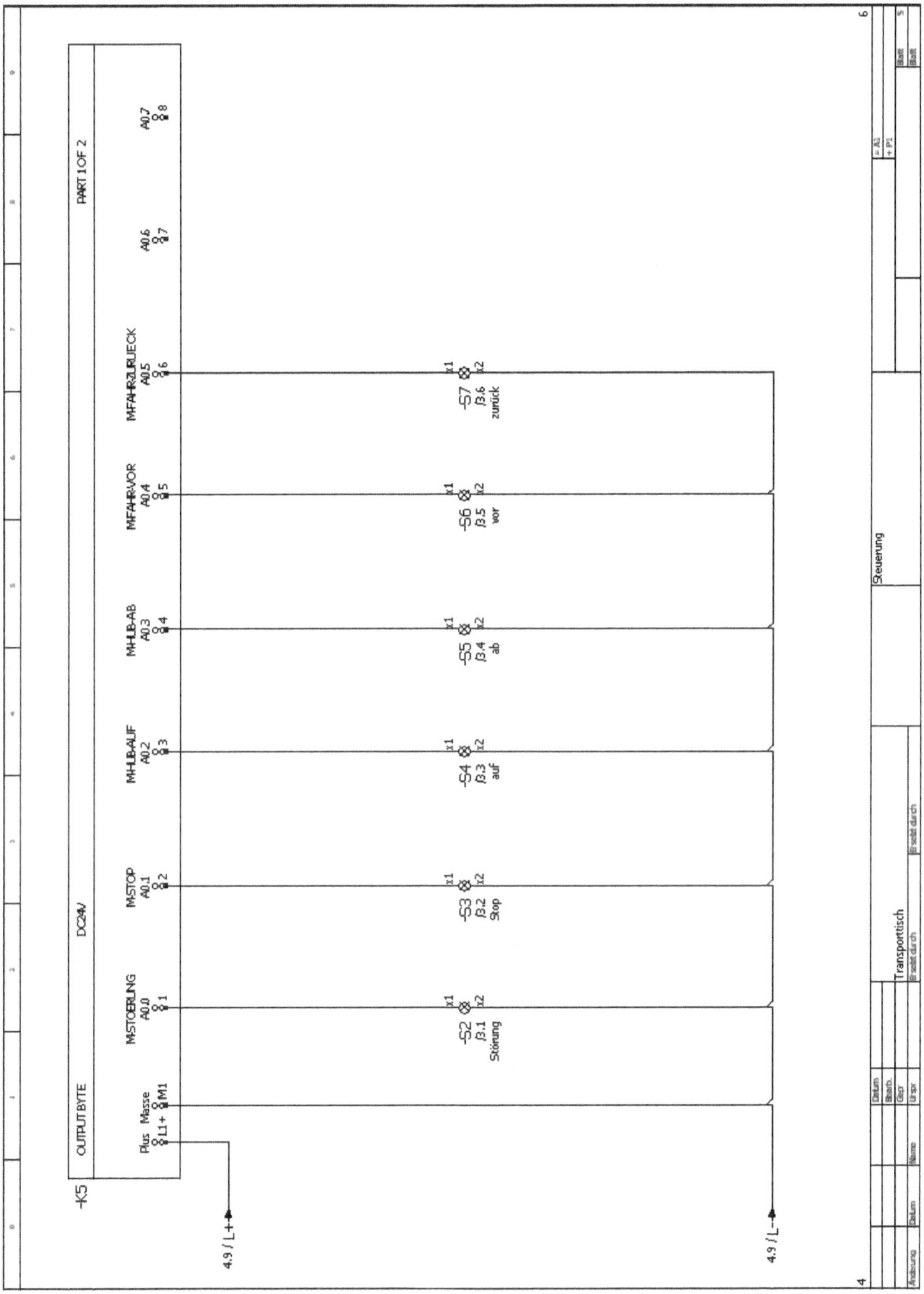

Bild 7.68 Transporttisch – Ausgänge

Die Seite 1 enthält den Leistungsteil der Anlage. Die Einspeisepotenziale werden über den Schaltkasten *+S1*, der die Netztrenneinrichtung *-Q0* und den Leistungsschalter *-F0* enthält, der Anlage zugeführt. Die beiden Antriebe für den Transporttisch sind an die Wendestarter *-Q1* und *-Q2* der Starterbaugruppe angeschlossen. Die Starterbaugruppe beinhaltet auch die Einbindung in die Not-Halt-Funktion (*-K2*) und die Verbindung zur Steuerung über das Bussystem der Anlage (*-K1*). Die Komponenten *-K1*, *-K2* und *-K3* sind hier als zusätzliche zusammenhängende Darstellung ergänzend angegeben. Die Spannungsversorgung *-T1* stellt die Betriebsspannung für die Elektronik-Komponenten bereit.

Als Beispiel für eine manuell platzierte Auswertung (eingebettete Auswertung) ist auf dieser Seite zusätzlich die Strukturkennzeichenübersicht enthalten.

Auf der Seite 2 ist die Beschaltung des Interfacemoduls für den Busanschluss *-K1*, des Powermoduls für Not-Halt *-K2* und des Connectionmoduls *-K3* der Starterbaugruppe ausgeführt. Die Wendestarter (*-Q1* und *-Q2*) sind zur Vollständigkeit angegeben.

Auf den Seiten 3 und 4 ist die Busanschaltbaugruppe *-K4* mit 16 digitalen Eingängen in oktaler Aufteilung dargestellt. Angeschlossen sind die Leuchtdrucktaster *-S2* bis *-S7*, der Betriebsartenschalter *-S8* sowie die induktiven Näherungsschalter *-B1*, *-B2* und *-B3*. Die Näherungsschalter befinden sich am Ort *+HT* und sind mit ihren Anschlussleitungen zunächst an Zwischenklemmen *-X5* bis *-X7* angeschlossen, welche über nicht explizit dargestellte Steuerleitungen mit *-X4* verbunden sind.

Die Busanschaltbaugruppe *-K5* ist mit den genutzten digitalen Ausgängen auf der Seite 5 dargestellt. An die Ausgänge sind die Lampen der Leuchtdrucktaster *-S2* bis *-S7* angeschlossen. Verweise kennzeichnen den Darstellungsort der Taster.

7.2.2 Projekt und Projektseiten anlegen

Viele Handlungsabläufe, die für die Anfertigung dieses Projektes benötigt werden, sind bereits bekannt und werden nicht ausführlich erläutert. Diese sollten zur Festigung des erworbenen Wissens selbständig ausgeführt werden. Hinweise zur Ausführung sind in den Aufgaben jeweils angegeben. Neue Funktionen dagegen werden ausführlich dargestellt.

In vielen Fällen sind mehrere Möglichkeiten für die Erstellung des Projektes in EPLAN denkbar. Die Vorgehensweise bei der Projekterstellung wird deshalb davon bestimmt sein, möglichst viele Varianten der Programmbedienung kennenzulernen. Dabei sollen auch die jeweiligen Vor- und Nachteile erkannt und die Anwendbarkeit der Varianten am praktischen Beispiel ausprobiert werden.

Projekt anlegen

Zunächst beginnt die Bearbeitung wie im vorigen Beispiel. Alle notwendigen Handlungen können selbstständig ausgeführt werden.

Aufgabe 7.3

Legen Sie ein neues Projekt an.

Projektname: *TISCH*

Vorlage: *IEC_tpl001.ept*

Eigenschaften für das Schriftfeld und das Deckblatt können nach Wunsch eingetragen werden.

Art des Projektes: *Schaltplanprojekt*

Struktur: *Anlage und Einbauort*

Aufgabe 7.4

Bereiten Sie die notwendigen Bezeichnungen für Anlage und Einbauort vor. Deckblatt, Inhaltsverzeichnis und Stückliste werden wieder der Bezeichnung *=DOKU* zugeordnet.

Anlage:

=DOKU (Dokumentation)

=A1 (Transporttisch)

Einbauort:

+P1 (Bedienpult)

+S1 (Schaltkasten)

+HT (Transporttisch)

Projektseiten anlegen

Neben den Schaltplanseiten wird für die zusammenhängende Darstellung aller Ein- und Ausgänge der Busanschaltbaugruppen eine zusätzliche Seite vom Typ „Übersicht“ angelegt.

Tabelle 7.4 Seiteneigenschaften Projekt *TISCH*

Vollst. Seitenname:	= A1 + P1/1	= A1 + P1/2	= A1 + P1/3
Seitentyp:	Schaltplan allpolig	Schaltplan allpolig	Schaltplan allpolig
Seitenbeschreibung:	Einspeisung, Antriebe	Not-Halt	Steuerung
	[Übernehmen]	[Übernehmen]	[Übernehmen]
Vollst. Seitenname:	**= A1 + P1/4**	**= A1 + P1/5**	**= A1 + P1/6**
Seitentyp:	Schaltplan allpolig	Schaltplan allpolig	Übersicht
Seitenbeschreibung:	Steuerung	Steuerung	Anschaltbaugruppen
	[Übernehmen]	[Übernehmen]	[OK]

Aufgabe 7.5

Legen Sie nach Tabelle 7.4 die erforderlichen Projektseiten an. Weitere Seiteneigenschaften können bei Bedarf eingetragen werden.

7.2.3 Stromlaufpläne projektieren

Selbstverständlich könnte auch dieses Projekt grafikorientiert gestaltet werden. Im Folgenden soll jedoch die objektorientierte Arbeitsweise im Mittelpunkt stehen, wofür zunächst die nötigen Voraussetzungen in der Artikelverwaltung geschaffen werden.

Artikelverwaltung

Die Artikeldaten müssen für diese Arbeitsweise vor Beginn der Zeichnungserstellung angelegt werden, wobei die Funktionsschablone von besonderer Bedeutung ist. Im Abschnitt 7.1.8 wurden die notwendigen Hinweise dafür gegeben.

Aufgabe 7.6

Legen Sie nach den Angaben im Stromlaufplan und nach eigenen Vorstellungen die nachstehenden Artikel an. Die Funktionsdefinition für die Funktionsschablone ist in Klammern jeweils angegeben.

Zum Teil können Einträge aus dem Beispiel *HUB* wiederverwendet werden.

- Netztrenneinrichtung 16 A (Schalter, Dreifachschließer),
- Leistungsschalter 16 A (Motorschutzschalter dreipolig),
- Motoren 1,5 kW und 3 kW (Drehstrommotor),
- Leitungsschutzschalter 1 A (Sicherungsautomat),
- Netzteil 230 V/24 V (Gleichrichter, variabel),
- Näherungsschalter (Näherungsschalter, Schließer mit Spannungsversorgung),
- EIN-Taster (Taster, Schließer),
- Not-Halt-Taster (Taster, Öffner),
- Leitungen lt. Stromlaufplan (Kabeldefinition und Ader/Draht),
- Klemmen wie im vorherigen Beispiel.

Bei den nachstehenden Artikeln sind einige Besonderheiten zu beachten:

- Für den Betriebsartenschalter (Schalter, variabel) wird in der Spalte Symbol der Funktionsschablone das Symbol *STELL3* mittels [...] ausgewählt.
- Die Leuchtdrucktaster erhalten in der Funktionsschablone je zwei Funktionen, die Tasterfunktion (Taster, Schließer) und die Leuchtmelderfunktion (Lampe, einfach).
- Die komplexen Betriebsmittel (Komponenten der Starterbaugruppe und die Busanschaltbaugruppen) werden als Artikel später aus der Zeichnung zurückgelesen und jetzt noch nicht angelegt.

Seite 1

Betriebsmittelnavigator

Im Mittelpunkt der objektorientierten Arbeitsweise stehen Navigatoren für die einzelnen Zeichnungsbestandteile, wie z. B. Betriebsmittel, Klemmen oder Kabel. Hier können Projektdaten geprüft, bearbeitet oder auch in einer Baum- oder Listenstruktur vordefiniert werden. Zunächst wird der Betriebsmittelnavigator benutzt.

Der Betriebsmittelnavigator sollte sich als Registerkarte /Betriebsmittel/ neben dem Seitennavigator befinden. Sollte das nicht der Fall sein, kann er mit der folgenden Befehlsfolge aufgerufen werden.

Projektdaten → **Betriebsmittel** → **Navigator** → <Betriebsmittel>

Das Fenster ist noch leer, da das Projekt noch keine Objekte enthält. Hier ist es jedoch möglich, noch vor der Zeichnungserstellung alle benötigten Betriebsmittel vorzudefinieren, um beispielsweise vorab eine Bestellliste zu erzeugen.

> Die objektorientierte Arbeitsweise ermöglicht, bereits in einer frühen Entwurfsphase und noch vor der Anfertigung der vollständigen Schaltungsdokumentation, Angebote einzuholen oder Bestellungen auszulösen. ■

Rechte Maustaste → <Kontextmenü> → **Neues Gerät** → <Artikelauswahl>

→ Artikel wählen → [OK]

Die Geräte erhalten eine Referenzkennzeichnung aus den Voreinstellungen und werden ohne Strukturkennzeichen in der Navigatordarstellung ergänzt. Die Referenzkennzeichnung kann im Navigator sofort geändert werden. Ebenso ist es möglich, sie erst nach dem Platzieren in der Grafik zu ändern.

Wenn die Geräte danach als Symbol in der Zeichnung platziert werden sollen, kann dies mittels drag & drop aus dem Navigator erfolgen. Dabei ist es möglich, mit gedrückter [Strg]-Taste und Kursorbewegung die Winkelvariante zu ändern.

Gerät mit gedrückter Maustaste vom Navigator in die Zeichnung ziehen → Maustaste loslassen → Symbol platzieren

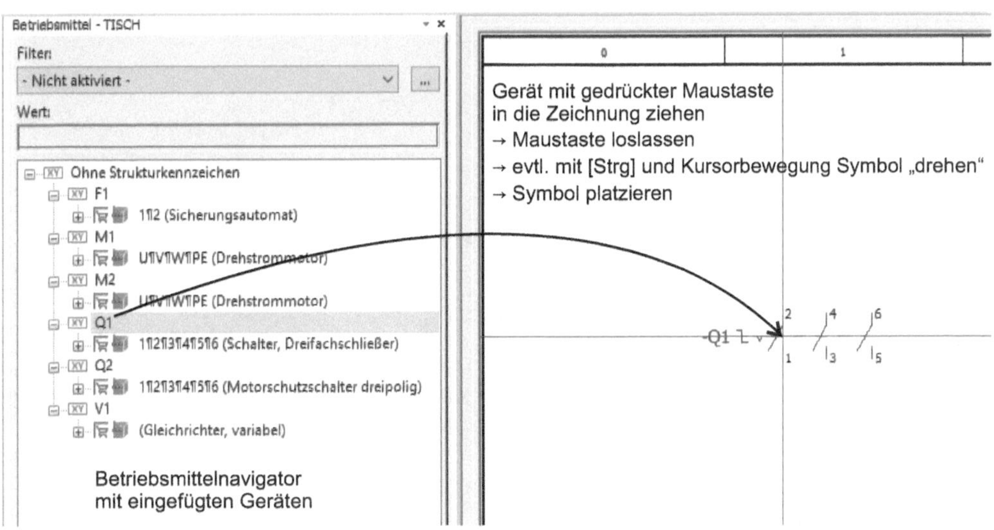

Bild 7.69 Betriebsmittelnavigator

Aufgabe 7.7

Fügen Sie im Betriebsmittelnavigator die in Tabelle 7.5 genannten Geräte dem Projekt hinzu.

Platzieren Sie mit drag & drop die Geräte in der Zeichnung entsprechend Bild 7.64.

Ändern Sie für den Leistungsschalter das Symbol auf *QL3*. Korrigieren Sie das sichtbare BMK und die Anschlusskennzeichnungen der platzierten Geräte. ■

Tabelle 7.5 Geräte auf Seite 1

Gerät	sichtbares BMK
Netztrenneinrichtung 16 A	*-Q0*
Leistungsschalter 16 A	*-F0*
Motoren 3 kW und 1,5 kW	*+HT-M1 und +HT-M2*
Leitungsschutzschalter 1 A	*-F1*
Netzteil 230 V/24 V	*-T1*

Wendestarter

Die zentralen Bestandteile dieser Seite sind jedoch die Komponenten der Starterbaugruppe. Zur Darstellung komplexer Geräte, für die kein Stromlaufplansymbol zur Verfügung steht, ist der Gerätekasten in Kombination mit Geräteanschlüssen geeignet.

Der Gerätekasten wurde im Projekt HUB bereits für das Not-Halt-Gerät genutzt (siehe Bild 7.37 und Bild 7.38).

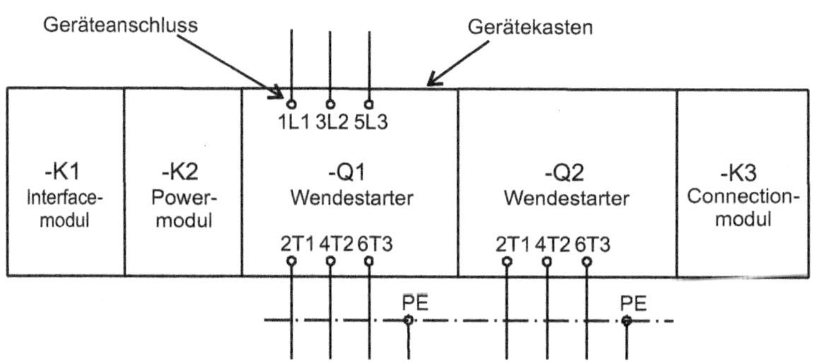

Bild 7.70 Starterbaugruppe auf Seite 1

Die Gerätekästen werden als Hauptfunktion definiert, da dieselben Baugruppen nochmals auf der Seite 2 (keine Hauptfunktion) abgebildet sind. Dies gewährleistet die automatische Ergänzung der gegenseitigen Querverweise.

Für die Textdarstellung wurde die zentrierte Eigenschaftsanordnung gewählt. Die Kommentierung der Baugruppen ist als Funktionstext ausgeführt. Die Artikeldaten für diese Baugruppen werden diesmal nicht mit der Artikelverwaltung erfasst, sondern aus der

Zeichnung in die Artikeldaten zurückgelesen. Für das spätere Zurücklesen der Artikel werden (die künftigen) Artikelnummern bereits eingetragen.

Aufgabe 7.8

Zeichnen Sie die Baugruppen und tragen Sie im Eigenschaftenfenster die Referenzkennzeichnung, den Funktionstext und als Artikelnummer eine Bezeichnung nach eigenen Festlegungen ein. ■

Weitere Bestandteile dieser Seite weisen, mit Ausnahme der Klemmenleisten, keine neuen Besonderheiten auf und können selbstständig ergänzt werden.

Aufgabe 7.9

Vervollständigen Sie die Seite 1 des Stromlaufplanes entsprechend Bild 7.64 durch das Platzieren von

- Trennklemme,
- Winkeln und T-Stücken zur Steuerung des Autoconnecting,
- Potenzialen an Einspeisung, für PE und als Abbruchstellen,
- Ortskästen für die Einspeisung und den Schaltkasten,
- Funktionstexten zur Kommentierung.

Klemmenleisten, Kabeldefinitionen und die Strukturkennzeichenübersicht sollen jetzt noch nicht eingetragen werden. ■

Querverweise sind noch nicht eingetragen, da die Seite 2, auf die verwiesen wird, noch nicht angefertigt ist. Die Kabeldefinitionen werden erst ergänzt, wenn die Klemmen eingefügt sind. Die Strukturkennzeichenübersicht wird erst am Ende der Projektbearbeitung ergänzt.

Klemmenleistennavigator

Die Klemmenleisten sollen auch im Navigator - diesmal im Klemmenleistennavigator - vordefiniert werden.

Projektdaten → **Klemmenleisten** → **Navigator** → <Klemmenleisten>

Das Fenster ist zunächst leer, da das Projekt noch keine Klemmenleisten enthält. Als Erstes wird die Klemmenleistendefinition erzeugt.

Rechte Maustaste → <Kontextmenü> → **Klemmenleistendefinition erzeugen**

→ <Eigenschaften>

In dem Eigenschaftenfenster werden das sichtbare BMK einschließlich Funktions- und Ortsaspekt (z.B. *=A1+S1-X1*) und der Funktionstext (z.B. *Schaltkasten*) eingetragen. Die Klemmenleistendefinition ist standardmäßig eine Hauptfunktion und kann damit die Artikelzuweisungen, z.B. für das Zubehör, erhalten. Somit kann für die Klemmenleiste *-X1* der

Endhalter (*EH*) eingetragen werden. Nach dem Verlassen des Fensters mit [OK] wird das Navigatorfenster aktualisiert.

In einem zweiten Schritt wird die Klemmenleiste durch Geräte, die Klemmen, ergänzt.

Klemmenleiste im Navigator markieren → rechte Maustaste → <Kontextmenü>

→ **Neue Klemmen (Geräte)** → <Klemmen (Geräte) erzeugen>

Das vollständige BMK ist bereits ausgefüllt.

Als Nummerierungsmuster für *-X1* wird *1,2,3,N,PE,4,5,6,N,PE* eingetragen. Weitere Möglichkeiten für die automatische Nummerierung sind in der Hilfe angegeben.

Die Artikelnummer (*N2,5 GY*) kann mit der Taste [...] aus der Artikeldatei ausgewählt werden. Der Artikel wird zunächst auf alle Klemmen der Leiste angewendet und muss für die N- und PE-Klemmen nachträglich korrigiert werden.

Die Navigatoren ermöglichen auch eine tabellarische Bearbeitung des Inhaltes. Dies ist oft übersichtlicher.

im Navigator: rechte Maustaste → <Kontextmenü> → **Tabellarisch bearbeiten** ■

Nach der Bestätigung der Einträge werden die Geräte (Klemmen) im Navigator ergänzt. Die nachträgliche Korrektur kann aus dem Klemmenleistennavigator mittels Mehrfachselektion und Aufruf der Eigenschaften aus dem Kontextmenü erfolgen.

Die N-Klemmen erhalten die Funktionsdefinition *N-Klemme mit Steg, 2 Anschlüsse*. Gleiche Bezeichnungen werden erlaubt (unten im Eigenschaftenfenster), da sich zwei gleichnamige Klemmen auf der Leiste befinden. Als Artikel wird *N2,5 BU* ausgewählt.

Die beiden PE-Klemmen erhalten die Funktionsdefinition *PE-Klemme mit Schienenkontakt, 2 Anschlüsse*. Gleiche Bezeichnungen werden ebenfalls erlaubt und als Artikel wird *N2,5 GNYE* ausgewählt.

Danach können die so vorbereitete Klemmenleistendefinition sowie die Klemmen mit drag & drop in die Zeichnung übernommen werden. Alternativ ist für die Klemmen auch die schon bekannte Platzierungslinie nutzbar.

Klemmen markieren → rechte Maustaste → <Kontextmenü>

→ **Platzieren** → erste Klemme am Kursor
→ evtl. mit [Strg] und Kursorbewegung die interne Seite verändern
→ erste Klemme platzieren und mit gedrückter Maustaste die Platzierungslinie ziehen
→ an allen gekreuzten Verbindungen werden Klemmen eingefügt

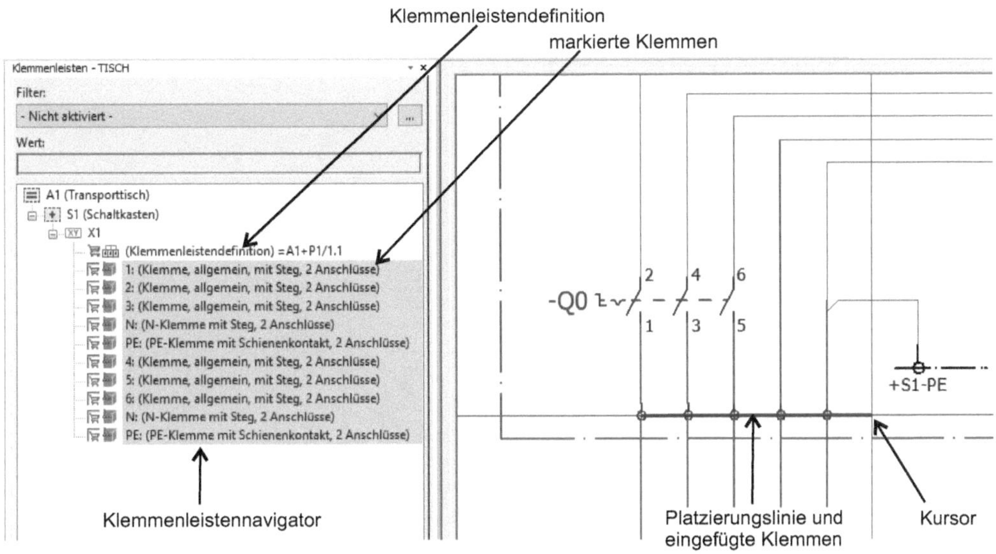

Bild 7.71 Klemmenleiste *-X1*

Aufgabe 7.10

Wiederholen Sie den am Beispiel von *-X1* beschriebenen Ablauf für *-X2*. Beachten Sie beim Platzieren in der Zeichnung die interne Seite.

Ergänzen Sie danach die Kabeldefinitionen für *-W1*, *-W2* und *-W3*. Verwenden Sie für die Artikelzuweisung die Geräteauswahl.

Der Warnhinweis an der Einspeiseleitung wird ebenfalls als Kabeldefinition ergänzt. Die Definition erhält kein BMK, der Text kann als Bemerkung eingetragen werden. ■

Seite 2

Auf dieser Seite sind die Komponenten der Starterbaugruppe erneut vollständig angegeben, wobei hier jedoch Interface-, Power- und Connectionmodul beschaltet sind.

Zur Darstellung werden wieder der Gerätekasten und Geräteanschlüsse benutzt. Die Gerätekästen dürfen hier jedoch nicht als Hauptfunktion definiert sein.

Die weitere Vervollständigung der Seite 2 kann nach Bild 7.65 wieder selbstständig ausgeführt werden.

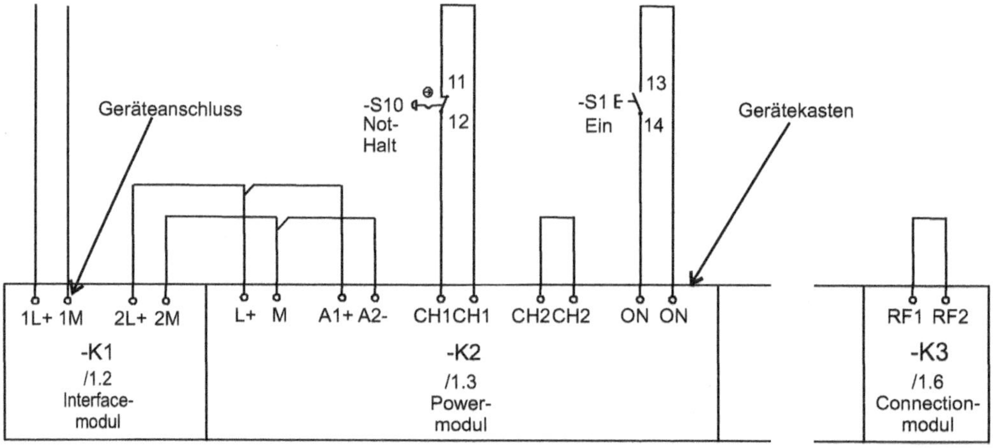

Bild 7.72 Starterbaugruppe auf Seite 2

Aufgabe 7.11

Zeichnen Sie die Baugruppen und platzieren Sie die beiden Taster. Ergänzen Sie die Winkel und T-Stücke für das Autoconnecting sowie die Potenzialpfeile für die Abbruchstellen.

Artikel zurücklesen

In der Artikeldatei sind bisher noch keine Einträge für die Komponenten der Starterbaugruppe enthalten. Dies kann jetzt, nachdem sie vollständig in der Zeichnung vorhanden sind, nachgeholt werden, indem die Eigenschaften aus der Zeichnung in die Artikeldatei zurückgelesen werden.

Dieser Vorgang muss an der Hauptfunktion auf der Seite 1 ausgeführt werden.

Auf Seite 1 wechseln → Baugruppe *-K1* selektieren → rechte Maustaste

→ <Kontextmenü> → **Artikel erzeugen** → <Artikelverwaltung>

In der Artikelverwaltung ist der neue Eintrag unter der zuvor festgelegten Artikelnummer zunächst in der Produktgruppe „Undefiniert" enthalten. Es ist möglich, die Produktgruppe und weitere Eigenschaften des Artikels zu ändern und zu vervollständigen.

Artikel editieren → [Übernehmen] → [Schließen] → <Hinweis zum Artikeldatenabgleich> → [Ja]

Aufgabe 7.12

Lesen Sie die Artikel für alle Komponenten der Starterbaugruppe zurück, legen sie als Produktgruppe „SPS" fest und vervollständigen Sie die Einträge.

Seite 3

Busanschaltbaugruppen

Für die verteilte Darstellung der 16-Bit-Eingangsbaugruppe wird die oktale Aufteilung (jeweils 8 Bit) auf zwei Seiten benutzt.

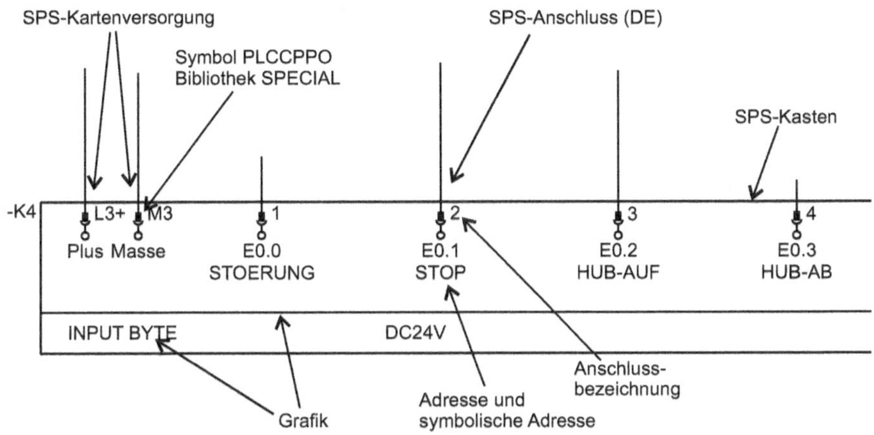

Bild 7.73 Busanschaltbaugruppe

Auf der Seite 3 sind die ersten acht Eingänge sowie ergänzende Anschlüsse beschaltet. Die Baugruppendarstellung besteht aus den Elementen

- SPS-Kasten (wie Gerätekasten),
- SPS-Kartenversorgung bzw. SPS-Anschluss (wie Geräteanschluss) und
- Grafik zur Vervollständigung und Kommentierung.

Zunächst wird der SPS-Kasten gezeichnet.

Einfügen → Kasten/Anschluss/Montageplatte → SPS-Kasten

→ mit zwei Eckpunkten zeichnen → <Eigenschaften>
→ /SPS-Kasten/ → notwendige Einträge ausführen
→ /Format/ → Linientyp ändern → [OK] → [Esc]

Der SPS-Kasten auf dieser Seite wird als Hauptfunktion definiert, was das Eintragen der Artikelnummer ermöglicht. Unter dieser Artikelnummer wird, nachdem der zweite Teil der Busanschaltbaugruppe auf der Seite 4 gezeichnet ist, der Artikel aus der Zeichnung in die Artikeldatei zurückgelesen. Der Linientyp wird zu Volllinie geändert. Weitere Angaben zum Baugruppenträger, zur CPU oder zum Busanschluss (SPS-Strukturdaten) sind möglich.

> Diese Symbolik ist in ähnlicher Form häufig bereits als Makro vorhanden und muss nur noch angepasst werden. Ebenfalls stellen viele Hersteller Makros ihrer Produkte zur Verfügung. ■

Nachdem der Kasten gezeichnet wurde, werden dessen Anschlüsse für die Kartenversorgung und für die digitalen Eingänge ergänzt.

Einfügen → Kasten/Anschluss/Montageplatte → SPS-Anschluss (DE)[13]

→ platzieren unter Beachtung der Anschlussrichtung → <Eigenschaften>
→ /SPS- und Bus-Anschlüsse/ → Anschlussbezeichnung eintragen
→ /Symbol- /Funktionsdaten/ → [...] hinter Nummer/ Name → <Symbolauswahl>
→ Symbol (z. B. *PLCCPPO*) wählen → [OK]
→ [OK]
→ weitere Geräteanschlüsse platzieren und deren Eigenschaften einstellen
→ Zyklus mit [Esc] beenden

Im Eigenschaftenfenster der digitalen Eingänge werden Anschlussbezeichnung, Adresse und symbolische Adresse eingetragen, das Eingabefeld für das sichtbare BMK bleibt leer. Für die Anschlüsse zur Kartenversorgung werden Anschlussbezeichnung und Funktionstext ausgefüllt.

Für die Anschlüsse der SPS-Kartenversorgung und der SPS-Eingänge wird das Symbol *PLCCPPO* aus der Symbolbibliothek *SPECIAL* benutzt. Möglicherweise muss dafür das Filter deaktiviert werden. Bei der Auswahl im Symbolbrowser darf nur das Symbol ausgetauscht werden (betreffender Haken muss gesetzt sein!), da sonst die Funktionsdefinition des Anschlusses überschrieben wird.

Die Darstellung der Baugruppe kann zur Kommentierung mit grafischen Elementen und grafischem Text vervollständigt werden.

Aufgabe 7.13

Zeichnen Sie die Busanschaltbaugruppe wie beschrieben und tragen Sie für den SPS-Kasten eine selbst gewählte Bezeichnung als Artikelnummer ein. ■

Taster im Betriebsmittelnavigator

Die Leuchtdrucktaster (*-S2* bis *-S7*) werden, wie bereits erläutert, zunächst als Geräte im Betriebsmittelnavigator vordefiniert. Das automatisch vergebene BMK muss wieder korrigiert werden. Ein Funktionstext kann ergänzt werden.

Die Tasterfunktionen können danach platziert werden, indem sie mittels drag & drop in die Zeichnung gezogen werden. Sie sind die Hauptfunktion, da zu diesen Leuchtdrucktastern auch die Lampenfunktionen auf Seite 5 gehören. Die Querverweise erscheinen erst, wenn die Seite 5 angefertigt ist.

[13] für digitale Eingänge

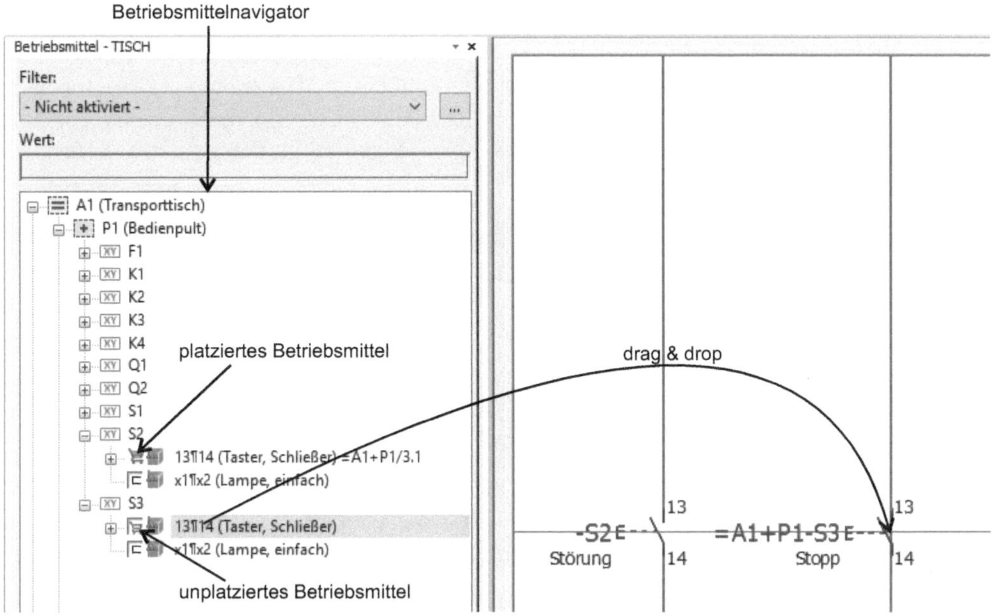

Bild 7.74 Leuchtdrucktaster

Aufgabe 7.14

Vervollständigen Sie die Zeichnung entsprechend Bild 7.67:

- Leuchtdrucktaster vordefinieren und Tasterfunktionen platzieren,
- Näherungsschalter *-B1* und *-B2* ergänzen,
- Winkel und T-Stücke zur Steuerung des Autoconnecting anordnen,
- Klemmenleistendefinitionen und Klemmen (*N2,5 GY*) im Klemmenleistennavigator vollständig (auch Klemmen für Seite 4) vordefinieren und unter Beachtung der internen Seite in die Zeichnung ziehen,
- Kabeldefinitionen für die Steuerleitung zeichnen, wobei nur das erste Teilstück die Hauptfunktion darstellt und die Artikelzuweisung mittels Geräteauswahl erhält,
- Abbruchstellen platzieren,
- Strukturkasten für den Ort *+HT* zeichnen.

Die Querverweise an den Kabeldefinitionen können zur besseren Übersichtlichkeit in den Kabeleigenschaften unsichtbar eingestellt werden.

Seite 4

Der zweite Teil der Busanschaltbaugruppe *-K4* kann unter Nutzung der Zwischenablage von der Seite 3 kopiert werden. Die Eigenschaften und Beschriftungen am SPS-Kasten und an den Anschlüssen sind jedoch anzupassen. Die Anschlüsse für die Kartenversorgung entfallen. Die Baugruppe ist hier keine Hauptfunktion und erhält keinen Artikeleintrag.

Aufgabe 7.15

Erstellen Sie den zweiten Teil der Busanschaltbaugruppe entsprechend Bild 7.67. ■

Auch für die Busanschaltbaugruppen sind in den Artikeldaten bisher noch keine Einträge enthalten. Dies kann jetzt, nachdem beide Teile vorhanden sind, nachgeholt werden, indem die Eigenschaften in die Artikeldatei zurückgelesen werden.

Dieser Vorgang muss an der Hauptfunktion auf der Seite 3 ausgeführt werden. In der Artikelverwaltung ist der neue Eintrag wieder unter der zuvor festgelegten Artikelnummer zunächst in der Produktgruppe „Undefiniert" enthalten und muss zu „SPS" korrigiert werden.

Danach kann die Zeichnung durch die Anordnung weiterer Geräte bzw. Symbole vervollständigt werden.

Wurden im Zusammenhang mit der Aufgabe 7.14 bereits alle Klemmen vordefiniert, müssen jetzt nur noch die benötigten Klemmen mittels drag & drop aus dem Klemmenleistennavigator gezogen werden.

Die Kabeldefinition von *-W4* ist ebenfalls bereits vorhanden, weshalb nach dem Zeichnen der Kabellinie (keine Hauptfunktion) die betreffende Ader nur noch „aufgelegt" werden muss. Dies kann im Kabelnavigator ausgeführt werden.

Im Kabelnavigator *-W4* markieren → rechte Maustaste → <Kontextmenü>

→ **Kabelverbindungen zuordnen** → **Alle neu zuordnen**

Querverweise und weitere Beschriftungen an den Kabeldefinitionen können wieder unsichtbar eingestellt werden.

Aufgabe 7.16

Vervollständigen Sie die Zeichnung entsprechend Bild 7.68:

- Betriebsartenschalter *-S8* und Näherungsschalter *-B3* einfügen,
- Winkel und T-Stücke zur Steuerung des Autoconnecting anordnen,
- Abbruchstellen ergänzen,
- Klemmen unter Beachtung der internen Seite in die Zeichnung ziehen,
- Kabeldefinition zeichnen und Ader zuordnen,
- Strukturkasten für den Ort *+HT* ergänzen. ■

Seite 5

Diese Seite enthält den ersten Teil einer weiteren Busanschaltbaugruppe in oktaler Aufteilung. Es werden jedoch nur sechs der 16 Ausgänge benötigt, weshalb der zweite Teil der Baugruppe entfällt. Der SPS-Kasten ist die Hauptfunktion, erhält eine Artikelnummer und wird nachdem die Anschlüsse platziert sind in die Artikeldatei zurückgelesen.

Für die SPS-Anschlüsse (DA) wird das Symbol *PLCCPPO* in der Winkelvariante *C* genutzt.

Die Lampen sind Bestandteil der Leuchtdrucktaster auf Seite 3 und sind hier mit Querverweis auf die Tastersymbole dargestellt. Sie können mit drag & drop aus dem Betriebsmittelnavigator platziert werden.

Aufgabe 7.17

Zeichnen Sie die Baugruppe *-K5* und lesen Sie den Artikel in die Artikeldatei zurück.

Platzieren Sie die Lampen, die Winkel und T-Stücke für das Autoconnecting sowie die Abbruchstellen nach Bild 7.68. ■

Damit sind die fünf Seiten Stromlaufplan fertiggestellt und der größte Teil der Projekterstellung ist abgeschlossen.

7.2.4 SPS-Übersicht anlegen

Als Seite 6 des Zeichnungssatzes sollen zusätzlich die beiden Busanschaltbaugruppen zusammenhängend abgebildet werden. Diese Seite wurde als Übersichtsseite (Seitentyp: Übersicht) bereits angelegt (siehe 7.2.2).

Die Übersichtsdarstellung wird mit den Elementen

- SPS-Kasten,
- SPS-Anschluss und
- freie Grafik angefertigt.

Es können für diese Seite auch Makros, die viele Gerätehersteller für ihre Produkte bereitstellen, benutzt werden. ■

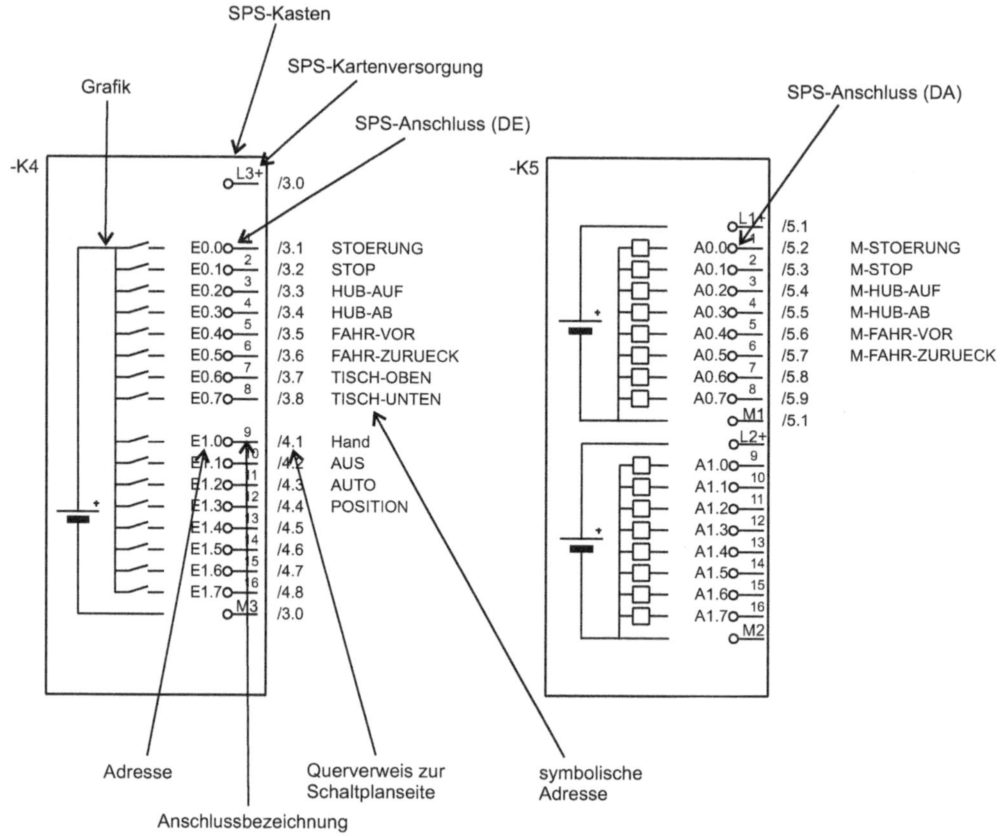

Bild 7.75 Busanschaltbaugruppen in der SPS-Übersicht

SPS-Kästen

Zuerst werden die beiden SPS-Kästen gezeichnet.

Einfügen → Kasten/Anschluss/Montageplatte → SPS-Kasten

→ mit zwei Eckpunkten zeichnen → <Eigenschaften>

→ /SPS-Kasten/
sichtbares BMK: *-K4* bzw. *-K5*
Hauptfunktion: Haken entfernen

→ /Format/
Linientyp: Volllinie

→ [OK] → [Esc]

Es ist ebenfalls möglich, die Übersichtsdarstellung zur Hauptfunktion zu machen und dieser auch die Artikel zuzuweisen. Die SPS-Kästen auf den Stromlaufplanseiten sind in diesem Fall keine Hauptfunktionen.

Anschlüsse aus dem SPS-Navigator

In die SPS-Kästen werden die SPS-Anschlüsse und Kartenversorgungen platziert. Dies ist mit drag & drop aus dem SPS-Navigator möglich.

Projektdaten → SPS → Navigator → <SPS>

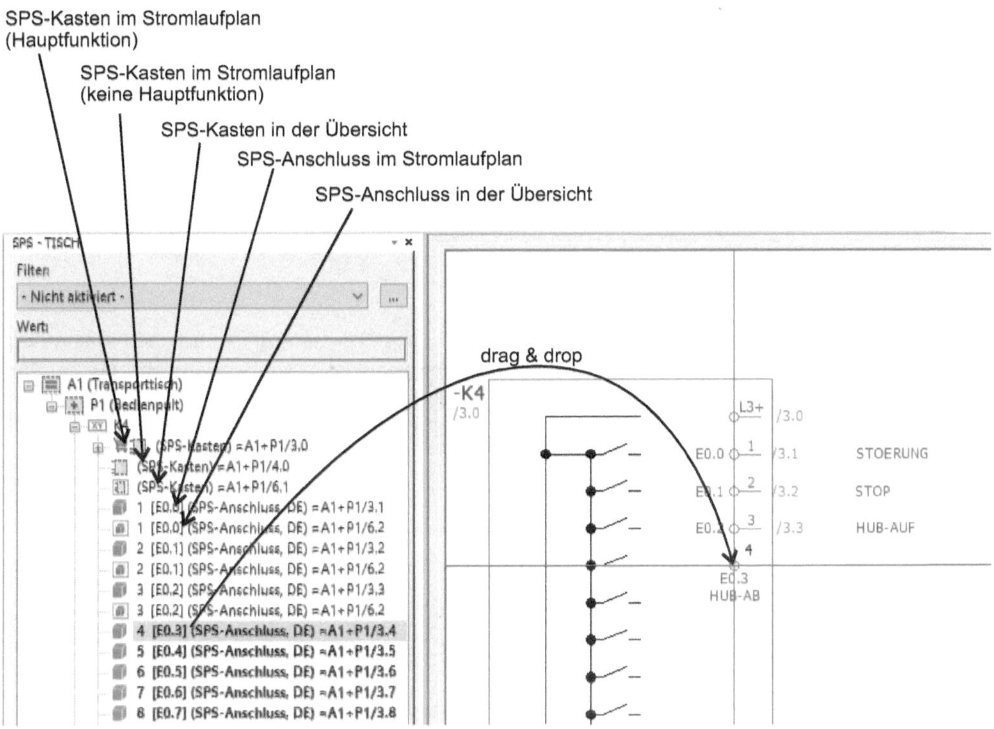

Bild 7.76 SPS-Navigator

In dem Navigatorfenster sind die auf den Stromlaufplanseiten enthaltenen SPS-Kästen sowie deren Anschlüsse in einer Baumstruktur zu sehen. Diese Anschlüsse werden mit drag & drop in den SPS-Kasten der Übersicht gezogen. Nach dem Ablegen des Anschlusses werden dessen Beschriftungen automatisch mit Informationen aus dem Stromlaufplan ergänzt.

Das Symbol der SPS-Anschlüsse ist jedoch noch nicht korrekt und muss zu *PLCCPOV*, Variante *D*, aus der Bibliothek *SPECIAL* geändert werden.

Die zusätzliche Grafik im Inneren des SPS-Kastens ist optional.

Aufgabe 7.18

Zeichnen Sie beide SPS-Kästen und fügen Sie die SPS-Anschlüsse und Kartenversorgungen aus dem SPS-Navigator ein. Orientieren Sie sich dabei an Bild 7.75. Die Grafik kann entfallen.

7.2.5 Pläne und Listen erstellen (Auswertungen)

Auswertungen in Seiten

Die Auswertung des Projektes mit Ausgabe in Projektseiten entspricht den Erläuterungen in Abschnitt 7.1.10 und kann damit selbstständig als Übung ausgeführt werden.

Aufgabe 7.19

Erzeugen Sie die Klemmenpläne für *-X1* bis *-X4*. Die Pläne für die Zwischenklemmenleisten *-X5* bis *-X7* sollen nicht ausgegeben werden.

Generieren Sie die Artikelstückliste, ein Titel-/Deckblatt und das Inhaltsverzeichnis.

■

Eingebettete Auswertungen

Ergänzend zur Auswertung in Seiten ist es möglich, Auswertungen auch auf Stromlaufplanseiten zu platzieren. Voraussetzung ist ein Formular passender Größe. Die Vorgehensweise soll am Beispiel der *Strukturkennzeichenübersicht* auf der Stromlaufplanseite 1 (Bild 7.64) gezeigt werden.

Hierzu ist auf die betreffende Stromlaufplanseite zu wechseln und das Dienstprogramm für Auswertungen zu starten.

Dienstprogramme → Auswertungen → Erzeugen

→ <Auswertungen> → /Auswertungen/

Zunächst muss für die Ausgabe ein passendes Formular eingestellt werden.

[Einstellungen] → **Ausgabe in Seiten** → <Ausgabe in Seiten>

In der Zeile 24 (Strukturkennzeichenübersicht), Spalte „Formular", wird *F24_003.F24* ausgewählt.

→ Auswahl vornehmen → [OK]

Nun kann die eingebettete Auswertung erzeugt werden.

[Icon für Neu] → <Auswertung festlegen>

Als Ausgabeform wird „Manuelle Platzierung" festgelegt. Der Auswertungstyp ist „Strukturkennzeichenübersicht".

→ Auswahl vornehmen → [OK] → <Einstellungen>

Sortierung: Beschriftung

[OK] → Auswertung auf der Seite platzieren

Damit ist die Erarbeitung des Projektes *TISCH* abgeschlossen und das Projekt kann gesichert sowie als Zeichnungssatz ausgegeben werden.

8 Lösungen

Zu Aufgabe 1.1

Hauptkomponenten des Konstruktionsprozesses:

- Klären der Aufgabenstellung und Formulieren der Soll-Gesamtfunktion,
- Auflösen der Gesamtfunktion in ein Netz von Teilfunktionen,
- Erarbeitung der Wirkprinzipien für jede Teilfunktion,
- Gestaltung unter Berücksichtigung von Randbedingungen,
- Detaillierung und Erstellung der Dokumentation.

Restriktionen:

- Vorschriften und Normen,
- Umgebungs- und Aufstellungsbedingungen,
- wirtschaftliche Gesichtspunkte,
- verfügbare Betriebsmittel.

Zu Aufgabe 1.2

Der Auftraggeber erstellt das Lastenheft als Ausschreibungsgrundlage mit einer Zusammenstellung aller Anforderungen an das Konstruktionsergebnis.

Als Grundlage für die Realisierung erarbeitet der Auftragnehmer nach Auftragserteilung das Pflichtenheft, in dem er die Umsetzung der Forderungen aus der Aufgabenstellung beschreibt.

Zu Aufgabe 2.1

DIN-Normen sind Empfehlungen, keine Gesetze. Der Gesetzgeber verlangt keinen Erfüllungsnachweis und sie stehen jedermann zur Anwendung frei.

Hinsichtlich der Produkthaftung gelten sie als anerkannte Regeln der Technik. In mehreren Gesetzen wird auf die Einhaltung dieser Regeln verwiesen oder es wird aus einer Rechtsvorschrift die Anwendungspflicht abgeleitet. Normen sind eine wichtige Informationsquelle für einwandfreies technisches Verhalten. Sie sind bei zivil- und strafrechtlichen Auseinandersetzungen geeignet, den Verantwortlichen zu entlasten, da deren Anwendung die Vermutung begründet, dass einwandfreies technisches Verhalten vorliegt.

Zu Aufgabe 2.2

Normen sind das Ergebnis der „... planmäßigen, durch interessierte Kreise gemeinschaftlich durchgeführten Vereinheitlichung von materiellen und immateriellen Gegenständen zum Nutzen der Allgemeinheit.“ [DIN 820-3] Die Norm wird von einem Dokument geprägt, das im Wesentlichen im Konsens erstellt und von einer anerkannten Körperschaft angenommen worden ist. Sie legt entsprechende Regeln, Anleitungen oder Kenndaten für Tätigkeiten oder deren Ergebnisse für die allgemeine und wiederkehrende Anwendung fest.

Vorteile:

- Die Normen bieten Lösungen für wiederkehrende Aufgaben.
- Der Einsatz von Normteilen verringert die Typenvielfalt und erlaubt die kostengünstige Herstellung in großen Stückzahlen. Gleichzeitig wird die Lagerhaltung vereinfacht und die Austauschbarkeit ermöglicht.
- Vereinheitlichte Darstellungsmittel machen die Verständigung zwischen unterschiedlichen Fachgebieten möglich. Genormte Mess- und Prüfverfahren machen die Ergebnisse vergleichbar.
- Durch genormte Qualitätsanforderungen werden Mindestvorgaben durchgesetzt und Qualitätsangaben vergleichbar gemacht.
- Genormte Sicherheitsanforderungen schützen vor Unfällen und Havarien, bieten Lösungen für diese Anforderungen und machen Sicherheitsangaben vergleichbar.

Von Normen darf abgewichen werden, wenn die gleiche Sicherheit nachweislich auf andere Weise gewährleistet ist.

Zu Aufgabe 2.3

Wenn zu dem entwerfenden Produkt keine passende Norm vorliegt, ist nach Typ-B- und Typ-A-Normen zu arbeiten.

Zu Aufgabe 2.4

Performance Level:

Aus der Zuordnung S2 - F1 - P2 ergibt sich PL = d.

Sicherheits-Integritätslevel:

Aus S = 3 und der Punktesumme F + W + P = 5 + 3 + 5 = 13 ergibt sich SIL 2.

Zu Aufgabe 3.1

Für komplexe Sicherheitsfunktionen können speicherprogrammierbare Steuerungen eingesetzt werden, wenn für diese mindestens der erforderliche Performance Level oder der Sicherheits-Integritätslevel nachgewiesen wurde.

Zu Aufgabe 3.2

Zur Sicherstellung der Verschweißfreiheit darf der unbeeinflusste Kurzschlussstrom 1000 A nicht übersteigen. Zur Versorgung der Steuerstromkreise ist deshalb ein Steuertrafo, der den Kurzschlussstrom auf 1000 A begrenzt, in den meisten Fällen vorgeschrieben.

Außerdem ist die Sicherung des Steuerstromkreises so auszuwählen, dass der Kontakt mit der niedrigsten Strombelastbarkeit vor Überlast geschützt ist.

Zu Aufgabe 3.3

Für das Erkennen von Querschlüssen ist es manchmal sinnvoll, Betriebsmittel auf unterschiedliche Potenziale (geerdete und nicht geerdete Seite) zu legen.

Zu Aufgabe 3.4

Das Stillsetzen im Notfall (Not-Halt) ist dazu bestimmt, einen Prozess oder eine Bewegung anzuhalten, wenn diese gefahrbringend wurde. In Abhängigkeit von der Risikobeurteilung wird das Stillsetzen nach Stopp-Kategorie 0 (ungesteuert) oder 1 (gesteuert) ausgeführt.

Das Ausschalten im Notfall (Not-Aus) bewirkt das Abschalten der Energiezufuhr zu einer Anlage oder zu dem Teil einer Anlage. Zur Ausführung wird die Stopp-Kategorie 0 angewendet.

Zu Aufgabe 3.5

Die Redundanz der beiden Schütze -K1 und -K2 ist nicht von Dauer, da keine Überwachung der Funktion vorhanden ist. Die Schaltung ist für Sicherheitsstromkreise nicht zulässig.

Zu Aufgabe 3.6

In diesem Fall wird WEISS benutzt.

Zu Aufgabe 3.7

Funktionen eines Gehäuses:

- Aufnahme elektrischer Betriebsmittel und Zusatzkomponenten,
- Herstellung der elektrischen und mechanischen Verbindungen,
- Schutz der eingebauten Betriebsmittel vor äußeren Einflüssen,
- Schutz von Personen vor Gefährdungen und
- Wärmeabführung.

Zu Aufgabe 3.8

1. Bauteile, Bauelemente (Leiterplatten, Bauelemente an Frontplatten, Steckverbinder, Verbindungselemente)
2. Baugruppen (Steckplatten und Kassetten)
3. Baugruppenträger
4. Gehäuse, Gestelle, Schränke

Zu Aufgabe 3.9

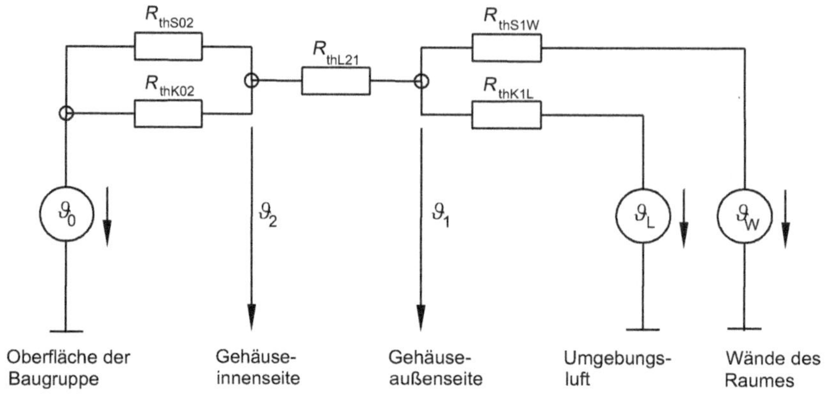

Bild 8.1 Lösung 3.9

Zu Aufgabe 3.10

Die gewünschte Schrankinnentemperatur ist niedriger als die Umgebungstemperatur und es ist kein Wasseranschluss vorhanden. In diesem Fall ist nur ein Kühlgerät geeignet.

- Wärmestrom über die Schrankoberfläche (Vorzeichen beachten!)
  $\Phi_S = -440$ W
- Erforderliche Kühlleistung
  $P_E = 900$ W - (-440 W) = 1340 W

Aus dem Herstellerkatalog ist ein Kühlgerät mit einer Nutzkühlleistung von mindestens 1340 W auszuwählen.

Zu Aufgabe 4.1

Eine technische Zeichnung ist die bildliche Darstellung eines technischen Erzeugnisses einschließlich ergänzender textlicher Angaben in der für technische Zwecke erforderlichen Art und Vollständigkeit, was das Einhalten von Darstellungsregeln erfordert. Die technische Zeichnung ist ein Informationsträger.

Zu Aufgabe 4.2

Die Originalzeichnung ist eine dauerhaft gespeicherte Zeichnung, deren Informationsinhalt als verbindlich erklärt wurde.

Die Skizze ist eine im Regelfall freihändig erstellte, nicht unbedingt maßstäbliche Zeichnung. Die Skizze entsteht in der Entwurfsphase als Vorstufe einer Zeichnung.

Die Zeichenregeln sind in beiden Fällen anzuwenden.

Zu Aufgabe 4.3

Der Stromlaufplan stellt Informationen über die Ausführung und die Wechselbeziehungen der Stromkreise eines Objektes bereit. Er ist die nach Stromwegen aufgelöste Darstellung der Schaltung mit allen Schaltungselementen und Verbindungen (vollständige Darstellung).

Der Übersichtsschaltplan stellt bei niedrigem Detaillierungsgrad eine umfassende Sicht auf ein Objekt bereit. Er ist ein Schaltplan in vereinfachter Form, der nur wesentliche und für das Verständnis wichtige Elemente enthält.

Beide sind erläuternde Schaltpläne, die die Wirkungsweise zeigen.

Zu Aufgabe 4.4

Die verteilte Darstellung wird für Stromlaufpläne bevorzugt benutzt, da sie übersichtlicher ist und die Funktion besser erkennen lässt. In der verteilten Darstellung werden die Teile eines aus mehreren Symbolen bestehenden Betriebsmittels ohne Rücksicht auf mechanische Zusammenhänge so platziert, dass eine klare und übersichtliche Anordnung der Stromkreise erreicht werden kann.

Zu Aufgabe 4.5

Formatsystem:

- Die Fläche des Ausgangsformates (A0) beträgt 1 m^2.
- Die Ableitung weiterer Formate erfolgt durch Halbieren.
- Die Formate sind geometrisch ähnlich, sie haben das gleiche Seitenverhältnis.
- Das Seitenverhältnis beträgt eins zu Wurzel aus zwei.

Zu Aufgabe 4.6

Faltungsregeln:

- Das Schriftfeld ist ohne Entfalten sichtbar (liegt oben).
- Das Entfalten ist ohne Ausheften möglich (Formen A und B).
- Es wird auf das Format A4 gefaltet, evtl. mit Heftrand.
- Die Faltung wird erst längs, dann quer ausgeführt.

Zu Aufgabe 4.7

Die grundlegende Form des Symbols für ein binäres oder analoges Element ist ein Rechteck. Im Rechteck wird die Funktion angegeben, links sind die Eingänge, rechts sind die Ausgänge.

Bild 8.2 Lösung 4.7

Zu Aufgabe 4.8

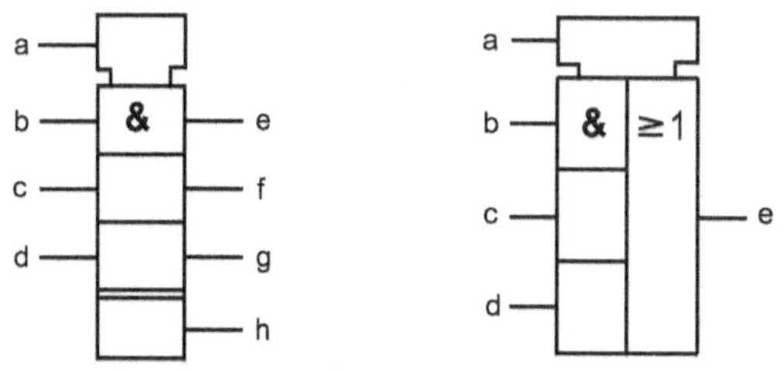

Bild 8.3 Lösung 4.8

Diese Kombinationen sind nur für komplexe und in dieser Form handelsübliche Schaltkreise möglich.

Zu Aufgabe 4.9

Die Referenzkennzeichnung soll die funktionsbezogene, produktbezogene und ortsbezogene Kennzeichnung und Strukturierung von Geräten und Anlagen ermöglichen. Sie stellt die Beziehungen zwischen Betriebsmitteln in der Anlage und in den Dokumenten her.

Jeder Teil besteht aus einem Vorzeichen und Datenstellen. Als Vorzeichen wird für den Funktionsaspekt das „=“, für den Ortsaspekt das „+“ und für den Produktaspekt das „-“ benutzt.

Teile der Kennzeichnung können entfallen, wenn die Eindeutigkeit dennoch gewährleistet ist oder wenn der entsprechende Aspekt im Schriftfeld oder an einer Umfahrung angegeben ist.

Zu Aufgabe 4.10

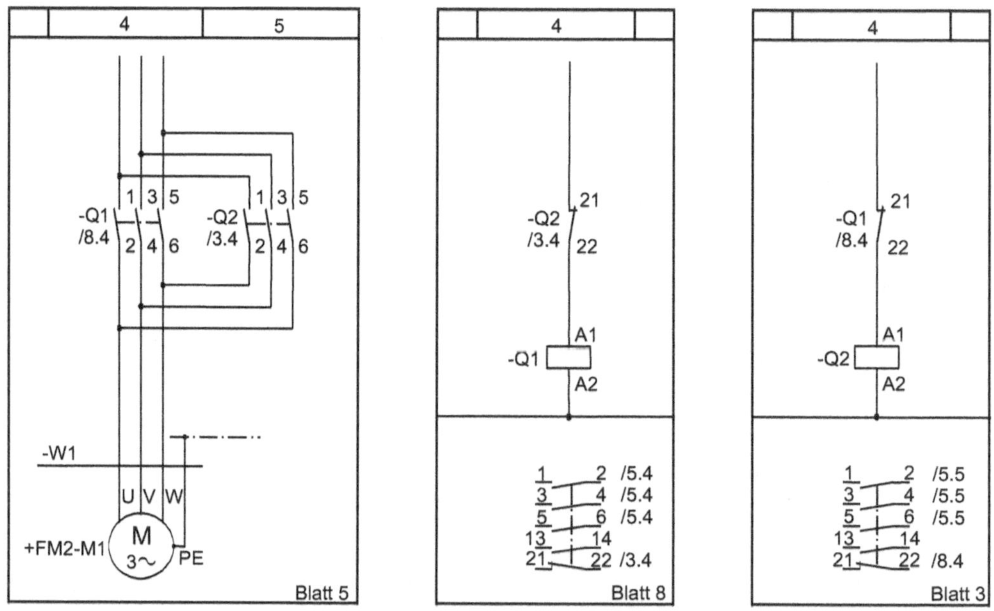

Bild 8.4 Lösung 4.10

Zu Aufgabe 5.1

Der Übersichtsschaltplan ist ein Schaltplan in vereinfachter Form. Er vermittelt einen schnellen Überblick über die Gesamtaufgabe, den grundsätzlichen Aufbau und die Gliederung der elektrischen Einrichtung. Der Stromlaufplan ist die nach Stromwegen aufgelöste Darstellung der Schaltung mit allen Schaltungselementen und Verbindungen (vollständige Darstellung). Er ist ein Dokument für das Ergebnis der Elektrokonstruktion.

Zu Aufgabe 5.2

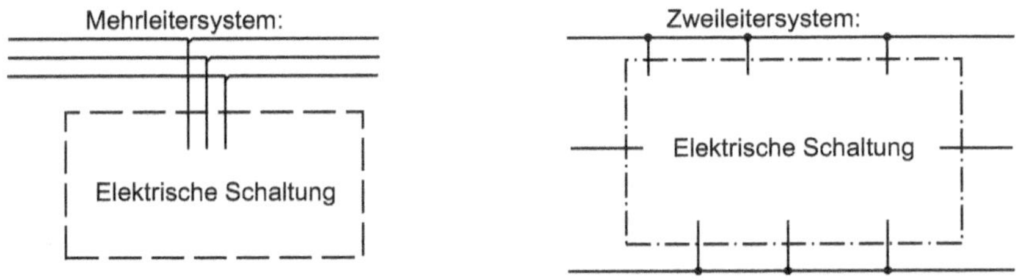

Bild 8.5 Lösung 5.2

Die Stromversorgung von Schaltkreisen wird mit Potenzialen realisiert. Die Zuordnung der Potenziale zu den Bauteilanschlüssen ist in einer Mappingtabelle festgelegt.

Zu Aufgabe 5.3

Die Zusammengehörigkeit der Symbole wird durch die gemeinsame Referenzkennzeichnung gewährleistet.

Zur Verbesserung der Übersichtlichkeit ist es möglich, eine zusätzliche zusammenhängende Darstellung in der Nähe des Hauptsymbols, am ersten Element oder an einer anderen sinnvollen Stelle des Stromlaufplanes anzugeben.

Zur schnelleren Orientierung und als Unterstützung beim Auffinden der Elemente eines aufgelöst dargestellten Betriebsmittels dient der Querverweis.

Zu Aufgabe 5.4

Wichtige Verbindungsschaltpläne sind:

- Geräteverdrahtungsplan: Verbindungen innerhalb eines Gerätes,
- Verbindungsplan: Verbindungen zwischen Geräten,
- Anschlussplan: Verbindungen an Anschlüssen,
- Kabelplan: Leiternutzung eines Kabels.

Zu Aufgabe 5.5

Klemmenplan für die Klemmenleiste -X6:

Tabelle 8.1 Klemmenplan zu Aufgabe 5.5

Klemmenplan					
Leitung: -W3	externe Seite		Klemmenleiste: +H3C-X6	interne Seite	
Ader	Betriebsmittel	Anschluss	Klemme	Betriebsmittel	Anschluss
1	-X4	1	1	+H3C-B1	11
2	-X4	2	2	+H3C-B1	12
3	-X4	3	3	+H3C-B1	11
4	-X4	4	4	+H3C-B1	12

Bei den Einträgen wurde davon ausgegangen, dass im Schriftfeld des Klemmenplanes der Eintrag =1H3+H3A enthalten ist.

Von der gleichen Voraussetzung geht auch der Kabelplan aus.

Kabelplan für die Steuerleitung -W3:

Tabelle 8.2 Kabelplan zu Aufgabe 5.5

Kabelplan				
Kabel/Leitung: -W3		Typ: H05VV-F		Adern: 4 × 1,5
von			nach	
Betriebsmittel	Anschluss	Ader	Betriebsmittel	Anschluss
+H3C-X6	1	1	-X4	1
+H3C-X6	2	2	-X4	2
+H3C-X6	3	3	-X4	3
+H3C-X6	4	4	-X4	4

Zu Aufgabe 5.6

Die Tabellenform ist besonders für die rechentechnische Generierung von Montageunterlagen vorteilhaft, da diese Tabellen ohne arbeitsaufwändige und fehleranfällige Interaktion automatisch vom CAD-System erzeugt werden können. Diese Möglichkeit der Tabellengenerierung zählt zu den wesentlichen Vorteilen der rechnerunterstützten Konstruktion in der Elektrotechnik.

Zusätzlich sind die Tabellen für viele Montagevorgänge übersichtlicher und leichter handhabbar.

Zu Aufgabe 5.7

Der Anordnungsplan vermittelt Informationen über die räumliche Lage von Betriebsmitteln, Geräten oder Anlagenteilen. Er ist eine Unterlage für die Errichtung und Wartung einer Anlage und ergänzt die Verdrahtungsliste mit grafischen Informationen.

Zu Aufgabe 5.8

Einfachwirkende Zylinder werden nur von einer Seite mit Druckluft beaufschlagt und können deshalb nur in eine Richtung Arbeit verrichten. Für sie werden 3/2-Wegeventile eingesetzt.

Der doppeltwirkende Zylinder kann dagegen in zwei Richtungen arbeiten. Er erfordert 4/2- oder 5/2-Wegeventile.

Zu Aufgabe 5.9

Geeignet sind 4/2- und 5/2-Wegeventile

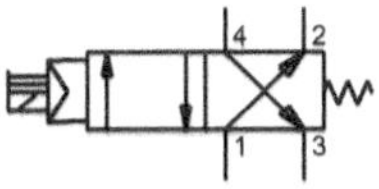

4/2-Wegeventil, vorgesteuert, federrückgestellt

Bild 8.6 Lösung 5.9

Zu Aufgabe 6.1

Arbeitsinhalte des Computer Aided Design:

- Entwerfen und Zeichnen technischer Objekte am Bildschirm.
- Ändern und Manipulieren vorliegender Zeichnungen oder Modelle.
- Simulation und Test technischer Modelle zur Überprüfung der Funktionsfähigkeit, zur Betrachtung von Funktionsabläufen und zur Ermittlung der Reaktion auf Belastungen.

Zu Aufgabe 6.2

Vorteile: Schnelligkeit, Qualität, Flexibilität

Probleme: Qualifikation, Kompatibilität, Anwendbarkeit

Zu Aufgabe 6.3

Besonderheiten von Elektro-CAD-Systemen:

- zweidimensionale Arbeit – keine maßstäbliche Zeichnung, sondern ein Plan wird erzeugt,
- geometrisch einfache Gestaltung, keine Geometrieberechnungen,
- kein Maßstab, kein Bezug zu realen Größen und Formen,
- Eingeben von Strompfaden im Raster,
- Platzieren von Schaltzeichen aus der Bibliothek,
- Linien verbinden Bauteilanschlüsse nicht nur grafisch, sondern auch logisch,
- meist im A3-Format,
- umfangreiche Schaltungen werden durch Projekt- oder Stromlaufplanhierarchien beherrscht.

Zu Aufgabe 6.4

Grundelemente: Schaltzeichen, Linien und Texte

Komponenten: Stromlaufplansymbole, Makros, Verbindungslinien, Klemmen und Stecker, Potenziale, Kabel- und Leitungsdefinitionen, Gerätekästen für komplexe Betriebsmittel, Strukturkästen für die Zuweisung von Referenzkennzeichnungen, freie Texte, Grafiken u. a.

Zu Aufgabe 6.5

- Projektbibliothek: zu Projekten zusammengefasste Zeichnungssätze
- Symbolbibliothek: Stromlaufplansymbole
- Betriebsmittelbibliothek: technische, mechanische und kaufmännische Daten von Betriebsmitteln
- Formularbibliothek: Vordrucke, Listen und Schriftfelder für die Zeichnungs- und Listenausgabe

Zu Aufgabe 6.6

Der Stromlaufplangenerator ist ein Werkzeug, welches das Erstellen von Standard-Stromlaufplänen mit geringem zeichnerischem Aufwand ermöglicht. Diese Generatoren arbeiten mit vorgefertigten Makros aus der Makrobibliothek, die entsprechend einer Generierungsliste zu dem Projekt zusammengefügt werden.

Bei wiederkehrenden Projektierungsarbeiten lohnt sich dessen Einsatz, da insbesondere der Zeitbedarf für die Zeichnungsanfertigung stark reduziert wird.

Zu Aufgabe 6.7

Die SPS-Zuordnungsliste ermöglicht den Datenaustausch zwischen dem Elektro-CAD-System und der SPS-Programmierung. Sie enthält Informationen (Adresse, symbolische Adresse, evtl. angeschossenes Betriebsmittel, evtl. Datentyp) zu Eingangs- und Ausgangsvariablen der Baugruppen in einem für die eingesetzte Programmiersoftware kompatiblen Format.

Zu Aufgabe 6.8

Es ist nicht nötig, zusätzlich zum Projekt auch Systemstammdaten zu übergeben, da die zur Darstellung notwendigen Daten in das Projekt eingelagert sind.

Zu Aufgaben 7.1 bis 7.19

Der Vergleich des Arbeitsergebnisses mit den vorgegebenen Stromlaufplänen ermöglicht die Kontrolle der eigenen Lösung.

Literatur, Gesetze und Normen

[BÖR21]	Börcsök, J.: Funktionale Sicherheit. VDE-Verlag, 2021
[CIAN88]	Cianchi, M.: Die Maschinen des Leonardo da Vinci. Edizioni Becocci Florence, 1988
[GISCH20]	Gischel, B.: Handbuch EPLAN Electric P8. Hanser, 2020
[GRÄF07]	Gräf, W.: Maschinensicherheit. Hüthig, 2007
[HESSE95]	Hesse, D.: Das 19-Zoll-Aufbausystem. Vogel, 1995
[HETT90]	Hettich, R.: Produkthaftung, Haftungsumfang und Risikobegrenzung. Verlag für Verwaltungspraxis Rehm, 1990
[KLEIN08]	Klein, M.: Einführung in die DIN-Normen. Teubner, 2008
[KREY17]	Krey, V.; Kapoor, A.: Praxisleitfaden Produktsicherheitsrecht. Hanser, 2017
[WUTZ91]	Wutz, M.: Wärmeabfuhr in der Elektronik. Vieweg, 1991
[ZICK18]	Zickert, G.: Leiterplatten – Stromlaufplan, Layout und Fertigung. Hanser, 2018

Firmenschriften

[BGIA08]	Institut für Arbeitsschutz der Deutschen Gesetzlichen Unfallversicherung: BGIA-Report 2/2008
[EPLAN21]	EPLAN Software & Service GmbH & Co. KG: Produktunterlagen, 2021
[FESTO92]	Festo Didactic KG: Produktunterlagen Modulares Produktions-System, 1992
[EATON11]	Eaton Industries GmbH: Schaltungsbuch, 2011
[SIEMENS12]	Siemens AG: Broschüre, Simatic ET 200, 11/2012

Internetadressen der Normungsgremien

www.din.de	Deutsches Institut für Normung e. V. (DIN)
www.dke.de	Deutsche Kommission Elektrotechnik Elektronik Informationstechnik im DIN und VDE (DKE)
www.vde.com	Verband der Elektrotechnik Elektronik Informationstechnik e. V. (VDE)
www.cen.eu	Europäisches Komitee für Normung (CEN)
www.cenelec.eu	Europäisches Komitee für elektrotechnische Normung (CEN ELEC)
www.iso.org	Internationale Organisation für Normung (ISO)
www.iec.ch	Internationale elektrotechnische Kommission (IEC)

Gesetze

EnWG	Gesetz über die Elektrizitäts- und Gasversorgung (Energiewirtschaftsgesetz)
ProdSG	Gesetz über die Bereitstellung von Produkten auf dem Markt (Produktsicherheitsgesetz)

ProdHaftG	Gesetz über die Haftung für fehlerhafte Produkte (Produkthaftungsgesetz)
Maschinen-richtlinie	RICHTLINIE 2006/42/EG DES EUROPÄISCHEN PARLAMENTS UND DES RATES vom 17. Mai 2006 über Maschinen und zur Änderung der Richtlinie 95/16/EG (Neufassung)

Normen

DIN 1341	Wärmeübertragung; Begriffe, Kenngrößen, 1986-10-00
DIN 199-1	Technische Produktdokumentation – CAD-Modelle, Zeichnungen und Stücklisten – Teil 1: Begriffe, 2002-03-00, zurückgezogen 2015-01-00
DIN 40719-2	Schaltungsunterlagen – Kennzeichnung von elektrischen Betriebsmitteln, 1978-06-00, zurückgezogen 2000-12-00
DIN 41494 Beiblatt 1	Bauweisen für elektronische Einrichtungen; 482,6-mm-Bauweise; Leitfaden für die Anwendung, 1992-12-00
DIN 41494-3	Bauweise für elektronische Einrichtungen; Gerätestapelung, Maße, 1972-01-00
DIN 41494-8	Bauweisen für elektronische Einrichtungen; 482,6-mm-Bauweise; Bauelemente an Frontplatten; Einbaubedingungen, Maße, 1986-12-00
DIN 820-1	Normungsarbeit; Grundsätze, 2014-06-00
DIN 820-3	Normungsarbeit; Begriffe, 2021-02-00
DIN 824	Technische Zeichnungen; Faltung auf Ablageformat, 1981-03-00
DIN EN 50013	Industrielle Niederspannungs-Schaltgeräte; Anschlußbezeichnungen und Kennzahlen für bestimmte Befehlsgeräte, 1978-05-00
DIN EN 60204-1	Sicherheit von Maschinen – Elektrische Ausrüstung von Maschinen – Teil 1: Allgemeine Anforderungen, 2019-06-00
DIN EN 60297-3-100	Bauweisen für elektronische Einrichtungen – Maße der 482,6-mm-(19-Zoll-)Bauweise – Teil 3-100: Hauptmaße von Frontplatten, Baugruppenträgern, Einschüben, Gestellen und Schränken, 2009-09-00
DIN EN 60529	Schutzarten durch Gehäuse (IP-Code), 2014-09-00
DIN EN 60617-2	Graphische Symbole für Schaltpläne – Teil 2: Symbolelemente, Kennzeichen und andere Schaltzeichen für allgemeine Anwendungen, 1997-08-00
DIN EN 60617-3	Graphische Symbole für Schaltpläne – Teil 3: Schaltzeichen für Leiter und Verbinder, 1997-08-00
DIN EN 60617-4	Graphische Symbole für Schaltpläne – Teil 4: Schaltzeichen für passive Bauelemente, 1997-08-00
DIN EN 60617-5	Graphische Symbole für Schaltpläne – Teil 5: Schaltzeichen für Halbleiter und Elektronenröhren, 1997-08-00
DIN EN 60617-6	Graphische Symbole für Schaltpläne – Teil 6: Schaltzeichen für die Erzeugung und Umwandlung elektrischer Energie, 1997-08-00
DIN EN 60617-7	Graphische Symbole für Schaltpläne – Teil 7: Schaltzeichen für Schalt- und Schutzeinrichtungen, 1997-08-00
DIN EN 60617-8	Graphische Symbole für Schaltpläne – Teil 8: Schaltzeichen für Meß-, Melde- und Signaleinrichtungen, 1997-08-00
DIN EN 60617-9	Graphische Symbole für Schaltpläne – Teil 9: Schaltzeichen für die Nachrichtentechnik; Vermittlungs- und Endeinrichtungen, 1997-08-00
DIN EN 60617-10	Graphische Symbole für Schaltpläne – Teil 10: Schaltzeichen für die Nachrichtentechnik; Übertragungseinrichtungen, 1997-08-00
DIN EN 60617-11	Graphische Symbole für Schaltpläne – Teil 11: Gebäudebezogene und topographische Installationspläne und Schaltpläne, 1997-08-00

DIN EN 60617-12	Graphische Symbole für Schaltpläne – Teil 12: Binäre Elemente, 1999-04-00
DIN EN 60617-13	Graphische Symbole für Schaltungsunterlagen; Teil 13: Analoge Elemente, 1994-01-00
DIN EN 61082-1	Dokumente der Elektrotechnik – Teil 1: Regeln, 2015-10-00
DIN EN 61310-1	Sicherheit von Maschinen – Anzeigen, Kennzeichen und Bedienen – Teil 1: Anforderungen an sichtbare, hörbare und tastbare Signale, 2008-09-00
DIN EN 61310-2	Sicherheit von Maschinen – Anzeigen, Kennzeichen und Bedienen – Teil 2: Anforderungen an die Kennzeichnung, 2008-09-00
DIN EN 61310-3	Sicherheit von Maschinen – Anzeigen, Kennzeichen und Bedienen – Teil 3: Anforderungen an die Anordnung und den Betrieb von Bedienteilen (Stellteilen), 2008-09-00
DIN EN 61439-1	Niederspannungs-Schaltgerätekombinationen – Teil 1: Allgemeine Festlegungen, 2021-10-00
DIN EN 61496-1	Sicherheit von Maschinen – Berührungslos wirkende Schutzeinrichtungen – Teil 1: Allgemeine Anforderungen und Prüfungen, 2021-06-00
DIN EN 61508-1	Funktionale Sicherheit sicherheitsbezogener elektrischer/elektronischer/programmierbarer elektronischer Systeme – Teil 1: Allgemeine Anforderungen, 2011-02-00
DIN EN 61508-2	Funktionale Sicherheit sicherheitsbezogener elektrischer/elektronischer/programmierbarer elektronischer Systeme – Teil 2: Anforderungen an sicherheitsbezogene elektrische/elektronische/programmierbare elektronische Systeme, 2011-02-00
DIN EN 61666	Industrielle Systeme, Anlagen und Ausrüstungen und Industrieprodukte – Identifikation von Anschlüssen in Systemen, 2011-07-00
DIN EN 62061	Sicherheit von Maschinen – Funktionale Sicherheit sicherheitsbezogener elektrischer, elektronischer und programmierbarer elektronischer Steuerungssysteme, 2017-10-00
DIN EN 81346-1	Industrielle Systeme, Anlagen und Ausrüstungen und Industrieprodukte – Strukturierungsprinzipien und Referenzkennzeichnung – Teil 1: Allgemeine Regeln, 2010-05-00
DIN EN IEC 81346-2	Industrielle Systeme, Anlagen und Ausrüstungen und Industrieprodukte – Strukturierungsprinzipien und Referenzkennzeichnung – Teil 2: Klassifizierung von Objekten und Kennbuchstaben von Klassen, 2020-10-00
DIN EN ISO 7200	Technische Produktdokumentation – Datenfelder in Schriftfeldern und Dokumentenstammdaten, 2004-05-00
DIN EN ISO 12100	Sicherheit von Maschinen – Allgemeine Gestaltungsleitsätze – Risikobeurteilung und Risikominderung, 2011-03-00
DIN EN ISO 13849-1	Sicherheit von Maschinen – Sicherheitsbezogene Teile von Steuerungen – Teil 1: Allgemeine Gestaltungsleitsätze, 2016-06-00
DIN EN ISO 13849-2	Sicherheit von Maschinen – Sicherheitsbezogene Teile von Steuerungen – Teil 2: Validierung, 2013-02-00
DIN EN ISO 13850	Sicherheit von Maschinen – Not-Halt – Gestaltungsleitsätze, 2016-05-00
DIN EN ISO 13851	Sicherheit von Maschinen – Zweihandschaltungen - Funktionelle Aspekte und Gestaltungsleitsätze, 2019-11-00
DIN EN ISO 16090-1	Werkzeugmaschinen-Sicherheit – Bearbeitungszentren, Fräsmaschinen, Transfermaschinen - Teil 1: Sicherheitsanforderungen, 2019-12-00
DIN EN ISO 216	Schreibpapier und bestimmte Gruppen von Drucksachen – Endformate – A- und B-Reihen und Kennzeichnung der Maschinenlaufrichtung, 2007-12-00
DIN EN ISO 5457	Technische Produktdokumentation – Formate und Gestaltung von Zeichnungsvordrucken, 2017-10-00
DIN ISO 1219-1	Fluidtechnik – Graphische Symbole und Schaltpläne – Teil 1: Graphische Symbole für konventionelle und datentechnische Anwendungen, 2019-01-00
DIN ISO 1219-2	Fluidtechnik – Graphische Symbole und Schaltpläne – Teil 2: Schaltpläne, 2019-01-00

DIN VDE 0660-507	Niederspannungs-Schaltgerätekombinationen – Verfahren zur Ermittlung der Erwärmung von partiell typgeprüften Niederspannungs-Schaltgerätekombinationen (PTSK) durch Extrapolation, 1997-11-00, zurückgezogen 2016-11-00
ISO 7573	Technische Produktdokumentation – Stücklisten, 2008-11-00
VDI 2221 Blatt 1	Entwicklung technischer Produkte und Systeme – Modell der Produktentwicklung, 2019-11-00
VDI 2221 Blatt 2	Entwicklung technischer Produkte und Systeme – Gestaltung individueller Produktentwicklungsprozesse, 2019-11-00
VDI/VDE 3694	Lastenheft/Pflichtenheft für den Einsatz von Automatisierungssystemen, 2014-04-00
VDMA 66413	Funktionale Sicherheit – Universelle Datenbasis für sicherheitsbezogene Kennwerte von Komponenten oder Teilen von Steuerungen, 2012-10-00

Index

E

M

N

O

P

Q

R

S

T

U

V

W

Z